氧化镁混凝土的自生体积变形

陈昌礼 著

科学出版社
北京

内 容 简 介

本书围绕氧化镁混凝土的自生体积变形，介绍了氧化镁膨胀剂、氧化镁混凝土、混凝土中氧化镁极限掺量的判定方法、外掺氧化镁水泥基材料的压蒸膨胀变形、超长龄期氧化镁混凝土的自生体积变形和氧化镁混凝土的典型应用案例。

本书可供从事水利水电工程设计、施工、科研的工程技术人员阅读，以及供从事混凝土研发的技术人员和相关专业的高校教师、研究生参考。

图书在版编目(CIP)数据

氧化镁混凝土的自生体积变形 / 陈昌礼著. —北京：科学出版社，2020.11

ISBN 978-7-03-064673-6

Ⅰ.①氧… Ⅱ.①陈… Ⅲ.①氧化镁–混凝土–体积变化–研究 Ⅳ.①TU528

中国版本图书馆 CIP 数据核字 (2020) 第 043500 号

责任编辑：孟 锐 / 责任校对：彭 映
责任印制：罗 科 / 封面设计：义和文创

科 学 出 版 社 出版
北京东黄城根北街16号
邮政编码：100717
http://www.sciencep.com

成都锦瑞印刷有限责任公司 印刷
科学出版社发行 各地新华书店经销
*
2020 年 11 月第 一 版 开本：787×1092 1/16
2020 年 11 月第一次印刷 印张：12 3/4
字数：302 000
定价：99.00 元
(如有印装质量问题，我社负责调换)

序

　　20 世纪 80 年代初期建成的吉林白山水电站一期工程挡水坝，虽然 60% 以上的混凝土是在夏天浇筑，当地气候寒冷，基础温差超过 40℃，但在蓄水前进行大坝检查时未发现基础贯穿性裂缝，表面裂缝也很少，运行多年后也未发生裂缝漏水现象。经过我和其它同志一起研究，发现白山大坝采用的 MgO 含量为 4.28%～4.38% 的抚顺水泥引起了混凝土的延迟性膨胀，从而抑制了大坝混凝土在漫长温降过程中产生的裂缝。之后，结合国家"七五"科技攻关项目，针对国家"七五"重点建设工程——贵州东风水电站，通过当时的水利电力部华东勘测设计院、成都勘测设计院、贵阳勘测设计院和南京化工学院、水利电力部第九工程局等单位联合攻关，将 MgO 掺量为 3.5% 的外掺 MgO 混凝土于 1990 年 1 月至 3 月成功地应用于贵州东风拱坝基础。本书作者陈昌礼同志参加了东风工程 MgO 混凝土的试验研究。那时候，陈昌礼同志入职水利电力部贵阳勘测设计院不到三年，但从此与 MgO 混凝土结下不解之缘，一生相随。他在 2006 年 3 月调入贵州师范大学后，在国家自然科学基金、贵州省科学技术基金、贵州省教育厅"十二五"重大科技专项、贵州省工业攻关项目的资助下，围绕 MgO 混凝土的自生体积变形，对氧化镁膨胀剂、氧化镁混凝土、混凝土中氧化镁极限掺量的判定方法、外掺氧化镁水泥基材料的压蒸膨胀变形、超长龄期氧化镁混凝土的自生体积变形、氧化镁混凝土长期变形与水泥基材料压蒸变形的关联性等问题进行了深入研究，并将研究成果应用于水利水电工程建设。该书的出版，有助于促进 MgO 混凝土的进一步研究和广泛应用，故乐为之作序。

中国工程院院士 唐明述

2020 年 11 月 3 日

前　　言

众所周知，水利水电工程建设离不开兴建大体积混凝土挡水坝。而兴建大体积混凝土挡水坝，多采用分缝分块浇筑混凝土、薄层浇筑混凝土、加冰拌和混凝土、坝内预埋冷却水管等常规温控措施，虽然能起到减少大体积混凝土开裂的作用，但施工工艺复杂、耗时多、投资大，制约了混凝土坝的施工速度和水能资源的开发效益。

自从 20 世纪 80 年代发现吉林白山拱坝混凝土因使用的内含 4.72%MgO 的抚顺大坝水泥具有延迟微膨胀特性以来，我国科技人员对水泥中的 MgO 组分给予了空前关注，并着手研制 MgO 膨胀剂及外掺 MgO 膨胀剂的混凝土。经过多年的研究，MgO 混凝土的延迟微膨胀特性已在水利水电工程界得到广泛认同，MgO 混凝土筑坝技术已被应用于不少水利水电工程。截至目前，已有贵州、广东、四川、福建、辽宁、黑龙江、新疆、青海、甘肃、广西、云南、湖北等十余省（自治区）的近 60 座水利水电工程应用 MgO 混凝土技术，应用部位从重力坝基础约束区、碾压混凝土坝基础垫层、大坝基础填塘、导流洞和导流底孔封堵、混凝土防渗面板、基础与裂隙灌浆、大坝纵缝与拱坝横缝灌浆、高压管道外围回填，到中型拱坝全坝段。工程实践表明，应用 MgO 混凝土筑坝技术的工程，简化了混凝土的温控措施，加快了施工进度，节约了工程投资，实现了更好、更快、更省地建设水利水电工程的愿望。

同时，随着 MgO 混凝土的推广应用，人们对 MgO 膨胀剂及 MgO 混凝土的认识越来越深入，但发现需要研究的东西也越来越多。例如，对于 MgO 膨胀剂产品的生产与质量控制、混凝土中 MgO 极限掺量的判定方法、MgO 混凝土长期变形的数学模型等问题，虽然研究不断，成果不少，进步不小，但直至今日也未找到理想的解决办法。

本书本着"在应用 MgO 混凝土筑坝技术中发现的问题，不能等闲视之，更需要在进一步推广应用中研究和解决"的原则，围绕 MgO 混凝土的自生体积变形，将对氧化镁膨胀剂、氧化镁混凝土、混凝土中氧化镁极限掺量的判定方法、外掺氧化镁水泥基材料的压蒸膨胀变形、超长龄期氧化镁混凝土的自生体积变形、氧化镁混凝土长期变形与水泥基材料压蒸变形的关联性等方面思考、研究的成果，以及氧化镁混凝土在贵州省应用的典型案例公之于众，供同行在应用和研究 MgO 膨胀剂及 MgO 混凝土时参考，并希望对促进MgO 混凝土的应用与研究有所帮助。

本书是在"水化环境对轻烧氧化镁膨胀效应的影响研究"（项目批准号为 50969002）、"外掺氧化镁微膨胀混凝土变形的尺寸效应研究"（项目批准号为 51269003）、"外掺 MgO碾压混凝土的膨胀效应研究"（项目批准号为 51869005）这三项国家自然科学基金项目以及贵州省高等学校"125"重大科技专项"高掺 MgO 混凝土的研究与应用示范"（合同编号为"黔教合重大专项字〔2012〕004 号"）、贵州省工业攻关项目"高掺 MgO 混凝土在100m 级高坝的应用研究"（合同编号为"黔教合 GZ 字〔2015〕3025 号"）、贵州省科学技术基金项目"氧化镁混凝土长期膨胀变形的数学模型研究"(合同编号为"黔科合 J 字〔2008〕2053 号")等项目的资助下，历时十余年取得的研究成果。并且，在这些科研项目实施期间，李维维、赵振华、刘小莹、陈荣妃、雷平、蒋君、谢礼兰等同志参与了不少实验和部分成果的整理与分析；作者所在单位贵州师范大学及其相关职能部门给予了积极支持；贵州中水建设管理股份有限公司对高掺 MgO 混凝土的生产性试验及其首次在工程上的应用给予了大力配合；曾在国家自然科学基金资助项目(50969002)实施期间被贵州师范大学聘为"候鸟型人才"的武汉大学博士生导师方坤河教授一直关心上述项目并提供了有益的指导和建议；李承木、张国新、邓敏、杨华全、曹泽生、李鹏辉、陈胡星、梅明荣、朱伯芳、唐明述、李家正、彭尚仕、刘数华、陈霞等众多专家的文章为上述科研项目的实施和本书的编写提供了有益的启迪；研究生杜亚楠、陈荣妃、李良川、颜少连、田均兵、李兰和本科生陈伟天、王洪、王戎、胡江、宋忠朝、侯昊呈、冯义林、柯旭、邓洪刚、陈应超、吴涛在校期间参与了上述项目的部分实验；陈荣妃、田均兵、李兰、陈应超、吴涛对本书的图表、文字进行了校核。在此，对上述单位和个人一并表示最诚挚的谢意！

另外，作者从 1987 年大学毕业以来，长期供职于原水利电力部贵阳勘测设计院(其间，单位随国务院机构改革变更名称多次，现名中国电建集团贵阳勘测设计研究院)，直至 2006 年 3 月调入贵州师范大学材料与建筑工程学院。在中国电建集团贵阳勘测设计研究院工作初期，有幸参与国家"七五"重点科技攻关项目"东风水电站拱坝筑坝技术研究"的子题"东风薄拱坝基础深槽外掺氧化镁混凝土筑坝技术研究"和国家"八五"重点科技攻关项目"普定碾压混凝土拱坝筑坝新技术研究"的两个子题"碾压混凝土筑坝材料优选研究"与"碾压混凝土抗冻耐久性研究"的研究工作，从中学习到许多以前在大学课堂上学习不到的知识，尤其是结识了中国工程院院士、南京工业大学教授唐明述、中国电建集团成都勘测设计研究院教授级高级工程师李承木、中国电建集团贵阳勘测设计研究院教授级高级工程师高家训、中国电建集团贵阳勘测设计研究院副总工程师郑治等前辈，他们严谨治学、精益求精、求真务实、吃苦耐劳、甘为人梯的工作精神和处事风格让作者受益终生！并且，著名水泥混凝土专家、90 高龄的唐明述院士还为本书作序，让作者感动和深受鼓舞！作者从中国电建集团贵阳勘测设计研究院调入贵州师范大学后，之所以能够一如既往地坚持研究氧化镁混凝土，得益于在中国电建集团贵阳勘测设计研究院工作期间打下的坚实基础，其中包含积累的科研成果和工程实践经验；得益于贵州省水利水电勘测设计研究院、贵州中水建设管理股份有限公司、贵州新中水工程有限公司、贵州水利实业有限公司、贵州师范大学和家人给予的工作支持；得益于国家自然科学基金委员会、贵州省科学技术厅、贵州省教育厅给予的资金支持。在此，同样表示最诚挚的谢意！

最后需要说明的是，本书是根据 MgO 膨胀剂及其应用于水工大体积混凝土的研究成果编写的。由于 MgO 混凝土的影响因素众多，不同行业对混凝土的要求又存在差异，因此，需要深入研究的内容还有不少。该书的出版，是作者对 MgO 膨胀剂及其混凝土研究的阶段性成果，也是研究的新起点。由于作者水平有限，书中难免有不妥甚至疏漏之处。为了下一步的深入研究和推广应用，恳请读者给予批评、指正！

目　　录

第1章　绪论 ··· 1

　1.1　氧化镁膨胀剂概述 ·· 1

　　1.1.1　硅酸盐水泥熟料中氧化镁组分的特性 ······························· 1

　　1.1.2　氧化镁膨胀剂的由来 ··· 2

　1.2　氧化镁混凝土的定义、配制与种类 ··· 4

　　1.2.1　氧化镁混凝土的定义与配制 ··· 4

　　1.2.2　氧化镁混凝土的种类 ··· 4

　1.3　氧化镁混凝土的发展历程与展望 ·· 6

　　1.3.1　氧化镁混凝土的发展历程 ·· 6

　　1.3.2　氧化镁混凝土的发展展望 ··· 11

第2章　氧化镁膨胀剂 ··· 13

　2.1　氧化镁膨胀剂的生产简介 ·· 13

　　2.1.1　生产原料 ··· 13

　　2.1.2　生产 ··· 14

　2.2　氧化镁膨胀剂的特性 ··· 15

　2.3　氧化镁膨胀剂的技术指标 ·· 18

　2.4　氧化镁膨胀剂的质量控制 ·· 19

第3章　氧化镁混凝土 ··· 22

　3.1　氧化镁混凝土的性能 ··· 22

　　3.1.1　氧化镁混凝土的变形性能 ··· 22

　　3.1.2　氧化镁混凝土的力学性能 ··· 24

　　3.1.3　氧化镁混凝土的热学性能 ··· 26

　　3.1.4　氧化镁混凝土的耐久性能 ··· 26

　3.2　氧化镁混凝土的膨胀机理 ·· 27

　3.3　氧化镁混凝土的配合比设计 ··· 29

　　3.3.1　氧化镁混凝土配合比设计的特点 ······································ 29

　　3.3.2　氧化镁混凝土配合比设计的基本要求 ································· 29

　　3.3.3　氧化镁混凝土配合比设计的步骤 ······································ 29

　　3.3.4　氧化镁混凝土配合比设计的案例 ······································ 33

第4章　混凝土中氧化镁极限掺量的判定方法 ··· 37

　4.1　水泥净浆压蒸法 ·· 37

　4.2　水泥砂浆压蒸法 ·· 39

4.3 一级配混凝土压蒸法 40

4.4 模拟净浆压蒸法 42

4.5 模拟砂浆压蒸法 45

4.6 高温养护法 50

4.7 判定方法综述 50

第5章 外掺氧化镁水泥基材料的压蒸膨胀变形 52

5.1 MgO 掺量对水泥基材料压蒸膨胀变形的影响 53

5.2 水灰比对外掺 MgO 水泥基材料压蒸膨胀变形的影响 62

5.3 骨料级配对外掺 MgO 水泥基材料压蒸膨胀变形的影响 65

5.4 粉煤灰对外掺 MgO 水泥基材料压蒸膨胀变形的影响 69

5.5 试件尺寸对外掺 MgO 水泥基材料压蒸膨胀变形的影响 72

5.6 外掺 MgO 水泥基材料压蒸膨胀变形的数学模拟 77

第6章 超长龄期氧化镁混凝土的自生体积变形 81

6.1 MgO 掺量对超长龄期 MgO 混凝土自生体积变形的影响 81

6.2 水灰比对超长龄期 MgO 混凝土自生体积变形的影响 86

6.3 水泥品种对超长龄期 MgO 混凝土自生体积变形的影响 89

6.4 粉煤灰对超长龄期 MgO 混凝土自生体积变形的影响 90

6.5 骨料级配对超长龄期 MgO 混凝土自生体积变形的影响 95

6.6 试件尺寸对超长龄期 MgO 混凝土自生体积变形的影响 98

6.7 试件制备方法对超长龄期 MgO 混凝土自生体积变形的影响 101

6.8 环境温度对超长龄期 MgO 混凝土自生体积变形的影响 105

6.9 超长龄期 MgO 混凝土自生体积变形的数学模型 106

6.9.1 双曲线模型 107

6.9.2 动力学模型 107

6.9.3 双曲线改进模型 108

6.9.4 指数双曲线模型 109

6.9.5 反正切曲线模型 109

6.9.6 数学模型综述 114

6.10 超长龄期 MgO 混凝土的自生体积变形与水泥基材料的压蒸膨胀变形的关联性
.... 115

第7章 氧化镁混凝土的典型应用案例 119

7.1 东风水电站拱坝基础深槽 119

7.1.1 东风工程概况 119

7.1.2 东风氧化镁混凝土的配合比设计 120

7.1.3 东风氧化镁混凝土的施工 121

7.1.4 东风氧化镁混凝土的观测成果 125

7.1.5 东风工程应用氧化镁混凝土的效益与意义 126

7.2 沙老河水库拱坝 126

      7.2.1 沙老河工程概况 ·· 126

      7.2.2 沙老河氧化镁混凝土的配合比设计 ······························· 127

      7.2.3 沙老河氧化镁混凝土的施工 ··· 128

      7.2.4 沙老河氧化镁混凝土的观测成果 ···································· 129

      7.2.5 沙老河拱坝的裂缝及其成因分析 ···································· 131

      7.2.6 沙老河工程应用氧化镁混凝土的效益与意义 ·················· 132

   7.3 黄家寨水电站拱坝 ··· 133

      7.3.1 黄家寨工程概况 ·· 133

      7.3.2 黄家寨氧化镁混凝土的配合比设计 ······························· 134

      7.3.3 黄家寨氧化镁混凝土的施工[23] ····································· 134

      7.3.4 黄家寨氧化镁混凝土的观测成果 ···································· 135

      7.4.5 黄家寨工程应用氧化镁混凝土的效益与意义 ·················· 136

附录Ⅰ 水利水电工程轻烧氧化镁材料品质技术要求(试行) ············· 138

附录Ⅱ MgO 微膨胀混凝土筑坝技术暂行规定(试行)及编制说明 ······· 140

附录Ⅲ 贵州省地方标准全坝外掺氧化镁混凝土拱坝技术规范(DB52/T 720—2010) ··· 152

附录Ⅳ 广东省地方标准外掺氧化镁混凝土不分横缝拱坝技术导则(DB44/T 703—2010)
··· 176

参考文献 ·· 191

第1章 绪 论

1.1 氧化镁膨胀剂概述

氧化镁(MgO)膨胀剂,是指以富含 MgO 的菱镁矿或白云岩或高镁石灰石为原料,以反射窑(立窑)或回转窑为煅烧设备,先经适宜温度煅烧,再经粉磨而成的白色粉末状物质。MgO 膨胀剂的化学成分主要是 MgO(一般在 85%以上),密度为 2.9~3.5g/cm³。将 MgO 膨胀剂掺入混凝土后,混凝土能够产生延迟性微膨胀,这是 MgO 膨胀剂区别于其他混凝土膨胀剂的显著特性。

没有 MgO 膨胀剂,MgO 混凝土就无从谈起。然而,MgO 膨胀剂源于硅酸盐水泥熟料中 MgO 组分。所以,本书先从硅酸盐水泥熟料中 MgO 组分的特性开始介绍。

1.1.1 硅酸盐水泥熟料中氧化镁组分的特性

众所周知,硅酸盐水泥的生产包含三个阶段:生料的配制与磨细、熟料的煅烧、水泥的磨细,简称"两磨一烧",见图 1-1。生料的配制与磨细是将生产硅酸盐水泥所用的石灰质原料(多用石灰岩)和黏土质原料(多用黏土、黄土)按照适当比例配合并在球磨机内研磨到规定细度,其分为干法配制和湿法配制;熟料的煅烧是将磨细后的生料送入回转窑,使其在回转窑内经历干燥、预热、分解、烧成、冷却等煅烧环节后变成块状的水泥熟料;水泥的磨细是将块状的水泥熟料同调节水泥性能的石膏、混合材料(如粒化高炉矿渣、粉煤灰等)一起磨细到一定细度,即得到硅酸盐水泥。其中,煅烧温度是循序渐进的。温度从 1300℃升至 1450℃再降至 1300℃,是煅烧水泥的关键过程,必须达到足够的温度并停留适当时间。

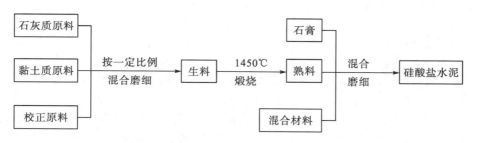

图 1-1 硅酸盐水泥生产工艺流程图

硅酸盐水泥的性质决定于水泥熟料的矿物组成。硅酸盐水泥熟料主要由硅酸三钙、硅酸二钙、铝酸三钙、铁铝酸四钙四种矿物组成,其次有少量的游离氧化钙、游离氧化镁、碱性氧化物和玻璃体等。硅酸盐水泥熟料中含有过多的游离氧化钙、游离氧化镁(即方镁石），将造成水泥的安定性不良，使混凝土结构产生膨胀性裂缝，降低工程质量和使用寿命，甚至造成工程事故。

方镁石系游离状态的 MgO 晶体。硅酸盐水泥熟料煅烧时，一部分 MgO 与熟料矿物结合成固溶体及溶于液相中。当硅酸盐水泥熟料中含有少量 MgO 时，能够降低熟料液相的生成温度，增加液相量，降低液相黏度，有利于熟料的形成，改善熟料的色泽。在硅酸盐水泥熟料中，MgO 的固溶总量可达到约 2%，多余的 MgO 则成为游离状态的方镁石[1]，分布于水泥熟料的各矿物之间。方镁石的数量等于熟料中 MgO 总含量减去固溶的 MgO 量[2]。经 1400℃左右高温煅烧而成的水泥熟料中的方镁石，水化以后生成 Mg(OH)$_2$ 晶体（也称"水镁石"），体积增大为原来的 212.6%[3]。这种水化反应比游离 CaO 的水化反应缓慢，水化 3d，水化程度不足 10%；水化 30d，水化程度不足 33%，大量的水化发生在后期[4]。这种水化反应甚至比大体积水工混凝土的内部降温还要慢，往往要经历几个月甚至几年才能检测到水镁石，需要数年甚至数十年才能完全反应。因此，过大的 MgO 含量将造成水泥的安定性不良。

同时，温度对方镁石的水化速度影响较大。研究表明[2]，硅酸盐水泥熟料中的 MgO 在 50℃水养护环境中，28d 只有 30%左右转化为水镁石，90d 水镁石的形成率为 60%左右，300d 才大部分转变；在 20℃水养护环境中，水镁石的形成率更低，至 60d 才能用微观仪器检测到，至 300d 才仅有约 30%的方镁石转化为水镁石。

因此，如果水泥中的方镁石含量过高，在混凝土硬化后，方镁石水化产生的膨胀量过大，就会引起混凝土出现裂缝而破坏。早在 1884 年，法国一些桥梁建筑物就是由于使用了高含 MgO（16%～30%）的水泥，造成建筑物后期体积膨胀过大而破坏[5]；Metha 曾报道过德国 Cassel 市政大楼因水泥中 MgO 含量高达 27%引起安定性受到破坏而不得不重建的案例[6]。这些工程事故又促进了工程技术人员和科研人员对因 MgO 含量过高造成的混凝土体积安定性不良问题的高度关注。所以，世界各国一直把 MgO 作为有害组分加以控制，并在水泥技术规范中规定了 MgO 的极限含量。目前，我国国家标准《通用硅酸盐水泥》（GB 175—2007）规定，硅酸盐水泥、普通硅酸盐水泥的 MgO 含量不得超过 5%，若水泥压蒸试验合格，允许放宽到 6%；其他品种水泥的 MgO 含量不得超过 6%，若超过 6%，需进行水泥压蒸安定性试验并合格。

1.1.2　氧化镁膨胀剂的由来

混凝土在浇筑后，伴随水泥水化热的释放，温度逐渐上升。对于大体积混凝土（例如水工坝体混凝土），因其散热条件较差，加上混凝土本身导热性能不良，水化热基本储存在混凝土浇筑块内，导致浇筑块内部温度在两周内上升到 30～50℃，甚至更高。随着时间的推移，混凝土内部的热量慢慢向外散失，坝体温度逐渐下降。这种自然散热过程大体要经历几年甚至几十年，坝内水化热才能基本消失。之后，坝体内部温度趋于稳定，与多年平均气温接近，坝体表面温度则随外界温度变化呈现周期性波动。混凝土温度的变化必然引起混凝土体积的变化，即所谓温度变形。当温度变形受到约束不能自由伸缩时，就必然引起温度应力。若其超过混凝土的抗拉能力，就会引起温度裂缝。因此，在浇筑混凝土大坝时，常常采用预冷骨料、坝体分缝分块、坝内预埋冷却水管等温控措施，以控制混凝土的裂缝。虽然这些措施的确起到了预防坝体混凝土裂缝的效果，但施工工艺复杂、耗时长、费用大。

于是，在坝体混凝土中掺入膨胀剂或使用膨胀水泥配制坝体混凝土，成为工程技术人员为补偿坝体混凝土温度应力和预防坝体混凝土温度裂缝而采用的一种重要手段。大体积混凝土的散热时间很长，因此要求膨胀组分产生的膨胀变形具有延迟性，以便储存较多的变形能。若膨胀变形发生在较早龄期(如 3d 前)，此时混凝土弹性模量较低，徐变度较大，即使膨胀变形达到几百个微应变，应力补偿量相对也不大，而且很快松弛殆尽。日本井树力生认为[7]，适合于大坝混凝土的理想膨胀性掺合料引起的膨胀变形，应比一般膨胀性掺合料引起的膨胀变形发生得迟，如图 1-2 所示。也就是说，对于大体积混凝土，补偿温降收缩所需的膨胀变形，理想的发生时间是在混凝土因水化热引起的最高温升出现之后，在混凝土温度显著下降之前。

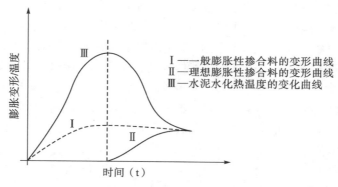

图 1-2　大坝混凝土的理想膨胀变形

于 1976 年 5 月动工、1982 年 11 月 16 日下闸蓄水的我国吉林白山水电站一期工程的挡水建筑物为混凝土三心圆重力拱坝，最大坝高 149.50m，最大底宽 63.70m，坝顶宽 9.0m，坝顶弧长 676.50m，共浇筑混凝土约 $260 \times 10^4 m^3$。虽然该坝 60%以上的混凝土是在夏天浇筑，当地气候寒冷，基础温差超过 40℃，但在蓄水前进行大坝检查时未发现基础贯穿性裂缝，表面裂缝也很少，运行多年后也未发生裂缝漏水现象。从坝体原型观测资料中发现，白山拱坝混凝土在降温阶段产生了自生体积膨胀，抵消了大坝在降温过程中产生的体积收缩，抑制了大坝的裂缝。后经大量研究证明，白山大坝采用的 MgO 含量高达 4.72%的抚顺大坝水泥是造成混凝土膨胀的原因。水泥中过多的 MgO 形成方镁石晶体。当大坝混凝土的温度升高时，方镁石的水化速度加快，水化产物 $Ca(OH)_2$ 增多且体积膨胀，导致混凝土在降温阶段产生体积膨胀，从而抑制了大坝混凝土的裂缝[8]。白山拱坝混凝土发生的这种现象，使广大工程技术人员深受启发，再次深思 MgO 这种"有害"物质的工程利用价值，并着手研制 MgO 膨胀剂及其混凝土，寄希望于从解决混凝土的"内因"着手，利用 MgO 膨胀剂的延迟膨胀特性，突破传统的通过控制混凝土的温度预防大体积混凝土裂缝，通过调节混凝土的自生体积变形来控制混凝土的裂缝。于是，对 MgO 膨胀剂开发及应用的研究一直持续至今。

1.2　氧化镁混凝土的定义、配制与种类

1.2.1　氧化镁混凝土的定义与配制

氧化镁混凝土，是指将 MgO 膨胀水泥或 MgO 膨胀剂同生产混凝土的其他原材料(如水泥、碎石、砂子、粉煤灰、水等)按照一定比例混合，经过搅拌、硬化后形成的、具有一定延迟性膨胀量、强度和耐久性的人造石材。

获取 MgO 膨胀水泥，主要有以下三种方法：①在配制水泥生料时，掺入适量的菱镁矿或高镁石灰石或白云石，然后与其他生料共同磨细后煅烧，使水泥成品中高含 MgO 组分(一般为 4%~6%，比一般水泥的 MgO 含量高出 3.5%左右)，简称共烧内含 MgO 水泥或高镁水泥；②在水泥熟料磨制水泥成品的过程中，加入适量的 MgO 熟料(即轻烧镁砂半成品)与水泥熟料共同粉磨，简称共磨外掺 MgO 水泥；③在水泥厂将适量的粉状 MgO 膨胀剂与水泥成品事先混合均匀，简称共混外掺 MgO 水泥或厂掺 MgO 水泥。

相应地，配制含有 MgO 的混凝土，主要有以下四种方法：①采用共烧内含 MgO 水泥(或高镁水泥)同生产混凝土的其他原材料一起拌制；②采用共磨外掺 MgO 水泥同生产混凝土的其他原材料一起拌制；③采用共混外掺 MgO 水泥(或厂掺 MgO 水泥)同生产混凝土的其他原材料一起拌制；④在混凝土拌和现场，将适量的 MgO 膨胀剂成品直接加入混凝土搅拌机中，同生产混凝土的其他原材料一起拌制成混凝土，简称机口外掺 MgO 混凝土。第一种使混凝土中含有 MgO 的方法，称为内掺 MgO 或内含 MgO，制成的混凝土称为内掺 MgO 混凝土或内含 MgO 混凝土；后三种使混凝土中含有 MgO 的方法，均称为外掺 MgO，制成的混凝土称为外掺 MgO 混凝土。

1.2.2　氧化镁混凝土的种类

1. 内掺氧化镁混凝土

对于采用共烧内含 MgO 水泥(或高镁水泥)配制的内掺 MgO 混凝土，因 MgO 的烧成温度与水泥煅烧温度相同(即 1450℃)，煅烧温度较高，MgO 水化太慢，甚至比大体积混凝土内部降温还要慢，膨胀期过长，可能对混凝土结构安全造成不利影响，因此不建议配制内掺 MgO 混凝土。

2003 年 10 月~2005 年 3 月建设的贵州鱼简河水库拱坝，采用富含 MgO 的白云石煅烧成 MgO 含量为 5%的高镁水泥配制 MgO 碾压混凝土，建成了贵州省第一座全坝使用高镁水泥的碾压混凝土拱坝，共浇筑混凝土 $10.5 \times 10^4 m^3$。坝体混凝土施工时，在大坝高程 986.00m、1008.00m、1022.00m、1053.00m 布置无应力计共 14 支，以观测坝体混凝土的自生体积变形。实测坝体混凝土在龄期 180d 的平均膨胀量约为 25×10^{-6}，小于设计要求的 40×10^{-6}，但混凝土的后期膨胀量随龄期呈缓慢增大趋势。根据坝体接缝观测成果，坝体诱导缝及横缝、层面缝及坝肩接触缝等均未张开。在现场巡视时，也未见到坝面裂缝及渗水等现象[9]。这表明，混凝土后期的微膨胀有助于增强坝体的抗裂性。

　　长江三峡二阶段工程(包含泄洪坝段、左岸电站厂房及坝段、非溢流坝段、永久船闸等)在进行混凝土施工时，使用了 MgO 含量为 3.5%～5.0%的、具有微膨胀性质的湖南坝道 52.5 中热水泥、湖北葛洲坝 52.5 中热水泥、华新 52.5 中热水泥共 250 万吨，混凝土体积达到 $1365 \times 10^4 m^{3[10]}$，并采用了全过程综合温控措施(包含二次风冷骨料、加冰拌和、通水冷却、分缝分块等)[11]。根据无应力计的观测资料分析，三峡二阶段工程混凝土从 1998 年陆续埋入仪器以来，直至 2000 年 11 月，86.4%的仪器反映出混凝土的变形为微膨胀或无收缩，膨胀量为 0～(55×10^{-6})，一般为 (30×10^{-6})～(50×10^{-6})，大部分变形在 1 年左右趋于稳定[10]。

　　实践证明，水泥厂利用高含 MgO 的矿石，与生产水泥的其他生料共同磨细后煅烧高镁水泥，在生产工艺上是可行的，MgO 在混凝土中分布的均匀性也更容易得到保证，但需要调整生产工艺，甚至修改水泥产品规范，且高镁水泥主要用于水利水电工程，市场需求量有限，必须得到生产厂家的配合。因此，配制 MgO 混凝土很少采用这种方式。当然，若能较大幅度地降低水泥熟料的煅烧温度，如将最高煅烧温度从 1450℃ 降到 1000～1150℃，则 MgO 混凝土的膨胀变形过程和膨胀量(或补偿收缩量)有望得到明显改善，但这需要革新水泥的烧成制度。

　　2. 外掺氧化镁混凝土

　　对于采用共磨外掺 MgO 水泥和共混外掺 MgO 水泥配制的外掺 MgO 混凝土，由于 MgO 本身的煅烧温度不受水泥熟料煅烧温度的约束，从理论上讲可以做到按照水工混凝土的需要来控制煅烧温度，克服了采用共烧内含 MgO 水泥配制 MgO 混凝土的缺陷，MgO 在混凝土中的分布均匀性也容易得到保证，一般不需要在现场进行专门的均匀性检测。不仅如此，现场拌制混凝土的时间也无需像拌制机口外掺 MgO 混凝土那样延长。但是，由于共磨外掺 MgO 水泥和共混外掺 MgO 水泥的市场需求量少，而且大多水泥厂不愿意承担水泥成品中 MgO 含量超过规范限值的质量责任，因此，需方希望采购的共磨外掺高含 MgO 水泥或共混外掺高含 MgO 水泥的愿望往往不能实现，导致混凝土中 MgO 的实际外掺量仍然偏低，尤其是大掺量粉煤灰的混凝土。例如，对于粉煤灰掺量达到 50%的混凝土，即使共磨外掺 MgO 水泥或共混外掺 MgO 水泥的 MgO 含量达到《通用硅酸盐水泥》(GB 175—2007)规定的最大容许值 6%，折算为混凝土中的 MgO 掺量也仅有 3%。另外，对于共混外掺 MgO 水泥，MgO 和水泥的细度一般不是完全相同；对于共磨外掺 MgO 水泥，由于 MgO 熟料(即轻烧镁砂半成品)与水泥熟料的硬度不一样，二者粉磨后的细度也不一样。

　　2008 年 10 月竣工的贵州老江底水电站拱坝是采用共磨外掺 MgO 水泥配制的常态混凝土浇筑而成。老江底工程的水泥生产商积极配合工程建设，为该工程专门生产了 MgO 含量高达 7.9%～9.9%的 P·O 42.5 共磨外掺 MgO 中热水泥。扣除不掺入 MgO 熟料时水泥中含有的约 2%的 MgO，老江底拱坝使用的水泥的外掺 MgO 量为 5.9%～7.9%。计入混凝土中掺入的 30%粉煤灰，则相当于老江底混凝土的 MgO 外掺量为 4.13%～5.53%。外掺 5.5%MgO 的混凝土用于坝体下部基础强约束区(高程为 1123.5～1125.5m)，外掺 4.5%MgO 的混凝土用于坝体中部(高程为 1125.5～1139.5m)，外掺 4.1%MgO 的混凝土用于坝体上部(高程为 1139.5～1190.5m)。在老江底拱坝中埋入的 30 支无应力计的观测成果表明，混凝土在不同龄期的自生体积变形均处于膨胀状态，坝体混凝土在 360d 龄期的膨胀量为 $(70 \times 10^{-6}) \sim (110 \times 10^{-6})$，MgO 掺量较高的基础约束区混凝土的膨胀量为 $(70 \times 10^{-6}) \sim (90 \times 10^{-6})$。基础约束区混凝土的自生体积膨胀比相同龄期的坝体混凝土小，是因为该部位的混凝土在低温季节浇筑而造成[12]。

2010 年 12 月竣工的贵州黄花寨水电站拱坝是采用共磨外掺 MgO 水泥配制的碾压混凝土浇筑而成。该工程的水泥生产商担心 MgO 含量过高的水泥引起工程质量风险，因此黄花寨拱坝使用的共磨外掺 MgO 水泥的 MgO 含量为 6.0%～6.5%（包含水泥中含有的 MgO 在内）。同时，由于黄花寨拱坝使用的二级配、三级配碾压混凝土的粉煤灰掺量分别达到 40%和 50%，因此折算为混凝土的 MgO 外掺量分别为 3.6%～3.9%和 3.0%～3.25%。如果扣除不掺入 MgO 熟料时水泥中含有的 MgO 量 2.77%，则黄花寨二级配、三级配碾压混凝土的 MgO 外掺量分别为 1.94%～2.24%和 1.62%～1.87%。正因为如此，黄花寨拱坝中埋入的 34 支无应力计的观测成果表明，混凝土在 180d 龄期的膨胀量多分布在 $(10 \times 10^{-6}) \sim (52 \times 10^{-6})$ [13]，未达到设计期望值。

对于机口外掺 MgO 混凝土，相对于配制内掺 MgO 混凝土和采用共磨外掺 MgO 水泥或共混外掺 MgO 水泥配制 MgO 混凝土，不仅解决了内掺 MgO 混凝土受水泥熟料煅烧温度约束的问题，而且从理论上讲，可以根据坝体混凝土结构设计要求的补偿收缩量，采用调整 MgO 膨胀剂的掺量、煅烧温度、高温下的保温时间、掺合料的种类与掺量等方式调节混凝土的膨胀速率和膨胀量，这突破了在采用共烧内含 MgO 水泥或共磨外掺 MgO 水泥或共混外掺 MgO 水泥配制 MgO 混凝土时受到的出厂水泥的 MgO 含量最高不得超过6%的限制。所以，实际工程采用机口外掺 MgO 方式配制 MgO 混凝土较多。因此，**若没有专门说明，本书中提及的 MgO 混凝土，均是指机口外掺 MgO 混凝土。**同时，为确保在拌合楼掺入的 MgO 能在混凝土中均匀分布，一般需将混凝土的搅拌时间延长 30～60s，这将导致混凝土的生产能力有所降低。除此之外，通常还需要在拌和楼出料口或（和）混凝土浇筑仓面抽样检测混凝土中 MgO 分布的均匀性，这又导致混凝土质量控制的工序和成本有所增加。

1.3　氧化镁混凝土的发展历程与展望

1.3.1　氧化镁混凝土的发展历程

1884 年，法国的许多桥梁在建成后不足 2 年就出现了不同程度的破坏。经过研究发现，这是由于使用了 MgO 含量高达 16%～30%的水泥所致，由此引起了人们对水泥中 MgO 组分的关注。1971 年，Lea 首次提出了 MgO 含量过高引起的水泥安定性问题[5]；1976 年，日本井树力生提出要制造一种理想的补偿冷缩的膨胀混凝土，它在 7d 龄期后仍能继续膨胀[7]；1980 年，美国伯克利大学 Metha 教授等设想在大体积混凝土中掺入 MgO，利用 MgO 水化膨胀产生的化学应力来补偿混凝土的温降收缩应力[14]；1988 年，苏联专家针对提高 MgO 含量生产高镁水泥进行研究[15]；1998 年，All 和 Mullick 研究了粉煤灰和养护条件对高含 MgO 水泥体积稳定性的影响[16]；2014 年，Choi 等研究了轻烧 MgO 的粉煤灰混凝土的耐久性[17]。国外进行的这些研究，主要是针对内含 MgO 的水泥净浆试件、水泥砂浆试件和少量混凝土试件进行。并且这些研究均处于室内探索阶段，未见到其应用于实际工程的报道。

MgO 混凝土在我国的发展，大体可分为以下四个阶段。

第一阶段，是 MgO 混凝土的应用基础研究阶段，从白山水电站一期工程浇筑坝体混凝土起至 1989 年。

这一阶段主要是研究白山一期混凝土未发生渗漏的原因，主要研究单位有当时的水利电力部成都勘测设计研究院和南京化工学院。在 1985 年以前，研究内含高镁水泥较多；在 1985 年以后，研究外掺 MgO 混凝土的膨胀性能及其现场试验较多。原水利电力部成都勘测设计研究院在实验室通过大量的混凝土自生体积变形实验，首次证明了吉林白山大坝使用抚顺大坝水泥生产的混凝土的自生体积变形具有微膨胀性[18]；原南京化工学院首次揭示了抚顺大坝水泥的膨胀原因及膨胀机理[8]。当时的水利电力部水利水电规划设计院于 1984 年 12 月 25 日至 12 月 27 日在北京主持召开了"MgO 微膨胀混凝土座谈会"，肯定了 MgO 混凝土的研究价值和研究成果，并指出需要进一步研究的内容。之后，水利电力部水利水电规划设计院于 1985 年 11 月 13 日至 11 月 16 日在南京主持召开了"水泥膨胀剂学术讨论会"，会上明确了由水利水电规划设计院牵头成立"延迟性膨胀水泥与混凝土的研究及应用"课题组，参研单位包含当时的水利电力部东北勘测设计院、成都勘测设计院、华东勘测设计院、贵阳勘测设计院和南京化工学院、水利电力部第十二工程局科研所、第九工程局科研所。其间，参研单位对 MgO 膨胀材料的制备及其性能、水泥中 MgO 的膨胀机理、MgO 混凝土的力学与变形性能、MgO 混凝土的温度应力补偿等进行了一系列研究。1988 年 3 月 18 日，课题组就研究成果在贵阳进行了交流，参会人员一致肯定了 MgO 混凝土的延迟微膨胀特性及其与水工大体积混凝土散热慢、降温收缩变形迟缓的适应性，并着手准备在贵州东风水电站和浙江石塘水电站做现场试验，以研究机口外掺 MgO 混凝土的均匀性和验证 MgO 混凝土室内外试验结果的符合性。东风水电站的现场试验时间为 1989 年 4 月 16 日至 4 月 28 日，试验地点为下游重力围堰。该围堰堰顶长为 75m，堰底底宽为 20m，深槽底宽为 6m，最大堰高为 25m。施工该围堰时，在深槽浇筑了 MgO 外掺量为 2.9%的混凝土 526.89m³，在紧靠深槽的基础约束区通仓连续浇筑了 MgO 外掺量为 2.5%的混凝土 1044.69m³。通过预埋于混凝土中的 5 支无应力计观测到，MgO 混凝土在龄期 90d 的膨胀变形量达到 $(78 \times 10^{-6}) \sim (130 \times 10^{-6})$。东风水电站下游重力围堰是当时浇筑 MgO 混凝土体积最多、膨胀变形量最大的一次现场试验。如果将该围堰视作一座小型重力坝，那么，它是外掺 MgO 混凝土筑坝技术的首次成功应用。1989 年 9 月 22 日至 9 月 23 日，由当时的国家能源部科技司组织、水利水电规划设计院主持在贵阳召开了"MgO 微膨胀混凝土的研制与温度应力补偿的研究"成果鉴定会。该项成果被鉴定为国际领先水平，获 1991 年度电力工业部科技进步奖，并列为"八五"国家电力工业新技术重点推广应用项目。

第二阶段，是 MgO 混凝土的推广应用阶段，从 1990 年起至 1998 年。

外掺 MgO 混凝土筑坝技术被列为"八五"国家电力工业新技术重点推广应用项目后，首先被应用于贵州东风水电站拱坝基础深槽中。该深槽位于河床左岸，底宽为 20m，顶宽为 52m，长为 41m，其混凝土于 1990 年 1 月 27 日开始浇筑，3 月 27 日结束，历时两个月，共浇筑混凝土 $1.36 \times 10^3 m^3$（该混凝土中 MgO 的外掺量为 3.5%）。经过近 10 年的原型观测，发现混凝土的主要膨胀量（约 75%）发生在龄期 7~90d，且早期膨胀速率大，后期小，至 1 年时，膨胀量达到 $(52.2 \times 10^{-6}) \sim (112.5 \times 10^{-6})$，之后的膨胀变形趋于稳定，每年的膨胀量平均增加 $(0.1 \times 10^{-6}) \sim (1.5 \times 10^{-6})$，增长速率逐渐趋于零，没有无限膨胀趋势。东风拱坝深槽决定采用外掺 MgO 混凝土回填后，原设计的 5 条横缝修改为 3 条，并取消了纵缝，浇筑块的数量从原设计的 36 个降为 12 个，减少了分缝分块，并省去了加冰拌和混凝土、预埋冷却水管冷却混凝土等常规温控措施，简化了温控工艺，取消了接缝灌浆，节省了温控费和灌浆费。不仅如此，它还使深槽混凝土比预计工期提前 45d 浇完，两岸坝肩的开挖得以提前进行，为在第二年浇筑坝体混凝土奠定了坚实基础，保证了坝体混凝土的施工工期，避免了 1 年的工期损失，间接经济效益更为显著[19]。东风拱坝基础深槽是第一个将外掺 MgO 混凝土筑坝技术应用于大坝主体的工程。其成功为当时的能源部水利部水利水电规划设计总院于 1994 年 8 月颁布的《水利水电工程轻烧材料品质技术要求（试行）》（见附录 I）和电力工业部水电水利规划设计总院、水利部水利水电规划设计总院于 1995 年 5 月联合颁布的《MgO 微膨胀混凝土筑坝技术暂行规定（试行）》（以下简称《暂行规定》，见附录 II）提供了宝贵的工程资料。

之后，该技术除在重力坝基础约束区应用外，还被推广到碾压混凝土坝基础约束区、导流洞封堵、堆石坝面板等，但未在全坝应用。

第三阶段，是 MgO 混凝土从坝体局部使用转为全坝应用阶段，从 1999 年起至 2013 年。

1999 年 1 月 6 日至 4 月 5 日（共历时 90d），广东长沙坝使用 MgO 混凝土筑坝技术建成了我国第一座氧化镁混凝土拱坝。该坝为混凝土四圆心双曲拱坝，最大坝高 55.5m，坝顶长 144.96m，坝顶厚 3.87m，坝底厚 9.66m，坝体不设横缝及纵缝，通仓连续浇筑混凝土，混凝土体积为 $3.1 \times 10^4 m^3$，混凝土中的 MgO 外掺量随高程递增，依次为 3.5%、4.2%、4.5%。长沙拱坝内部埋设了 12 支温度计、4 支裂缝计、4 组双向应变计、4 组五向应变计、8 组无应力计（每组 2 支）。观测结果表明，MgO 外掺量为 3.5%、4.2%、4.5% 的 MgO 混凝土在龄期 365d 的自生体积变形平均值分别为 76.2×10^{-6}、105.8×10^{-6}、111.9×10^{-6}，即随着 MgO 掺量的增大而增大；MgO 混凝土的自生体积变形过程线均无明显回缩或突变，在观测时间达 3 年之后，混凝土的自生体积变形还有每年 10×10^{-6} 左右的缓慢增长，但增量逐年递减；在 5 年龄期时，MgO 掺量为 3.5%、4.2%、4.5% 的混凝土自生体积变形平均观测值约占 8 年观测值的 98.3%、93.4%、93.3%[20]。实践表明，长沙拱坝应用全坝外掺 MgO 混凝土不分横缝快速筑坝技术后，加快了施工速度、缩短了工期，比采用常规混凝土拱坝至少提前 9 个月至 1 年发挥效益，增加发电量约 $800 \times 10^4 kW \cdot h$，节省了采用常规混凝土拱坝所需的温控费，还产生了减少工程贷款的银行利息、提前发挥水库防洪与灌溉等综合效益[21]。

长沙拱坝的建成，开启了全坝采用 MgO 混凝土筑坝新技术的先河。之后，贵州省应用全坝 MgO 混凝土技术建成了沙老河、三江、鱼简河、落脚河、马槽河、黄花寨、老江底、河湾、鱼粮、下屯等拱坝。2010 年 12 月 29 日投产的贵州省黄花寨水电站，坝身为碾压混凝土拱坝，坝高达到 108m，是首次将全坝外掺 MgO 混凝土技术推向 100m 级高坝，并将碾压混凝土筑坝技术与外掺 MgO 混凝土筑坝技术有机结合，进一步发挥了 MgO 混凝土快速、经济筑坝的优越性。并且，在全坝应用 MgO 混凝土筑坝技术时，各个工程结合自身特点，对 MgO 混凝土的配合比、结构布置、施工工艺等进行了针对性的研究。例如，在 MgO 混凝土的膨胀量不足以补偿混凝土的温降收缩量的情况下，贵州省采用在坝体设置少量诱导缝的补充措施来解决问题，推动了 MgO 混凝土筑坝技术的进步[22]。同时，结合这些应用成果，广东省于 2009 年 11 月颁布了《外掺氧化镁混凝土不分横缝拱坝技术导则》（DB44/T 703—2010），贵州省于 2011 年 6 月颁布了《全坝外掺氧化镁混凝土拱坝技术规范》（DB52/T 720—2010），国家能源局于 2013 年 11 月颁布了《水工混凝土掺用氧化镁技术规范》（DL/T 5296—2013）。这些标准为 MgO 混凝土筑坝技术的进一步推广应用提供了行为指南。

第四阶段，是全坝采用高掺 MgO 混凝土阶段，从 2014 年起至今。

从 2014 年 4 月 14 日起，贵州采用全坝外掺 6.5%的 MgO 混凝土浇筑黄家寨水电站拱坝，首次突破了混凝土中 MgO 掺量不超过 6%的限制。该坝为首座高掺 MgO 混凝土坝，坝型为抛物线双曲拱坝，坝高为 69m。施工期间，因移民纠纷等问题造成工期延误很长一段时间，直至 2016 年 3 月 30 日才浇完坝体混凝土，共计 $4.375 \times 10^4 \mathrm{m}^3$。在浇筑坝体混凝土时，共埋设 13 支无应力计、16 支温度计和 8 支测缝计，实测坝体混凝土在龄期 90d、180d、360d 的自生体积膨胀变形平均值分别为 41.38×10^{-6}、51.55×10^{-6}、62.46×10^{-6}，最高温度为 43.6℃，最大开度为 0.24mm，这与室内实测值和仿真分析结果基本吻合[23]。实践证明，采用全坝高掺 MgO 混凝土后，混凝土自身的抗裂能力进一步增强，坝体混凝土的温控措施进一步简化，经济效益进一步提高。

继黄家寨高掺 MgO 混凝土拱坝建成后，位于贵州省都匀市郊的大河水库拱坝也于 2017 年 12 月 25 日开始采用全坝外掺 6.5%的 MgO 碾压混凝土浇筑。该坝坝高为 105m，混凝土体积为 $45.66 \times 10^4 \mathrm{m}^3$，于 2020 年 5 月 23 日浇完。其间，因征地移民纠纷、2018 年 6 月遭遇超设计标准洪水、2020 年第一季度遭遇新冠肺炎等，造成工期延误约 6 个月。

由于高掺 MgO 混凝土后，混凝土的延迟膨胀量增加，可以进一步补偿大体积混凝土的温降收缩量，有利于进一步简化大体积混凝土的温控措施，从而达到进一步加快施工、降低成本的目的。因此，预计采用高掺 MgO 混凝土筑坝技术的坝体工程会越来越多。

MgO 混凝土从首次应用于贵州东风薄拱坝基础深槽并取得成功以来，已被推广到贵州省普定、索风营、洪家渡、沙老河、三江、鱼简河、落脚河、马槽河、黄花寨、老江底、河湾、鱼粮、黄家寨、梁天沟、大河和四川省铜街子、龙潭、花滩、红叶、黑土坡、沙牌、广东省青溪、飞来峡、长潭、坝美、福建省水口、黄兰溪、黑龙江莲花、辽宁阎王鼻子、新疆石门子、青海李家峡、甘肃龙首、广西那恩、云南马堵山等水利水电工程中，应用部位包括重力坝基础约束区、碾压混凝土坝基础垫层、大坝基础填塘、导流洞和导流底孔封堵、混凝土防渗面板、基础与裂隙灌浆、大坝纵缝与拱坝横缝灌浆、高压管道外围回填，直至中型拱坝全坝段；既有常态混凝土，也有碾压混凝土；坝型有重力坝、拱坝、面板堆石坝、闸坝等；MgO 掺量为 1.75%～6.5%，实测混凝土的自生体积膨胀量多位于 (50×10^{-6}) ～ (200×10^{-6})。其中，使用 MgO 混凝土填筑坝体的水利水电工程见表 1-1。

表 1-1   使用 MgO 混凝土筑坝的水利水电工程

序号	工程名称	建设地点	坝型	坝高/m	建设时间	使用部位	混凝土体积/×10⁴m³	MgO掺量/%	自生体积变形/10⁻⁶	分缝情况
1	白山水电站	吉林桦甸	重力拱坝	149.5	1975.05~1982.10	全坝使用	163.30	内含4.28	40左右	不详
2	东风水电站	贵州清镇	双曲拱坝	162.0	1990.01~1990.03	基础深槽	1.36	3.50	80左右	3条横缝
3	青溪水电站	广东大埔	重力坝	51.5	1990.07~1991.03	基础约束区	6.80	4.50~5.00	100左右	
4	水口水电站	福建古田	重力坝	101.0	1990.08~1990.12	基础约束区	7.50	4.40~4.80	70~80	
5	普定水电站	贵州安顺	RCC拱坝	75.0	1991.11~1991.12	基础垫层	0.37	3.20	80左右	
6	李家峡水电站	青海尖扎	双曲拱坝	165.0	1993.04~1996.12	基础约束区	3.10	1.00~2.50	不详	19条横缝
7	铜头水电站	四川芦山	双曲拱坝	77.0	1994.06~1995.06	基础垫座	0.70	3.00	45左右	
8	飞来峡水电站	广东清远	重力坝	52.3	1995.11~1997.10	基础约束区	16.00	1.75~3.50	120左右	
9	花滩水电站	四川荥经	RCC重力坝	85.3	1996.12~1998.04	基础垫层	6.75	3.50	100左右	
10	阎王鼻子水库	辽宁朝阳	重力坝	34.5	1997.02~1997.03	基础填塘	0.24	2.00~3.00	不详	
11	长沙坝水电站	广东阳春	双曲拱坝	59.5	1999.01~1999.04	全坝使用	3.46	3.50~4.50	160~180	不分横缝
12	沙牌水电站	四川汶川	RCC拱坝	130.0	1999.02~2002.05	基础垫层	1.50	4.00	100~120	不分横缝
13	石门子水电站	新疆玛纳斯	RCC拱坝	109.0	1999.04~2000.05	全坝使用	21.00	2.00	20左右	不分横缝
14	龙首水电站	甘肃张掖	RCC拱坝	80.0	2000.04~2001.06	全坝使用	6.83	3.00~4.50	45~60	2条诱导缝
15	沙老河水库	贵阳北郊	双曲拱坝	61.7	2001.03~2001.10	全坝使用	5.70	4.00~5.50	95~110	不分横缝
16	蔺河口水电站	陕西岚皋	RCC拱坝	100.0	2001.12~2003.06	坝体下部1/4高	5.00	5.00~5.50	不详	5条诱导缝、2条横缝
17	三江水库	贵阳北郊	双曲拱坝	71.5	2002.11~2003.06	全坝使用	3.80	4.50~5.00	50~120	2条诱导缝
18	坝美水电站	广东乳源	双曲拱坝	53.5	2003.02~2003.07	全坝使用	3.80	5.00~5.50	不详	不分横缝
19	长潭水电站	广东翁源	双曲拱坝	53.0	2004.04~2004.12	全坝使用	2.90	5.50~5.75	120~160	不分横缝
20	鱼简河水库	贵州息烽	RCC拱坝	81.0	2003.10~2005.03	全坝使用	11.20	内含5.00	0~45	2条诱导缝、2条横缝
21	索风营水电站	贵州修文	RCC重力坝	115.8	2003.11~2005.05	坝体下部1/4高	20.00	2.00~3.00	16~40	8条横缝

续表

序号	工程名称	建设地点	坝型	坝高/m	建设时间	使用部位	混凝土体积/×10⁴m³	MgO掺量/%	自生体积变形/10⁻⁶	分缝情况
22	落脚河水电站	贵州大方	双曲拱坝	81.0	2005.12~2006.08	全坝使用	9.60	5.00	40~100	4 条诱导缝
23	马槽河水电站	贵州铜仁	双曲拱坝	67.5	2007.03~2007.10	全坝使用	3.80	6.00	100~150	4 条诱导缝
24	黄花寨水电站	贵州长顺	RCC 拱坝	108.0	2007.02~2010.12	全坝使用	29.20	3.00~3.90	10~45	2 条诱导缝
25	老江底水电站	贵州兴义	双曲拱坝	67.0	2007.12~2008.10	全坝使用	6.50	5.00~6.00	70~110	2 条诱导缝
26	那恩水电站	广西那坡	RCC 拱坝	68.6	2009.08~2010.09	全坝使用	3.20	4.50	>50	4 条诱导缝
27	河湾水电站	贵州平塘	拱坝	80.0	2011.05~2013.04	全坝使用	9.10	5.00	50~150	6 条诱导缝
28	鱼粮水库	贵州江口	双曲拱坝	50.0	2013.02~2014.07	全坝使用	3.55	5.00	115~190	2 条诱导缝
29	下屯水电站	贵州盘州	双曲拱坝	69.0	2013.12~2016.09	全坝使用	5.50	5.00	30~69	1 条诱导缝、1 条横缝
30	黄家寨水电站	贵州水城	双曲拱坝	69.0	2014.04~2016.03	全坝使用	4.50	6.50	32~102	2 条诱导缝
31	凉天沟水库	贵州道真	双曲拱坝	60.2	2016.11~2018.04	全坝使用	4.50	5.50	25~90	6 条诱导缝
32	大河水库	贵州都匀	RCC 拱坝	105.0	2017.12~2020.05	全坝使用	45.66	6.50	60~110	4 条诱导缝、1 条横缝

1.3.2　氧化镁混凝土的发展展望

我国水能资源丰富，理论蕴藏量为 6.94 亿千瓦，技术可开发装机容量为 5.42 亿千瓦，居世界首位。同时，由于我国地形与雨量差异较大，水能资源分布具有西部多、东部少的特点。按照技术可开发装机容量统计，位于我国西部的云南、贵州、四川、重庆、陕西、甘肃、宁夏、青海、新疆、西藏、广西、内蒙古等 12 省(自治区、直辖市)的水能资源约占全国的 81.46%，尤其是云南、贵州、四川、重庆、西藏 5 省(自治区、直辖市)就占 66.7%[24]。截至 2010 年底，全国水电装机容量为 31937 万千瓦，东部、中部、西部的开发程度为 90%、78.4%、24.9%[25]。

国家能源发展"十三五"规划指出："'十三五'水电新开工规模 6000 万千瓦以上"；国家水利改革发展"十三五"规划指出："加快重点水源工程建设，实施一批重大引调水工程，'十三五'新增年供水能力 270 亿立方米"。到 2020 年，西南地区水电规划装机容量将达到 22700 万千瓦，开发利用率达到 51.9%。并且，水电是可再生的绿色能源，水利与人民生活息息相关，直接关系到人民群众的生命安全、生活保障、生存发展、人居环境等，因此，建设水利水电工程，是实现创新发展、协调发展、绿色发展、共享发展理念的有效形式；建好水利水电工程，对建设环境友好型、资源节约型社会和实现国家和地区的可持续发展，尤其是促进水能资源相对富集的西部多民族地区的经济发展和社会进步，具有重大的环境效益和社会效益。因此，"十三五"及未来更长时间，我国水利水电建设的任务重，尤其是新疆、西藏、云南、贵州、四川等脱贫攻坚任务重的广大多民族地区，规划建设的挡水坝数量多、工期紧，工程界渴望又好又快又省地建设混凝土挡水坝的新技术，这为 MgO 混凝土快速筑坝优越性的发挥提供了难得的历史机遇。因此，MgO 混凝土在水利水电工程中的应用前景十分广阔。

第2章 氧化镁膨胀剂

MgO 膨胀剂造就了 MgO 混凝土。要熟悉 MgO 混凝土的性能和应用,必须先了解 MgO 膨胀剂。本章首先介绍 MgO 膨胀剂的生产与质量控制,接着介绍 MgO 膨胀剂的特性,最后介绍 MgO 膨胀剂的技术指标及其检测方法。

2.1 氧化镁膨胀剂的生产简介

2.1.1 生产原料

生产 MgO 膨胀剂的原料有菱镁矿[主要成分是 $Mg(CO)_3$]、水镁石 $Mg(OH)_2$、斜方云石[碳酸钙镁矿 $Mg_3Ca(CO_3)_4$]、水菱镁矿[$Mg_4(CO_3)_3(OH)_2 \cdot 3H_2O$]、白云石 [$CaMg(CO_3)_2$]、蛇纹石[$Mg_3(Si_2O_5)(OH)_4$]等。不少国家还从海水和卤水中提取轻烧 MgO。我国生产 MgO 膨胀剂多以菱镁矿为原料。

世界菱镁矿储量 $34 \times 10^8 t$ 以上。我国菱镁矿储量居世界之首,保有储量 $20.13 \times 10^8 t$,其中可采储量 $10.22 \times 10^8 t$[26],且质量较高,一般含 40%～60%的 MgO。我国菱镁矿资源主要分布在辽宁省海城、大石桥等地区,品位高,当地大小镁矿星罗棋布,约占全国储量的 85%,MgO 年产量约 $20 \times 10^4 t$,仅大石桥市就有各类镁制品企业 570 多家。海城、大石桥等地区的菱镁矿为富镁矿物(图 2-1),主要用来生产耐火材料,销量大、销路好,是当地的支柱产业和财政收入的主要来源。菱镁矿应用广泛,但全球范围内的菱镁矿资源有限,所以它被更多地用来生产附加值更高的耐火材料或炼镁。

图 2-1 辽宁海城菱镁矿石

近年来, 辽宁省相继出台了一系列政策, 加大了对菱镁矿矿山的管理力度, 决定将菱镁矿开采量维持在现有水平或略有减少。所以, 有科技人员开始探索采用以 SiO_2 为主要杂质组分的低品位菱镁矿和能够提供 CaO 的白云石来生产 MgO 膨胀剂[27]。研究表明, 在一定条件下, 采用低品位菱镁矿制得的膨胀剂的膨胀量较高品位菱镁矿制取的膨胀剂大, 这有利于促进低品位菱镁矿在镁质膨胀材料方面的利用, 提高菱镁矿资源的利用率[28]。此外, 开发 MgO 膨胀剂的生产原料, 还有利于属地化生产 MgO 膨胀剂, 促进 MgO 混凝土的推广应用。因为绝大多数 MgO 膨胀剂用在水利水电工程的坝体混凝土中, 而未来我国水能资源开发量巨大的地区主要集中在西藏、四川、云南等地, 所以, 属地化生产 MgO 膨胀剂, 能够大大缩短从辽宁 MgO 生产厂家长距离运输到西藏、四川、云南水利水电工地的费用, 从而降低 MgO 混凝土的生产成本。

水利水电工程坝体混凝土所用的 MgO 膨胀剂, 对其掺量的严格限制和延迟膨胀量的期望值高, 因此要求其纯度(即 MgO 含量)不低于 90%。相应地, 要求菱镁矿原料的 MgO 含量不低于 46%。生产实践表明, 若菱镁矿的 MgO 含量低于 46%, 则很难生产出纯度大于 90%的 MgO 膨胀剂。利用菱镁矿生产的 MgO 膨胀剂, 颜色为纯白色, 放久后逐渐变成浅黄色; 密度为 $2.9\sim3.5g/cm^3$; 细度(过 80μm 筛的筛余)一般为 1.5%～3.0%; 难溶于水。表 2-1 和表 2-2 中列出了生产 MgO 膨胀剂所用菱镁矿的化学成分及相应的 MgO 产品的理化指标。

表 2-1   用于烧制 MgO 膨胀剂的菱镁矿的化学成分(%)

厂名	MgO	SiO_2	CaO	Fe_2O_3	Al_2O_3	烧失量
海城某镁矿	47.78	0.90	0.70	0.33	0.08	50.05
大石桥某镁矿	46.61	0.67	0.87	0.36	0.05	51.15

表 2-2   使用与表 2-1 对应的菱镁矿烧成的 MgO 膨胀剂的理化指标

厂名	活性/s	细度/目	MgO/%	SiO_2/%	CaO/%	Fe_2O_3/%	Al_2O_3/%	烧失量/%
海城某镁矿	216	200	91.06	3.84	1.54	0.89	0.75	1.92
大石桥某镁矿	230	180	90.76	3.01	2.02	0.48	0.28	3.45

2.1.2   生产

煅烧是采用菱镁矿生产 MgO 膨胀剂的关键环节。到目前为止, 尚没有专门的生产水工混凝土用 MgO 膨胀剂的窑炉与工艺, 主要沿用煅烧耐火材料使用的生产设备和工艺, 即采用工业反射窑(立窑)和回转窑及其工艺, 难以持续保证 MgO 膨胀剂的品质。反射窑窑体使用石料砌成, 直径为 3～4m, 高度为 8～15m; 回转窑为常用的工业窑炉, 直径为 3～4m, 长度为 50m 左右。MgO 膨胀剂的生产流程为原料破碎→装窑→煅烧→出窑→冷却→粉磨→包装。使用反射窑时, 菱镁矿石从窑体上部进入, 入窑菱镁矿石的块体大(一般矿粒粒径为 50～150mm), 块体在窑内自下而上均匀分层平铺, 高温火焰从窑体下部喷入炉内，煅烧时间为 60～90min，料块在窑内由表向内分解，煅烧不易均匀，会产生欠烧或过烧，烧失量较大（3%～5%，最高可达 8%）。烧成品从窑体底部炉算漏下，自然冷却，熟料需人工挑选，大块料中心可能出现未烧透的现象，这种块料需要重新煅烧，产品质量和膨胀性能不够稳定，出窑的轻烧镁砂较粗，但煅烧成本低，常被中小企业采用。回转窑的入窑菱镁矿矿粒细（一般为 10～25mm），随着窑体自身的不断旋转，料粒在窑内不断翻滚而被逐渐击碎成小颗粒，煅烧温度较稳定且易调节，煅烧时间为 45～60min，烧失量小，冷却极快，活性高，熟料质量较均匀，膨胀性能较稳定，出窑的轻烧镁砂较细（小于 2mm 的颗粒大于 90%），但生产成本较高。正是由于使用反射窑煅烧 MgO 的成本比回转窑低，又能满足厂家销售量最大的耐火材料所用 MgO 的纯度要求，因此，多年来没有使用回转窑煅烧的、用于水工混凝土的 MgO 产品面世。

煅烧温度和煅烧时间是决定 MgO 质量的关键因素。尤其是 MgO 的活性，与 MgO 的煅烧温度、煅烧时间密切相关。刘加平等的研究指出[29]，经 750～850℃煅烧的氧化镁样品，在 X-射线衍射（XRD）图谱（扫描步长 0.02°）中呈现明显的菱镁矿和白云石，在扫描电镜（SEM）分析图中观测到 MgO 颗粒较为疏松，且看不到明显晶粒；经 950～1050℃煅烧的氧化镁样品，菱镁矿和白云石的衍射峰基本消失，MgO 颗粒表面的晶粒较为明显，MgO 晶格发育趋于完整，晶粒尺寸变大；在相同的掺量下，掺高温煅烧的氧化镁膨胀剂的水泥浆体在常温水养条件下膨胀慢，膨胀效能低，但温度一旦升高，其膨胀性能大幅度提升，膨胀效能远远大于低温煅烧的氧化镁膨胀剂；低活性轻烧氧化镁的水化及膨胀速率显著依赖反应温度，温度升高对其水化反应具有明显的促进作用，表现出较强的温度敏感性。彭尚仕等研究了不同制备工艺对氧化镁膨胀剂水化特性的影响[30]，结果表明，随着煅烧温度升高、煅烧保温时间延长，MgO 晶粒尺寸增大，MgO 的水化活性降低，尤其是在煅烧温度超过 1100℃时，MgO 的水化活性陡然下降，表现为活性指标值增大。李承木等也指出[31]，当煅烧温度低于 900℃时，方镁石水化非常快；当煅烧温度高于 1200℃时，方镁石的水化比较慢；当煅烧温度超过 1450℃时，常温养护的方镁石几乎不水化。

2.2 氧化镁膨胀剂的特性

根据 MgO 的煅烧温度，MgO 膨胀剂分为轻烧 MgO 和重烧 MgO，其特性见表 2-3[32]。重烧 MgO 主要用作耐火材料；轻烧 MgO 在建材、农业、轻工、环境保护、化工等领域应用较广，如用于生产高镁水泥、镁质琉璃瓦，用作促进根类农作物增产的肥料及动物饲料添加剂，用作塑料、油漆、燃料油、黏结剂、橡胶的填料和添加剂，用作药物、防酸剂、杀虫剂、牙膏、软膏、氧化镁乳液的配合料，用作镁化工产品、金属镁及镁合金的生产原料等[26]。

经适宜煅烧制度煅烧的 MgO 膨胀剂具有可控的延迟膨胀特性。这种 MgO 在发生水化反应时，历时长，在生成水化产物 $Mg(OH)_2$ 后，固相的体积增大为原来的 2 倍以上[4]。而且，由于 $Mg(OH)_2$ 的溶解度仅为 $Ca(OH)_2$ 的 1/200，因此 $Mg(OH)_2$ 的稳定性极高。同时，通过调整 MgO 膨胀剂的煅烧制度、颗粒粒径等，可以控制 MgO 膨胀剂的膨胀过程。

研究表明，随着煅烧温度的提高，MgO 的水化速度明显下降(表 2-4[33])；MgO 化学活性显著降低，颗粒粒径逐渐增大，水化放热速率降低，并且 MgO 衍射峰逐渐尖锐且衍射强度增大[34]；水化后体积膨胀越大，对混凝土骨架造成的内拉应力越大[4]；在相同煅烧制度下制备的 MgO，粒度较大者，膨胀能较大，水化反应时间较长，后期将持续膨胀[30]，最终膨胀量也较大，更有利于补偿水工大体积混凝土的温降收缩，见图 2-2。

表 2-3　轻烧 MgO 与重烧 MgO 的特性

项　目	轻烧 MgO	重烧 MgO
煅烧温度	小于 1100℃	大于 1600℃
外　形	不定型方镁石	立方体或八面体结晶
粒　度	小于 3μm	大于 20μm
相对密度	3.07~3.22	3.5~3.65
坚硬程度	松脆	硬脆
体积收缩	10%	23%
化学活性	易与水作用生成 $Mg(OH)_2$	难与水作用
折射率	1.68~1.70	1.73~1.74
晶格常数	a=4.212，因晶格缺陷，易进行固相反应	a=4.201，因晶体稳定，难进行固相反应

表 2-4　MgO 的水化速度与煅烧温度的关系

水化时间/d	煅烧温度/℃		
	800	1200	1400
1	75.4	6.49	4.72
3	100.0	23.40	9.27
30	/	94.76	32.80
360	/	97.60	/

注：表中的水化速度是以水化程度的百分率来表示的。

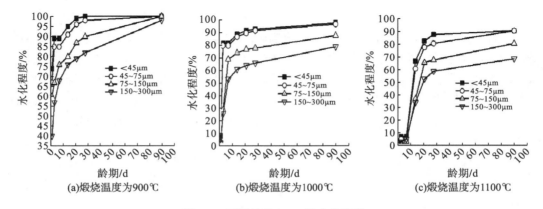

(a)煅烧温度为900℃　　(b)煅烧温度为1000℃　　(c)煅烧温度为1100℃

图 2-2　不同粒径 MgO 的水化程度

需要说明的是，按照现行国家标准《混凝土膨胀剂》（GB 23439—2009）中的定义，混凝土膨胀剂是与水泥、水拌和后，经水化反应生成钙矾石、氢氧化钙或钙矾石和氢氧化钙，使混凝土产生体积膨胀的外加剂。根据《混凝土膨胀剂》（GB 23439—2009）的规定，按照水化产物的不同，混凝土膨胀剂分为硫铝酸钙类膨胀剂(代号为 A)、氧化钙类膨胀剂(代号为 C)和硫铝酸钙-氧化钙类膨胀剂(代号为 AC)三类。硫铝酸钙类膨胀剂的水化产物或膨胀源为高硫型水化硫铝酸钙（$3CaO \cdot Al_2O_3 \cdot 3CaSO_4 \cdot 31H_2O$，俗称钙矾石），氧化钙类膨胀剂的水化产物或膨胀源为氢氧化钙［$Ca(OH)_2$］，硫铝酸钙-氧化钙类膨胀剂的水化产物或膨胀源为钙矾石和氢氧化钙。所以，MgO 膨胀剂不属于《混凝土膨胀剂》（GB 23439—2009）调整的对象。《混凝土膨胀剂》（GB 23439—2009）的主要编写人游宝坤指出，对于一般工业与民用建筑结构的大体积混凝土，设计强度等级为 C30～C40、厚度为 1～3m，水泥用量较高，在混凝土浇筑后 2～3d，内部温度达到 50～80℃，一般经过 7～14d，混凝土温度降至常温。然而，MgO 在常温环境中水化十分缓慢，1 年后仍然产生膨胀，这将产生很大的膨胀应力，可能导致混凝土结构开裂。因此，MgO 膨胀剂不适用于工业与民用建筑结构大体积混凝土的裂缝控制，只适用于混凝土筑坝工程。所以，鉴于 MgO 膨胀剂的特殊性，在《混凝土膨胀剂》（GB 23439—2009）标准中，没有列入 MgO 膨胀剂[35]。因此，**本书在阐述 MgO 膨胀剂和 MgO 混凝土时，若没有特别说明，均是针对水工大体积混凝土。**

高培伟等研究了硫铝酸钙类膨胀剂、氧化钙类膨胀剂和氧化镁膨胀剂在混凝土中的膨胀效应[36]。结果表明，掺硫铝酸钙类膨胀剂、氧化钙类膨胀剂的混凝土的起始膨胀率较大，3d 之内，膨胀值基本上达到最高值，之后膨胀量减少，并逐渐由膨胀变形转为收缩变形（即倒缩），收缩变形出现的时间分别为 60d 和 28d；与未掺膨胀剂的混凝土相比，MgO 掺量为 4%、8%和 12%的混凝土的变形呈现延迟性微膨胀，180d 的膨胀量依次约为 40×10^{-6}、70×10^{-6} 和 90×10^{-6}，没有出现"倒缩"现象。由于大体积混凝土(尤其是水工大体积混凝土)不同于一般建筑物的混凝土，混凝土在浇筑后，温降收缩过程漫长，需要数年甚至数十年，收缩应力主要发生在晚期，需要"延迟性"的膨胀变形，即 MgO 膨胀剂特有的延迟膨胀性能正好与水工大体积混凝土漫长的温降过程相匹配，可以抑制混凝土后期的温降收缩，减免混凝土裂缝的出现，使 MgO 膨胀剂在水工大体积混凝土中首先得到应用并推广。而且，早期大体积混凝土的弹性模量较低，徐变度较大，建立的预压应力小，即使早期膨胀变形较大，补偿应力也相对不大，只能部分抵消后期温降收缩产生的拉应力[37]，并容易被松弛。因此，硫铝酸钙类膨胀剂和氧化钙类膨胀剂的早期膨胀、后期收缩性能与水工大体积混凝土不相适应，对水工大体积混凝土后期的温降收缩无法起到补偿作用，很难解决大体积混凝土的收缩开裂问题。

我国目前市场上销售较多的膨胀剂为硫铝酸钙类膨胀剂。近年来，有科技人员欲通过改变 MgO 膨胀剂的煅烧制度来改进 MgO 膨胀剂的膨胀性能，并根据活性反应时间将 MgO 膨胀剂分成不同类型，试图将 MgO 膨胀剂应用于非大体积混凝土，其出发点是积极的，愿望是良好的。但是，对于活性低的 MgO 膨胀剂（反应时间为 200～300s），由于水化反应很慢，其膨胀反应发生较迟且历时较长，可缓慢膨胀几十年，是明显不适用于温降历时很短的非大体积混凝土的，并危及混凝土结构的安全；对于使用活性较高的氧化镁膨胀剂

(反应时间为 100~200s)来主要补偿混凝土的干缩裂缝而言，由于此时的早期膨胀量与使用硫铝酸钙类膨胀剂和氧化钙类膨胀剂相当或偏低，考虑到硫铝酸钙类膨胀剂和氧化钙类膨胀剂应用的成熟性，以及二者的市场价格比 MgO 膨胀剂低，建议以使用硫铝酸钙类膨胀剂和氧化钙类膨胀剂为宜；对于活性很高的 MgO 膨胀剂(反应时间低于 100s)，由于其膨胀反应主要发生在混凝土塑性发展阶段，此时的混凝土基本没有发生收缩，因此此时的 MgO 膨胀剂对混凝土收缩的补偿效果是很低的。而且，活性指标低的 MgO，并不意味着后期不发生膨胀。陈霞等的研究表明[38]，当活性反应时间为 100s 的 MgO 从 4%增加至 6% 时，在 1135d 龄期时，混凝土的自生体积膨胀量从 $23.8×10^{-6}$ 增至 $76.5×10^{-6}$，比基准混凝土分别增加了 $74×10^{-6}$ 和 $127×10^{-6}$；当 MgO 掺量为 6%时，掺入反应时间为 50s 和 100s 的 MgO，在 1000d 龄期时，混凝土的自生体积膨胀变形分别为 $18.4×10^{-6}$ 和 $76.5×10^{-6}$。因此，MgO 膨胀剂用于非大体积混凝土时，一定要慎之又慎，切忌盲目套用。

另外，在混凝土中掺入硫铝酸钙类膨胀剂、氧化钙类膨胀剂和硫铝酸钙-氧化钙类膨胀剂后的膨胀效果，是使用限制膨胀率来衡量的。测试限制膨胀率时，是依据规范《混凝土膨胀剂》(GB/T 23439—2009)，先使用基准水泥、标准砂、水成型尺寸为 40mm×40mm ×140mm 的水泥胶砂试件，再将拆模后的试件放置于温度为 20℃±1℃的水中养护 7d 后，接着放入温度为 20℃±1℃、相对湿度不低于 90%的恒温恒湿环境中养护 21d，然后使用测量仪分别量测试件在水中养护 7d 和在空气中养护 21d 的长度，据此计算限制膨胀率。然而，水利水电工程外掺 MgO 混凝土的膨胀效果是用"自生体积变形"来衡量的(本书 3.1.1 节将作介绍)。虽然"自生体积变形"与"限制膨胀率"都是相对变形率，但两种试件的尺寸、形状、养护环境和测量变形时使用的工具与方法存在显著差别。将 MgO 膨胀剂应用于水工大体积混凝土时，务必要按照《水工混凝土试验规程》(DL/T 5150—2017 或 SL 352—2018)进行混凝土在恒温与绝湿环境中至少历时半年的自生体积变形实验，而不是进行砂浆试件的限制膨胀率实验。

2.3 氧化镁膨胀剂的技术指标

MgO 膨胀剂的质量用纯度、活性指标、CaO 含量、SiO_2 含量、烧失量和细度来评价。1994 年，当时的能源部、水利部水利水电规划设计总院颁布了《水利水电工程轻烧氧化镁材料品质技术要求(试行)》(见表 2-5 和附录 I)，至今仍然是水利水电工程控制 MgO 膨胀剂质量的依据。其他行业对 MgO 的质量要求与水利水电行业存在明显差距。

表 2-5   水利水电工程用轻烧 MgO 的技术要求

MgO 含量 (纯度)	活 性 指 标	CaO 含量	SiO_2 含量	细 度	筛余量	烧失量
≥90%	240s±40s	<2%	<4%	180 孔目/英寸	≤3%	≤4%

MgO 膨胀剂的纯度是指 MgO 的含量，一般在 85%以上。检测 MgO 膨胀剂的纯度，是参考《水泥化学分析方法(GB/T 176)》。张守治等的研究表明[39]，采用化学分析方法

测试 MgO 含量，无法排除 MgO 膨胀剂中未分解 $MgCO_3$ 和已受潮 $Mg(OH)_2$ 的影响；参考《轻烧氧化镁化学活性测定方法（YB/T 4019—2006）》，采用水合法，可准确测试样品中能参与水化的 MgO 量，并能排除 MgO 膨胀剂中未分解的 $MgCO_3$ 和已受潮的 $Mg(OH)_2$ 的影响。与化学分析法相比，水合法测得的 MgO 膨胀剂中的 MgO 含量与其膨胀性能更相关。

MgO 膨胀剂的活性是指 MgO 参与化学反应的能力，其很难用一个普遍的指标来衡量，只能在相同条件下对其反应和变化的过程进行比较和对照[40]，其检测方法主要有比表面积法、碘吸附值、物相分析法和动力学分析法（柠檬酸法）等。通常采用轻烧 MgO 与标准酸的反应时间来衡量 MgO 膨胀剂的活性。标准酸一般为柠檬酸，所以检测轻烧 MgO 活性的方法又称柠檬酸法。按照 1995 年电力部水电水利规划设计总院、水利部水利水电规划设计总院联合颁发的《MgO 微膨胀混凝土筑坝技术暂行规定（试行）及编制说明》（见附录Ⅱ），测试 MgO 膨胀剂活性指标的步骤为：称取 MgO 试样 1.7g 放在烧杯（一般为 250mL）中，加 100mL 中性（pH=7）水，再加 100mL 柠檬酸溶液（溶液中溶有 2.6g 柠檬酸），放在磁力搅拌器上搅拌并加热，使溶液维持在 30～35℃，加入 1～2 滴酚酞指示剂，同时记录从开始搅拌到溶液出现微红色的时间［单位为秒（s）］。该时间即为 MgO 膨胀剂的活性指标。活性指标大，则表示 MgO 的活性差；反之，则表示 MgO 的活性好。

MgO 膨胀剂的 CaO 含量、SiO_2 含量、烧失量和细度均对掺 MgO 混凝土的膨胀效果存在影响。CaO 含量高会影响水泥及其混凝土的膨胀率，尤其是早期膨胀率。所以，MgO 膨胀剂的 CaO 含量越低越好。MgO 膨胀剂的烧失量代表煅烧后碳酸镁的分解程度和轻烧 MgO 受潮程度。CaO 含量、SiO_2 含量和烧失量参照《水泥化学分析方法（GB/T 176—2017）》进行检测，细度参照《水泥细度检验方法　筛析法》（GB/T 1345—2005）进行检测。

2.4　氧化镁膨胀剂的质量控制

大量的试验研究和工程实践表明，外掺 MgO 水泥和混凝土的膨胀性能主要取决于 MgO 膨胀剂的质量。而 MgO 膨胀剂的质量除受原料的纯度影响外，还与窑型、煅烧温度、保温时间、冷却速度、粉磨细度、保管环境等因素密切相关。

使用反射窑生产用于水工混凝土的 MgO 膨胀剂时，生产厂家多在距窑身炉口约 1.2m 处用光学测温器测量煅烧温度，煅烧温度很难被严格控制。若能在反射窑窑身安装测温仪表，准确控制窑内温度，并将入窑矿粒控制在 50～80mm，则 MgO 产品的质量稳定性会更高，用户会更放心。使用回转窑生产 MgO 的成本虽较高，但从理论上讲，其产品质量及其稳定性应比反射窑产品好。同时，李承木等的研究表明[31]，使用反射窑和回转窑生产的 MgO 配制的外掺 MgO 混凝土，其自生体积变形都随观测龄期的延长和试验养护温度的升高而增大，且回转窑的自生体积变形比反射窑大些。

煅烧温度和保温时间是 MgO 膨胀性能的决定性因素。在进行 MgO 产品的质量控制时，由 MgO 的活性指标反映出来。提高煅烧温度或延长煅烧时间会延缓 MgO 的水化反应速度。陆安群等[41]、闫战彪等[42]的研究表明，随着煅烧温度的升高，菱镁矿分解越来越充分,在煅烧温度达到 950℃且保温 1h 后,菱镁矿中的 $MgCO_3$、$CaMg(CO_3)_2$ 和 $CaCO_3$ 基本分解完全。同时,随着煅烧温度的升高,MgO 晶粒尺寸增大,晶格畸变减小[43],晶体结构的不完整程度降低,MgO 颗粒表面逐渐密实,MgO 膨胀剂活性指标值增大。活性指标值大的 MgO 膨胀剂,膨胀能较大,早期膨胀较慢且膨胀量较小,后期膨胀量大,膨胀稳定所需时间较长,对混凝土后期收缩的补偿效果较好;活性指标值小的 MgO 膨胀剂,膨胀能较低,早期膨胀快且膨胀量较大,后期膨胀量小,膨胀稳定所需时间较短,对自收缩和干燥收缩的补偿效果优于活性指标值大的 MgO。其次,在煅烧过程中,菱镁矿在最高温度停留的时间对 MgO 的活性影响较大,且与提高煅烧温度所起的作用相同,即停留时间越长,晶体尺寸越大,MgO 的活性指标值增大,见图 2-3、图 2-4[30]。但是,延长保温时间,将造成 MgO 的生产效率降低和能耗增加。因此在生产 MgO 膨胀剂时,应综合考虑煅烧温度和保温时间,不宜采用过长的保温时间。另外,冷却速度影响结晶形态。急冷形成的方镁石结晶体多,水化膨胀量大些;慢冷形成的方镁石结晶体少,水化膨胀量小些。

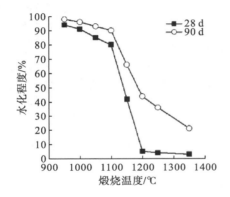

图 2-3　煅烧温度对 MgO 水化程度的影响　　　图 2-4　煅烧保温时间对 MgO 活性的影响

　　控制好 MgO 的粉磨细度,是保证 MgO 膨胀效果的重要手段。方坤河[4]指出,在相同的掺量情况下,MgO 磨得越细,MgO 在混凝土中越分散,膨胀力也较分散,混凝土膨胀变形较小。但是,在相同的水化龄期内,因细小的 MgO 水化较快,水化相对比较充分,混凝土的膨胀变形较大。彭尚仕等的研究表明[30],颗粒尺寸越小,MgO 的水化越快。因此,生产中应注意避免粉磨过细。

　　良好的保管环境,也是保证 MgO 膨胀效果的重要手段。MgO 膨胀剂容易受潮,受潮后膨胀效果明显下降,所以必须做好包装、运输和储存期间的防潮工作,且存放期也不能太长。张守治等的研究表明[44],在 12 个月存放期内,存放时间对不同活性轻烧 MgO 的活性反应时间基本无影响,对低活性 MgO 的烧失量和膨胀性能的影响相对较小,对高活性 MgO 的烧失量和膨胀性能的影响相对较大;轻烧 MgO 的活性反应时间越小,其烧失量和膨胀性能受存放时间的影响越显著。

　　从水利水电行业多年的工程经验看,水工混凝土所用轻烧 MgO 膨胀剂的适宜煅烧温度为 1000～1100℃,高温持续时间为 30min,活性指标为 200～250s,颗粒细度为 180～

250 目。并且，即使包装严密的 MgO 产品，在存放时间超过 90d 后，MgO 的颜色也会由白色逐渐转变为黄色。

　　同时，如何保证 MgO 膨胀剂质量的稳定性，是 MgO 混凝土能否得到广泛推广应用的关键技术问题。多年来，MgO 混凝土主要应用于水利水电工程混凝土坝的基础填塘部位或小型混凝土坝全坝段，最多应用于中型拱坝全坝段，未能在混凝土高坝全坝段得到应用，其中一个重要原因就是工程技术人员对 MgO 质量稳定性的担忧。使用反射窑生产 MgO 膨胀剂，生产成本相对较低，但对于煅烧温度难以做到严格控制，导致产品的质量稳定性难以保证；使用回转窑生产 MgO 膨胀剂，产品的质量稳定性相对较高，但生产成本也较高。因此，如何改进反射窑煅烧工艺，提高产品的质量稳定性，以及如何降低回转窑生产 MgO 膨胀剂的成本，开发其他生产设备与工艺，实现稳定、规模化地生产 MgO 膨胀剂，需要深入研究。杨泽波等[45]以菱镁矿为原料，以改造后的带预分解系统的水泥回转窑为煅烧设备烧制活性 MgO，分别采集五级下料管料、窑头收尘器料、篦冷机料，并以此代表不同煅烧制度下得到的物料，研究不同煅烧制度对 MgO 活性的影响。结果表明，利用改造后的带预分解系统的水泥回转窑煅烧 MgO 膨胀剂是可行的，并且可以生产出品质较高的 MgO 膨胀剂。朱伯芳院士指出，为满足今后大规模应用的需要，氧化镁应在严格的生产程序下产出，才能保证质量，以及广泛而稳定地供应市场[46]。基于目前 MgO 膨胀剂的生产情况，若要将 MgO 混凝土筑坝技术应用于大型水利水电工程，为了保证 MgO 膨胀剂的生产质量和混凝土坝的安全，最好使用回转窑煅烧的 MgO 膨胀剂。

第 3 章 氧化镁混凝土

使用高含 MgO 膨胀水泥或 MgO 膨胀剂配制的内掺 MgO 混凝土和外掺 MgO 混凝土，由于 MgO 特有的延迟膨胀性能，造成 MgO 混凝土的宏观性能（尤其是变形性能）和膨胀机理与非 MgO 混凝土存在明显区别。同时，因要求 MgO 混凝土的延迟微膨胀特性能够为工程服务，导致 MgO 混凝土的配合比设计与非 MgO 混凝土也存在一定差异。本章将介绍氧化镁混凝土的性能、膨胀机理和配合比设计。

3.1 氧化镁混凝土的性能

3.1.1 氧化镁混凝土的变形性能

新拌混凝土在凝结硬化后的变形，包含在荷载作用下的变形和在非荷载作用下的变形。在荷载作用下的变形主要有混凝土的弹性变形、塑性变形、徐变变形、极限拉伸变形等；在非荷载作用下的变形主要有干缩湿胀变形、温度变形、自生体积变形等。MgO 混凝土区别于其他混凝土的显著特征，就在于 MgO 混凝土的自生体积变形呈现良好的延迟微膨胀特性，并有望满足补偿水工大体积混凝土漫长温降收缩的需要。所以，在此重点介绍 MgO 混凝土的自生体积变形性能。

所谓混凝土的自生体积变形，是指混凝土在硬化过程中，仅仅由胶凝材料的水化作用引起的体积变形，它不包含混凝土受外荷载、温度、湿度影响引起的体积变形。自生体积变形主要是由于胶凝材料和水在反应前后反应物和生成物的密度不同造成的。生成物的密度小于反应物的密度则表现为自生体积膨胀，相反则表现为自生体积收缩。通常水泥水化生成物的体积较反应前的总体积小，因此水泥混凝土的自生体积变形一般表现为收缩。只有当水泥中含有较多的膨胀组分或在混凝土中掺入膨胀性材料时，混凝土的自生体积变形才有可能表现为膨胀（见图 3-1）。混凝土的自生体积变形会造成混凝土结构物产生内应力，当其增大到某种程度时，结构物可能开裂。混凝土的自生体积变形一般在 $(-50 \times 10^{-6}) \sim (50 \times 10^{-6})$。假设混凝土的线膨胀系数为 $(10 \times 10^{-6})/℃$，则混凝土的自生体积变形过大时，相当于温度变化数十摄氏度引起的变形，说明混凝土的自生体积变形对混凝土结构抗裂能力的影响不容忽视。因此，自生体积变形值是进行水工混凝土徐变应力计算、仿真设计、温控设计时必不可少的重要资料，实际工程一般都需要采集实际使用的原材料进行混凝土自生体积变形试验。

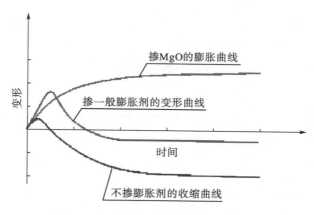

图 3-1　典型的混凝土自生体积变形过程

混凝土的自生体积变形试验按照《水工混凝土试验规程》(DL/T 5150—2017 或 SL 352—2018)进行，其试件为直径 200mm、高度 500mm 的圆柱体试件(简称"标准试件")。成型混凝土自生体积变形标准试件时，需要首先筛除新拌混凝土中大于 40mm 的粗骨料，再将湿筛后的混凝土拌和物分三层装入用镀锌板制作的试件桶内(桶内壁垫有厚度为 1～2mm 的橡皮板或在桶内壁涂抹一层厚 0.3～0.5mm 的沥青隔离层)。在成型试件时，需要在试件的中部埋设一支差动式电阻应变计，用于量测混凝土的变形数据。试件密封后，将其放置于恒温(20℃±2℃)、绝湿和无外荷载作用的环境中。在试件成型后的 2h、4h、6h、12h、24h 各量测应变计的电阻及电阻比 1 次，以后每天量测 1 次至两周，然后每周量测 1 次至半年，半年后每月量测 1～2 次至一年，一年后每季度量测 1 次。按照《水工混凝土试验规程》(DL/T 5150—2017 或 SL 352—2018)的规定，混凝土自生体积变形试验的观测龄期为 1 年，每组试验成型 2 个试件。观测龄期(或时长)为 1 年以上的，一般称为长龄期；3 年以上的，一般称为超长龄期。

混凝土在各个观测时点的自生体积变形 G_t 按照《水工混凝土试验规程》(DL/T 5150—2017 或 SL 352—2018)规定的计算式 [(式 3-1)、式(3-2)] 计算，并取两个试件测值的平均值作为试验结果。

$$G_t = f(Z-Z_0) + (b-a)(T-T_0) \tag{3-1}$$
$$T = a'(R-R_0) \tag{3-2}$$

式中，G_t 为混凝土自生体积变形，10^{-6}；f 为应变计的灵敏度，$10^{-6}/(0.01\%)$；Z 为量测的电阻比，0.01%；Z_0 为电阻比基准值，0.01%；b 为应变计温度补偿系数，$10^{-6}/℃$；a 为混凝土线膨胀系数，$10^{-6}/℃$；T 为实测温度，℃；T_0 为温度基准值，℃；a' 为应变计的温度灵敏度系数，℃/Ω；R 为量测的电阻，Ω；R_0 为 0℃电阻，Ω。

大量的室内试验研究和工程实践表明，MgO 混凝土的自生体积变形呈现良好的延迟微膨胀特性，早期膨胀速率大，后期小，膨胀变形主要发生在龄期 7～180d。并且其膨胀量随着 MgO 掺量的增加和龄期的增长而增大。例如，贵州东风拱坝基础 MgO 混凝土，在龄期 28d 以前的膨胀速率约为 $1.3 \times 10^{-6}/d$；在龄期 28d～1a，膨胀速率为 $(2～10) \times 10^{-6}/m$；在 1a 以后，膨胀速率降至 $(0.5～3) \times 10^{-6}/a$，增长速率逐渐趋于零，膨胀变形曲线已基本平稳；在龄期 28d、90d、1a 和 4.5a，掺 3.5%MgO 混凝土的膨胀量约为掺 2.5%MgO 的 1.32 倍、
1.26 倍、1.24 倍和 1.22 倍，约为未掺 MgO 混凝土的 2.93 倍、2.39 倍、1.90 倍和 1.69 倍；
MgO 掺量每增减 1%，MgO 混凝土的膨胀量增减$(2\times10^{-6})\sim(20\times10^{-6})$，见图 3-2[47]。

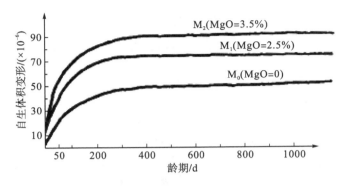

图 3-2   贵州 525 硅酸盐水泥混凝土的自生体积变形过程

同时，从图 3-2 可见，未掺 MgO 混凝土的自生体积变形也表现一定的延迟微膨胀现
象，且变形稳定时间在 450d 后，比外掺 MgO 混凝土的稳定时间延迟。这是因为该水泥本
身含有 2.25%的 MgO，超过了水泥熟料中矿物相的可固熔量（一般为 2%）。研究表明，超
过可固熔量的 MgO 形成水化缓慢的方镁石晶体，在水化生成 $Mg(OH)_2$ 的过程中，造成
硬化水泥浆体的体积膨胀[8]。并且，水泥内含 MgO 的烧成温度为 1300～1450℃，比外掺
的 MgO 高，导致水化反应慢，膨胀趋于稳定的时间推迟[2]。东风水电站坝基深槽最终决
定采用贵州 525 硅酸盐水泥，其中一个很重要的原因就是该水泥自身能够提供一定的延迟
微膨胀，它同外掺 MgO 一起，可以更好地补偿深槽混凝土的温降收缩。

另外，外掺 MgO 的混凝土的干缩率比普通混凝土小 15%～22%，徐变系数比普通混
凝土大。徐变系数大，表示应力松弛大，可以削减混凝土的应力集中，减少收缩裂缝和温
度应力[48]。这些性质都对混凝土的抗裂有利。

3.1.2   氧化镁混凝土的力学性能

对于水利水电工程坝体混凝土，工程技术人员特别关注抗压强度、抗拉强度、极限拉
伸值、弹性模量等力学性能指标。当把 MgO 当作外加剂而不是当作胶凝材料掺入混凝土
后，在 MgO 极限掺量范围内，在相同条件下，外掺 MgO 混凝土在各个龄期的力学性能
指标均比未掺的高。以龄期 90d 为例，抗压强度、抗拉强度、弹性模量提高 4%～10%，
作为混凝土抗裂指标的极限拉伸值提高 8%～18%；MgO 混凝土的力学性能指标均随着
MgO 掺量的增加和龄期的增长而增大，其强度发展系数略高于未掺 MgO 的混凝土，或与
未掺 MgO 的混凝土基本持平。例如，以抗压强度为例，掺 3.5%MgO 的混凝土比掺
2.5%MgO 的约提高 2%，比未掺 MgO 的提高 6%～9%[47]；龄期 360d 的抗压强度可达龄期
28d 的 1.6 倍以上[48]。大量的试验研究表明，在 MgO 极限掺量范围内，在混凝土中掺入
MgO 后，由于 MgO 的膨胀作用，混凝土的孔隙率降低，密实性增强，从而导致混凝土的

力学性能总体得到提高。尤其是 MgO 混凝土的极限拉伸值的提高，对水工混凝土的抗裂非常有利。

　　以上 MgO 混凝土力学性能的提高值，是基于按照《水工混凝土试验规程》(DL/T 5150—2017 或 SL 352—2018)，首先将成型 24h 的混凝土试件脱模(即所谓"自由试件")，再将该试件放置在标准养护室(环境温度为 20℃±3℃，湿度为 95% 以上)中养护至规定龄期时的实测值。然而，在工程实践中，为充分发挥 MgO 混凝土的延迟微膨胀作用，多是将 MgO 混凝土应用于约束条件良好的环境中，环境温度也不是恒定不变的。李延波等[49]的试验研究表明，掺 MgO 混凝土在不同约束条件下的力学性能都有不同程度的提高，尤其是三维约束对混凝土力学性能提高比较明显。掺 MgO 5%、8% 和 12% 的混凝土试件在三维约束下，在龄期 360d 的抗压强度分别比自由试件高 16.9%、22.0% 和 16.0%，在龄期 180d 的劈拉强度分别比自由试件高 32.93%、31.03% 和 33.33%；掺 MgO 5% 和 8% 的混凝土试件在三维约束下的极限拉伸值比自由试件分别提高 9.5% 和 3.1%，抗拉强度分别提高 5.7% 和 6.9%。而且，MgO 混凝土的力学性能对养护温度的变化非常敏感。与标准养护条件相比，当工程实际温度较高时，水泥水化反应加快，有利于混凝土抗压强度的发展。杨永民等[50]的试验研究表明，养护温度对外掺 MgO 混凝土的抗压强度和弹性模量有较大影响，对极限拉伸变形也有一定影响，都随着养护温度的增高而增高。混凝土在龄期 28d 的抗压强度，在 50℃ 养护环境比 20℃ 提高 28%；养护温度每升高 10℃，弹性模量平均提高 1030MPa，极限拉伸变形平均提高 10×10^{-6}。

　　实际上，坝体混凝土不是像室内混凝土试件一样处在某个恒定温度的环境中，而是处于变温环境中。杨永民等[50]参考南方某坝体的典型实测温度变化过程线，在完全模拟大坝混凝土浇筑层的水化升温和降温过程的条件下，研究了外掺 MgO 量为 3.5%、4.5% 的混凝土的抗压强度、弹性模量和极限拉伸变形。结果表明，在模拟坝体温度变化的养护环境中，外掺 MgO 混凝土的抗压强度、弹性模量与极限拉伸变形值与在恒温养护环境中的变化规律相同，均随龄期的延长而增大，随 MgO 掺量的增加而增加，并在龄期 90d 以前的增长速率较大，之后增长速率变慢，且随龄期的继续增长而逐渐趋于某一稳定值；将恒温场条件下测得的弹性模量和极限拉伸变形应用于大坝变温场条件下的仿真分析是可行的，能够满足精度要求。

　　室内试验研究还表明[51]，当 MgO 等质量取代胶凝材料(即被当作胶凝材料)掺入混凝土后，在相同条件下，由于水泥用量减少，混凝土的抗压强度、抗拉强度等力学性能比未掺 MgO 的混凝土有所降低。因此，在水工混凝土中掺入 MgO 材料，宜将 MgO 材料当作外加剂加入混凝土中，即不计入胶凝材料总量中。

　　另外，试验研究表明[48]，只要 MgO 掺量控制适当，在混凝土的抗压强度不降低的情况下，外掺 MgO 能够提高混凝土的抗冲磨强度，一般可提高 5%～7%。在约束条件下，外掺 MgO 混凝土的抗冲磨性能比自由膨胀状态还要好。并且，在混凝土中同时掺入粉煤灰、硅粉和 MgO，还能有效提高混凝土的耐久性。

3.1.3　氧化镁混凝土的热学性能

水利水电工程坝体混凝土属于典型的大体积混凝土,混凝土的绝热温升情况直接影响坝体混凝土温控措施的选用,而混凝土的水泥用量和水泥的水化热大小又直接影响混凝土的绝热温升值。研究表明[48],在 MgO 极限掺量范围内,在水泥中掺入 MgO,水泥的凝结硬化时间有一定的延缓,水泥的水化热略有增加(增加值一般在 5%以内),热峰出现时间推迟;在混凝土中掺入 MgO,对混凝土的绝热温升值影响较小(其值偏高3%左右),对混凝土的导温、导热、比热、热膨胀系数的影响不明显。

3.1.4　氧化镁混凝土的耐久性能

1)抗渗性

MgO 混凝土具有相当好的抗渗能力。例如,外掺 3.5%MgO 的混凝土与相同配合比的未掺 MgO 的混凝土相比,在 1.2MPa 渗水压力时均未渗水。劈开试件后,量测其渗水高度,发现外掺 MgO 混凝土的渗水高度约为未掺的 2/3,说明外掺 MgO 混凝土的抗渗能力比未掺 MgO 的提高约 50%[47]。

2)抗冻性

在混凝土中外掺 MgO 后,混凝土的总孔隙率降低,密实性提高,导致混凝土的抗渗能力和抗冻能力都优于普通混凝土。例如,在快冻 33 次以后,MgO 混凝土的相对动弹性模量损失为 50%以下,强度损失为 25%以内,重量损失为 1.5%左右;未掺 MgO 混凝土在冻融 23 次后,动弹性模量损失 60%,强度损失 32%,重量损失 2.4%。又如,当 MgO 掺量为 3%和 5%时,快速冻融次数达到 100 次或 125 次时,MgO 混凝土的各项冻融技术指标都优于普通混凝土[48]。

3)耐蚀性

在自由状态下,当 MgO 掺量为 5%以内时,抗压强度的耐蚀系数为 0.946～0.996,抗拉强度的耐蚀系数为 0.954～1.079。这表明,在自由状态下,MgO 微膨胀混凝土的耐蚀性能略有下降,其耐蚀系数约减小 6%。然而,在约束条件下,外掺 MgO 混凝土的总孔隙率进一步减少,孔径分布发生变化,水泥石结构更加密实,所以耐蚀性提高。工程实践证明,在约束条件下,外掺 MgO 对混凝土的抗蚀性影响不大,甚至有所提高[48]。

4)抗碳化性

混凝土的碳化与空气中 CO_2 的浓度、环境湿度、养护条件、水灰比、振实程度、水泥品种及用量、混合材掺量、龄期等因素有关。碳化影响混凝土的耐久性,对防止混凝土中的钢筋锈蚀不利。碳化还会引起混凝土的收缩。当这种收缩受到限制时,往往引起表面微裂缝。熟料太少的混凝土在碳化后的强度降低。试验研究表明[48],在连续碳化 28d 后,对于不掺粉煤灰的混凝土,掺与不掺 MgO 的碳化深度分别为 22.7mm 和 23.3mm,外掺 MgO 的混凝土比不掺的减小 2.6%;对于掺粉煤灰的混凝土,掺与不掺 MgO 的碳化深度分别为 23.8mm 和 36.3mm,外掺 MgO 的混凝土比不掺的减少 34.4%。即不管混凝土中是否掺入粉煤灰,当掺入 MgO 后,混凝土的密实度提高,导致其碳化减慢,抗碳化能力增强。

3.2 氧化镁混凝土的膨胀机理

不论是采用何种方式配制的 MgO 混凝土，由于骨料本身并不膨胀，因此，混凝土的自生体积膨胀，实质上是水泥浆体的体积膨胀，这是其与混凝土因温度升高而引起膨胀的本质区别。因此，只要弄清了 MgO 在水泥浆体中的膨胀机理，就能够明白 MgO 混凝土的膨胀机理。

关于 MgO 膨胀剂在水泥浆体中的作用机理，主要有以下三种解释。一是 Metha[52] 的吸水肿胀理论，即凝胶态膨胀组分由于吸水而体积增大；二是 Chatterji[53] 的晶体生长理论，即结晶态膨胀组分由于晶体生长后穿透周围物质而继续向外生长，从而挤压周围的水泥浆体产生膨胀；三是邓敏等[54] 的吸水肿胀力和结晶压力驱动理论，即 MgO 水泥浆体的膨胀源于 $Mg(OH)_2$ 晶体的生成和发育，膨胀量取决于 $Mg(OH)_2$ 晶体的位置、形貌和尺寸，细小的（块状和短柱状）、聚集在 MgO 颗粒表面附近的水镁石晶体能产生较大的膨胀，粗大的（针状或长柱状）、分散在 MgO 颗粒周围较大区域内的水镁石晶体引起的膨胀较小；膨胀能来自 $Mg(OH)_2$ 晶体的吸水肿胀力和结晶生长压力；在水化早期，$Mg(OH)_2$ 晶体很细小，浆体膨胀的主要动力是吸水肿胀力；在水化后期，随着 $Mg(OH)_2$ 晶体的长大，晶体的结晶生长压力转变为膨胀的主要动力。

外掺 MgO 水泥浆体的膨胀性能与 MgO 的掺量与活性、养护温度、水泥品种等因素密切相关。在相同煅烧制度下得到的 MgO，颗粒越细，晶格畸变越大，活性越高，越有利于水泥浆体的早期膨胀；在相同 MgO 掺量下，高温养护的水泥浆体在较短龄期内就能产生较大的膨胀，而低温养护的水泥浆体的膨胀发展较缓慢；掺 MgO 的硅酸盐水泥浆体的膨胀近似呈指数规律发展，早期膨胀发展较快，后期膨胀趋于稳定；掺 MgO 的铝酸盐水泥、硫铝酸盐水泥和石膏矿渣水泥浆体的膨胀不遵循指数规律，早期膨胀较小，后期膨胀有所发展；掺 MgO 的粉煤灰水泥浆体的膨胀比硅酸盐水泥浆体的膨胀小，掺 MgO 的铝酸盐水泥和硫铝酸盐水泥浆体的膨胀始终较小[55]；MgO 在少量水泥的环境中，水化 360d 后生成针状 $Mg(OH)_2$ 晶体，长度为 0.5～1μm，呈分散状并向周围的孔洞中均匀扩散、生长，产生的膨胀量较小；在大量水泥的环境中，水化产物呈六方板状，晶体尺寸小于 0.1μm，易聚集，可引起较大的局部膨胀；养护温度由 20℃提高到 50℃，MgO 在水泥浆体中水化 90d 的晶体粒径由 0.2～0.4μm 减小到 0.1～0.2μm，晶体聚集在浆体的孔洞及裂纹的边缘，产生微裂纹，不利于混凝土结构稳定[56]。

从上述分析可知，MgO 水泥浆体和 MgO 混凝土的膨胀，其根源是 MgO 的膨胀。但它又不同于 MgO 的膨胀，即不同于 MgO 与水反应后生成的 $Mg(OH)_2$ 晶体引起的体积膨胀。或者说，MgO 水泥浆体和 MgO 混凝土的膨胀，不等于 MgO 的膨胀，这是理解 MgO 在水泥石中的作用机理时需要注意的。原因是，MgO 吸收水分生成水镁石时体积增大为原来的 212.6%[3]，自然造成体积膨胀。然而，在水泥浆体和混凝土中，这种膨胀中的一部分甚至全部首先被水泥浆体和混凝土的孔隙所吸收，且结晶生长压力也会一部分甚至全部被水泥基材料的强度所吸收。当全部被吸收后，MgO 水泥浆体和混凝土在宏观上就表现不出膨胀变形，甚至仍然是收缩变形。例如，利用某工程的砂石料、水泥、外掺入 4%的 MgO 配制的 MgO 混凝土，其自生体积变形的宏观表现仍呈收缩状态，见图 3-3。但是，从图 3-3 可见，外掺 MgO 混凝土的收缩量明显小于同条件下未掺 MgO 的混凝土，即外掺 MgO 混凝土的自生体积变形仍然具有延迟微膨胀特性。

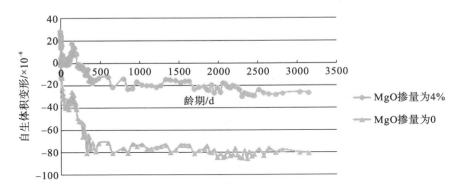

图 3-3　某工程掺与不掺 MgO 的混凝土自生体积变形过程

同时，研究表明，外掺 MgO 水泥浆体的膨胀，除同 MgO 的掺量与活性、养护温度、水泥品种等因素有关外，还同水泥熟料中 MgO 的固溶量和方镁石的结晶状况相关。水泥熟料中可固溶的 MgO 量一般不超过 2%，这部分 MgO 不会使水泥硬化浆体产生膨胀。只有超过固溶量的部分 MgO 才能水化膨胀。所以，有些没有外掺 MgO 的混凝土，因使用了内含 MgO 量超过 2.0%的水泥，其自生体积变形仍然表现为延迟微膨胀。例如，在图 3-2 中，利用内含 MgO 为 2.25%的贵州 525 硅酸盐水泥、东风水电站工地人工砂石料配制的混凝土，在不掺 MgO 时，混凝土在龄期 7d、90d、300d 和 450d 的自生体积膨胀量分别达到 4×10^{-6}、28×10^{-6}、48×10^{-6} 和 50.5×10^{-6}。

另外，高镁水泥所含的 MgO 经历了同水泥熟料一样的高温煅烧，烧成温度达到 1450℃，高于水工混凝土专用 MgO 膨胀剂的煅烧温度 1050℃±50℃，所以，内掺 MgO 混凝土同外掺 MgO 混凝土的膨胀效应存在差异[57,58]。对于使用高镁水泥配制的内掺 MgO 混凝土，由于经过高温煅烧的水泥熟料中的方镁石水化生成 $Mg(OH)_2$ 起步晚，膨胀变形过程漫长，膨胀变形趋于稳定的时间出现得很晚，膨胀效果差，因此对混凝土温降收缩的补偿作用小，甚至混凝土的自生体积变形在宏观上仍表现为收缩状态，而且不易控制，很难达到全部或大部分取消大体积混凝土传统温控措施的目的。贵州鱼简河拱坝[9]和长江三峡二阶段工程[10]就是这样的典型案例。然而，对于外掺 MgO 混凝土，由于 MgO 膨胀剂的煅烧时间、高温下的保温时长基本上可以按照水工混凝土要求的膨胀变形过程来控制，因此外掺 MgO 混凝土的膨胀过程基本上可以做到与大体积混凝土漫长的温降收缩过程同步，对混凝土温降收缩的补偿效果好。这也是实际工程采用外掺 MgO 混凝土远比内掺 MgO 混凝土多的主要原因。

3.3 氧化镁混凝土的配合比设计

3.3.1 氧化镁混凝土配合比设计的特点

采用 MgO 混凝土筑坝的目的是利用 MgO 混凝土特有的延迟微膨胀来补偿大体积混凝土在漫长温降过程中产生的体积收缩。所以，MgO 混凝土的配合比设计区别于一般混凝土的重要特点是，MgO 混凝土应努力满足设计工程师对其提出的延迟膨胀量要求。那么，MgO 混凝土究竟能不能达到设计期望的补偿收缩量呢？或者说，MgO 混凝土究竟能够产生多少延迟微膨胀量呢？显然，不同的混凝土工程，因所用的原材料不同，产生的膨胀量也不同，这需要通过水泥基材料压蒸试验和混凝土自生体积变形试验才能知道，而不是仅仅依据大体积混凝土结构抗裂需要的膨胀量来决定的。因此，在进行 MgO 混凝土的配合比设计时，不仅需要像设计普通的水工混凝土配合比那样进行抗压、抗拉、抗渗、绝热温升等试验，还需要进行水泥基材料的压蒸安定性试验和混凝土的自生体积变形试验。水泥基材料的压蒸安定性试验，参照《水泥压蒸安定性试验方法》(GB/T 750—1992)进行(第四章将作详细介绍)，其目的是确定混凝土的 MgO 安定掺量；混凝土的自生体积变形试验，按照《水工混凝土试验规程》(DL/T 5150—2017)或(SL 352—2018)进行(详见 3.1.1 节)，其目的是检验 MgO 混凝土的延迟膨胀量是否达到设计要求。

其次，在计算混凝土中 MgO 的掺率时，MgO 的用量不计入胶凝材料总量中，即 MgO 不取代胶凝材料。试验研究表明，不论 MgO 是否取代胶凝材料，它对混凝土的含气量和自生体积变形都无明显影响；与 MgO 取代胶凝材料相比，当 MgO 不取代胶凝材料时，新拌混凝土的坍落度降低，硬化混凝土的抗压强度和劈拉强度有一定程度的提高[51]。

3.3.2 氧化镁混凝土配合比设计的基本要求

MgO 混凝土配合比设计的任务是，根据原材料的技术性能和工地的施工条件，合理选择原材料品种，并确定满足工程所要求的技术经济指标的各项组成材料的用量。MgO 混凝土配合比设计的基本要求是：①满足现场施工对混凝土拌和物的工作性要求；②满足混凝土结构对强度等级的要求；③满足混凝土长期服役对耐久性的要求；④尽力满足混凝土结构对延迟膨胀量的要求；⑤尽力降低混凝土的生产成本。

3.3.3 氧化镁混凝土配合比设计的步骤

对于内掺 MgO 混凝土，因其在配制时仅是所用水泥的 MgO 含量高些，所以配合比的设计步骤、配合比参数的初选等与普通混凝土完全一样，适用《水工混凝土配合比设计规程》(DL/T 5330—2015)。

对于外掺 MgO 混凝土，当采用共磨外掺 MgO 水泥和共混外掺 MgO 水泥配制时，与配制内掺 MgO 混凝土相同，仅是混凝土所用水泥的 MgO 含量高些，其配合比的设计步骤、配合比参数的初选等与普通混凝土完全一样，同样适用《水工混凝土配合比设计规程》

（DL/T 5330—2015）；当采用在拌和机口外掺 MgO 方式配制 MgO 混凝土时，其配合比的设计步骤、配合比参数的初选等也与普通混凝土一样，并同样适用《水工混凝土配合比设计规程》（DL/T 5330—2015），但此时 MgO 的外掺量是按占胶凝材料总量（即"水泥+掺合料"，MgO 掺量不计入胶凝材料总量中）的百分比计算，即把外掺的 MgO 材料视作混凝土的外加剂而不是掺合料。经验表明，当把外掺的 MgO 材料视作混凝土的外加剂而不是掺合料时，与不掺 MgO 的混凝土比较，配制相同工作性的 MgO 混凝土，所用的减水剂一般会略有增加；混凝土的 MgO 掺量越多，减水剂增加越多。

下面以配制机口外掺 MgO 混凝土为例，介绍 MgO 混凝土的设计步骤。

1. 收集资料

在进行 MgO 混凝土的配合比设计之前，应收集与配合比设计相关的技术资料。具体包含（但不限于）如下资料。

（1）应用 MgO 混凝土的工程部位，尤其是该部位周边的约束情况。

（2）设计工程师对混凝土的要求，如强度等级、延迟膨胀量、抗渗性、抗冻性、绝热温升值、拌和物的工作性、凝结时间、表观密度等。

（3）工程拟用原材料的产地、品种、技术指标、单价、供货时间、运输方式与距离、工地储存条件等。

（4）施工队伍的施工技术水平、管理能力、社会评价等，尤其是是否具有机口外掺 MgO 混凝土的施工经验。

（5）类似工程混凝土的配合比设计资料、技术性能等，尤其是 MgO 混凝土长期自生体积变形的原型观测资料。

2. 计算初步配合比

（1）初定水胶比

根据设计工程师对混凝土强度等级和耐久性要求，按照《水工混凝土配合比设计规程》（DL/T 5330—2015）和《水工混凝土施工规范》（DL/T 5144—2015），初步确定混凝土配合比设计的第一个参数——水胶比。

（2）初定单位用水量

根据混凝土的类型（常态混凝土或是碾压混凝土）、设计工程师或施工现场或工程经验对混凝土拌和物的工作性（坍落度或维勃稠度）要求，以及混凝土拟用粗骨料的品种与最大粒径、细骨料的品种与细度模数、掺合料品种与质量等级、外加剂品种与减水率，按照《水工混凝土配合比设计规程》（DL/T 5330—2015）初选确定混凝土配合比设计的第二个参数——单位用水量。

（3）初步计算水泥、掺合料、氧化镁的单位用量

根据初定的水胶比和单位用水量，即可计算出胶凝材料的单位用量；根据胶凝材料的单位用量，以及设计工程师或工程经验初步确定的掺合料品种与掺量（按占胶凝材料用量的百分比计量，MgO 的用量不计入胶凝材料总量中），即可计算出水泥和掺合料的单位用量；根据胶凝材料的单位用量，以及水泥基材料压蒸试验确定的 MgO 安定掺量（同样按占

胶凝材料用量的百分比计量，MgO 自身的用量不计入胶凝材料总量中），即可计算出 MgO 的单位用量。

（4）初定砂率

根据混凝土的类型、混凝土拟用粗骨料的品种与最大粒径、细骨料的品种与细度模数、掺合料品种与掺量、引气剂品种与效果，以及初定的水胶比，按照《水工混凝土配合比设计规程》（DL/T 5330—2015)初选混凝土配合比设计的第三个参数——砂率。

（5）初步计算粗细骨料的单位用量

计算混凝土的粗细骨料单位用量时，使用质量法或体积法。

1）质量法的基本原理。

混凝土拌和物的质量等于混凝土中各项组成材料的质量之和。当混凝土所用的原材料和水胶比、单位用水量、砂率这三项基本参数确定后，混凝土的表观密度则接近某一定值。若预先假定混凝土的表观密度，则有

$$m_{c0}+m_{p0}+m_{w0}+m_{s0}+m_{g0}=m_{cp} \tag{3-3}$$

式中，m_{c0}、m_{p0}、m_{w0}、m_{s0}、m_{g0} 依次为初步计算的水泥、掺合料、水、砂子、石子的单位用量$(kg \cdot m^{-3})$；m_{cp} 为每立方米混凝土拌和物的质量，一般根据混凝土的类型、所用粗骨料的最大粒径和含气量，按照《水工混凝土配合比设计规程》（DL/T 5330—2015)进行事先假定，取值一般为 $2280 \sim 2460 kg \cdot m^{-3}$。

2）体积法的基本原理。

混凝土拌和物的体积等于混凝土中各项组成材料的绝对体积及所含的空气体积之和。若事先测出混凝土中各项组成材料的密度，则有

$$m_{c0}/\rho_c+m_{p0}/\rho_p+m_{w0}/\rho_w+m_{s0}/\rho_s+m_{g0}/\rho_g+10\alpha=1 \tag{3-4}$$

式中，ρ_c、ρ_p、ρ_w 依次为水泥、掺合料、水的密度$(kg \cdot m^{-3})$；ρ_s、ρ_g 依次为砂子、石子的表观密度$(kg \cdot m^{-3})$；α 为混凝土的含气量百分率，在不使用引气剂时，α 为 1。

无论使用质量法还是体积法，公式中只有两个未知变量 m_{s0}、m_{g0}。因此，结合砂率的表达式 [式(3-5)] 和初定的砂率，即可计算出混凝土中砂和石子的单位用量。然后，根据不同比例组合骨料的密度最大化原则确定的各级石子的组合比例，即可计算出各级石子的用量。

$$\beta_s=m_{s0}/(m_{s0}+m_{g0}) \times 100\% \tag{3-5}$$

汇总以上各种原材料的单位用量，即得到混凝土的初步配合比。

3. 确定基准配合比

按照前面计算的初步配合比和骨料最大粒径，拌制至少 $(15 \times 10^{-3}) \sim (40 \times 10^{-3}) m^3$ 混凝土，测试混凝土拌和物的坍落度(或维勃稠度)和含气量，观测黏聚性与常态混凝土的保水性，判断是否满足工作性要求。若不满足要求，应适当调整用水量和(或)砂率、外加剂掺量，重新称料，再次搅拌，直至满足要求为止。调整的原则是：①当坍落度低于设计值或维勃稠度高于设计值时，可在保持水胶比不变的情况下，适当增加水泥浆用量；②当坍落度大于设计值或维勃稠度低于设计值时，可在保持砂率不变的情况下，适当增加粗细骨料用量；③当混凝土拌和物的砂量不足或黏聚性或保水性不良时，可适当增加砂率；反之，

应酌情减小砂率;④当混凝土拌和物的砂量过多时,可单独适量增大石子用量或减少砂用量,即降低砂率。

在混凝土的工作性满足要求后,应测出混凝土拌和物的表观密度,并重新计算混凝土所用原材料的单位用量。此时的混凝土配合比,即为满足工作性要求的混凝土基准配合比。

4. 确定实验室配合比

以上得到的基准配合比,仅是满足混凝土拌和物工作性要求的配合比,其强度、耐久性指标不一定满足要求。因此,一般需要至少成型不少于三个不同配合比的混凝土试件,以测试混凝土的强度和耐久性指标。在这三个配合比中,其中一个配合比为基准配合比,另外两个配合比的水胶比通常是在基准配合比的水胶比的基础上上下浮动 0.05,砂率可以较基准配合比的砂率对应地上下浮动 1%。在制作混凝土试件时,应同时检验各个配合比的混凝土拌和物的工作性和表观密度。当不同水胶比的混凝土拌和物的坍落度(或维勃稠度)与要求值的差值超过允许偏差时,可通过增、减单位用水量进行调整。各种水胶比的混凝土立方体标准抗压强度试件养护至规定龄期后,进行抗压强度试验。然后,绘制混凝土抗压强度随胶水比变化的关系曲线,再用作图法或计算法求出与混凝土配制强度相对应的水胶比,并据此重新计算混凝土所用原材料的单位用量。同时,当对混凝土的抗渗、抗冻等耐久性指标有要求时,需要制作相应的试件进行检验。若耐久性指标不满足要求,则应对配合比进行适当调整,直到满足设计要求为止。抗压强度和耐久性均满足设计要求的水胶比对应的混凝土配合比,被称为混凝土的实验室配合比。然后使用该配合比,按照《水工混凝土试验规程》(DL/T 5150—2015 或 SL 352—2018)成型 MgO 混凝土的自生体积变形试件,测试混凝土的自生体积变形(观测龄期不宜低于 360d),确定混凝土的自生体积变形值是否满足设计要求。若不满足要求,应及时反馈设计工程师,以便其采取其他弥补措施。

在实验室调整混凝土配合比的具体方法如下。

(1)水单位用量(m_w)应在基准配合比单位用水量的基础上,根据制作抗压强度试件时测得的坍落度或维勃稠度进行调整;

(2)胶凝材料用量(m_c+m_p)应根据重新选定的水胶比和单位用水量计算。在此基础上,根据选定的掺合料掺率、MgO 掺率,计算水泥单位用量(m_c)、掺合料单位用量(m_p)和 MgO 单位用量。

(3)砂子单位用量(m_s)和石子单位用量(m_g)应在基准配合比单位用量的基础上,按照重新选定的水胶比和砂率,经过试配调整后确定。

根据以上结果,可以计算出每立方米混凝土拌和物的质量 m_{cc} 和混凝土配合比的校正系数 δ:

$$m_{cc}=m_c+m_p+m_w+m_s+m_g \tag{3-6}$$

$$\delta=m_{ct}/m_{cc} \tag{3-7}$$

式中,m_{ct} 为每立方米混凝土拌和物的实测质量。

将混凝土配合比中的各项原材料用量乘以校正系数 δ,即得到混凝土的实验室配合比。需要说明的是,当每立方米混凝土拌和物的实测质量与计算值之差的绝对值不超过计算值的 2%时，可以不调整各项原材料用量。

5. 确定施工配合比

对于水利水电工程，上述的混凝土实验室配合比是以饱和面干状态的材料为基准而得到的。然而，用于水利水电工程挡水坝的砂石骨料，往往含有一定水分。因此，在现场配料前，必须先测定砂石骨料的实际含水率，再据此对混凝土实验室配合比进行修正。修正后的配合比，被称为混凝土施工配合比。

假定施工现场实测的砂子含水为 $a\%$、石子含水为 $b\%$，则混凝土配合比的修正方法如下：

$$m'_c=m_c \tag{3-8}$$

$$m'_p=m_p \tag{3-9}$$

$$m'_s=m_s(1+a\%) \tag{3-10}$$

$$m'_g=m_g(1+b\%) \tag{3-11}$$

$$m'_w=m_w-(m_s \times a\%+m_g \times b\%) \tag{3-12}$$

式中，m'_c、m'_p、m'_s、m'_g、m'_w 分别为水泥单位用量、掺合料单位用量、砂子单位用量、石子单位用量、水单位用量的修正值。

3.3.4　氧化镁混凝土配合比设计的案例

某水电站位于我国南方气候温和地区，为Ⅳ等工程，工程规模为小(1)型，挡水大坝为常态混凝土拱坝、Ⅳ级建筑物，大坝地基和左右两岸的基岩完整、约束条件良好。距离大坝约 80km 的水泥厂和粉煤灰供应商能够保质保量供应符合《通用硅酸盐水泥》(GB 175—2007)要求的 P.O 42.5 水泥和符合《水工混凝土掺用粉煤灰技术规范》(DL/T 5055—2007)要求的 Ⅱ级粉煤灰，且有三级公路与工地相连，交通方便。位于坝址附近的砂石料场生产的机制砂和各种级配的碎石能够满足《水工混凝土施工规范》(DL/T 5144—2015)的要求，机制砂为中砂(细度模数为 3.0)，碎石最大粒径为 80mm，实测砂子、碎石的表观密度分别为 2660kg·m^{-3} 和 2700kg·m^{-3}；实测水泥、粉煤灰的密度分别为 3000kg·m^{-3} 和 2300kg·m^{-3}，实测水泥的抗压强度为 46MPa；工地水质良好，满足《混凝土用水标准》(JGJ 63—2006)的要求，密度为 1000kg·m^{-3}。另外，建设单位经公开招投标确定的施工单位曾经做过一座 MgO 混凝土拱坝的施工，施工单位的技术水平、管理能力较好。根据施工单位的管理水平和历史统计资料，混凝土强度的标准差 σ 为 4.0MPa。施工单位采购的减水剂为奈系减水剂，适宜掺量为 0.6%~1.0%，减水率为 20%左右；拟用的 MgO 从原能源部、水利部水利水电规划设计总院确定的定点生产企业——辽宁海城东方滑镁公司采购，并已签订采购合同。建设单位希望该水电站尽早投产，并制定了提前投产的奖励措施和不合理拖延合同约定的施工时长的惩罚措施。因此，设计工程师要求全坝采用外掺 MgO 常态混凝土浇筑，建议粉煤灰掺量为 30%左右，并希望力争全坝不分缝施工。设计对大坝混凝土提出的技术要求见表 3-1。

表 3-1　某工程坝体混凝土的技术要求

设计指标						其他要求
级配	强度等级	极限拉伸值	抗渗等级	强度保证率	设计龄期	混凝土中掺入粉煤灰和外加剂、外掺氧化镁，新拌混凝土的坍落度控制在 20～50mm，硬化混凝土在龄期 28d 的绝热温升值不得超过 25℃
三	C20	$\geqslant 80\times10^{-6}$	W6	85%	90d	

计算混凝土的实验室配合比步骤如下。

1. 计算混凝土的初步配合比

1）初定水胶比

（1）计算混凝土的试配强度 $f_{cu,0}$。

$$f_{cu,0}=f_{cu,k}+t\sigma=20+1.04\times4.0=24.16\,(MPa)$$

注：当强度保证率为 85%时，概率度系数 $t=1.04$。

（2）计算水胶比 W/B。

根据保罗米公式 $f_{cu,0}=\alpha_a f_{ce}(B/W-\alpha_b)$ 得到

$$W/B=\alpha_a f_{ce}/(f_{cu,0}+\alpha_a\alpha_b f_{ce})=0.46\times46/(24.16+0.46\times0.0746)=0.87$$

查《水工混凝土施工规范》（DL/T 5144—2015），位于气候温和地区的非水流冲刷部位混凝土的最大水胶比为 0.55。因此，初定水胶比为 0.55。

2）初定单位用水量

基于坝体混凝土拟用三级配常态混凝土，混凝土拟用粗骨料为碎石（最大粒径为 80mm），拟用细骨料为机制砂（细度模数为 3.0），拟用掺合料为Ⅱ级粉煤灰，设计要求的混凝土坍落度为 20～50mm，考虑外加剂的减水率为 20%左右，查《水工混凝土配合比设计规程》（DL/T 5330—2015），初选混凝土的单位用水量 $m_{w0}=120\text{kg}\cdot\text{m}^{-3}$。

3）初步计算水泥、掺合料、氧化镁的单位用量

胶凝材料单位用量 $m_{b0}=120/0.55=218.2\,(\text{kg}\cdot\text{m}^{-3})$；

水泥单位用量 $m_{c0}=218.2\times(1-30\%)=152.7\,(\text{kg}\cdot\text{m}^{-3})$；

粉煤灰单位用量 $m_{p0}=218.2\times30\%=65.5\,(\text{kg}\cdot\text{m}^{-3})$。

实验室使用工地拟用的水泥、粉煤灰和砂料进行水泥砂浆压蒸试验，测得 MgO 的最大掺量为占胶凝材料总量的 6%，取安定掺量为 5.5%，则 MgO 的单位用量=218.2×5.5%=12.0（kg·m⁻³）。

4）初定砂率

基于大坝常态混凝土拟用粗骨料为碎石（最大粒径为 80mm）、细骨料为机制砂（细度模数为 3.0）、掺合料为Ⅱ级粉煤灰和初定的水胶比 0.55，查《水工混凝土配合比设计规程》（DL/T 5330—2015），初定混凝土的砂率为 33%。

5）初步计算粗细骨料的单位用量

采用质量法计算。

基于砂子和碎石的表观密度分别为 2660kg·m⁻³ 和 2700kg·m⁻³，查《水工混凝土配合比设计规程》（DL/T 5330—2015），混凝土的假定表观密度设为 2460kg·m⁻³。根据式（3-3）

和式(3-5)，有

$$\begin{cases} m_{c0} + m_{p0} + m_{w0} + m_{s0} + m_{g0} = 2460; \\ [m_{s0}/(m_{s0} + m_{g0})] \times 100\% = 33\%。 \end{cases}$$

代入已知的 m_{c0}=152.7kg·m^{-3}、m_{p0}=65.5kg·m^{-3}、m_{w0}=120kg·m^{-3}，解上述联立方程，得到

$$m_{s0}=700.2\text{kg·m}^{-3};$$
$$m_{g0}=1421.6\text{kg·m}^3。$$

同时，根据实验室使用不同比例、不同粒径的粗骨料测出的紧密堆积密度值和遵循最大密实度原则，推荐工地采用的粗骨料级配比例为小石(5～20mm)：中石(20～40mm)：大石(40～80mm)=30%：40%：30%。

汇总以上各种原材料的单位用量，即得到混凝土的初步配合比，见表 3-2。

表 3-2 混凝土的初步配合比

水胶比	混凝土所用原材料的单位用量/(kg·m^{-3})								
	水	水泥	粉煤灰(掺量/%)	减水剂(掺量/%)	氧化镁(掺量/%)	砂(掺量/%)	碎石/mm		
							5～20	20～40	40～80
0.55	120	152.7	65.5/30	1.75/0.8	12.0/5.5	700.2/33	426.5	568.6	426.5

2. 确定混凝土的基准配合比

因为试配混凝土的最大粒径为 80mm，所以，查《水工混凝土配合比设计规程》(DL/T 5330—2015)，得到混凝土试配的最小拌和量不宜低于 $40 \times 10^{-3} \text{m}^3$。选取试配 $40 \times 10^{-3} \text{m}^3$ 混凝土，根据表 3-2 计算出各项原材料的用量(表 3-3)，然后按照《水工混凝土试验规程》(DL/T 5150—2017 或 SL 352—2018)拌和混凝土，检测坍落度，观测黏聚性和保水性。

表 3-3 试拌混凝土的配料单

水胶比	试拌 $40 \times 10^{-3} \text{m}^3$ 混凝土的原材料用量 / kg								
	水	水泥	粉煤灰(掺量/%)	减水剂(掺量/%)	氧化镁(掺量/%)	砂(掺量/%)	碎石/mm		
							5～20	20～40	40～80
0.55	4.80	6.11	2.62/30	0.07/0.8	0.48/5.5	28.01/33	17.06	22.74	17.06

说明	按照《水工混凝土试验规程》(DL/T 5150—2017 或 SL 352—2018)的要求，用来拌制混凝土的砂、石骨料用量是以饱和面干状态的质量为准。因此，在拌和混凝土前，宜至少提前 24h 对砂石料进行洒水。计算本配料单时，假定砂石料正好处于饱和面干状态，实际上很难做到这一点。所以，在称量原材料前，应按照《水工混凝土试验规程》(DL/T 5150—2017 或 SL 352—2018)的要求，检测砂、石料的表面含水率，并据此相应地增加砂石料用量和减少用水量。

混凝土试拌完毕后，实测坍落度为 75mm 左右，高于设计要求的 20～50mm，且混凝土黏聚性偏差。于是暂定，在保持水胶比不变的情况下，采用减少水泥浆方式(不是采用减少减水剂用量方式)，并提高砂率 1%，重新计算混凝土拟用原材料的单位用量(表 3-4)和拌制 $40 \times 10^{-3} \text{m}^3$ 混凝土的原材料用量。

表 3-4　再次试拌混凝土时所用原材料的单位用量

水胶比	混凝土所用原材料的单位用量/(kg·m^{-3})								
	水	水泥	粉煤灰（掺量/%）	减水剂（掺量/%）	氧化镁（掺量/%）	砂（掺量/%）	碎石/mm		
							5～20	20～40	40～80
0.55	115	146	63/30	1.67/0.8	11.5/5.5	726/34	423	564	423

再次试拌混凝土后，测得混凝土的坍落度为 30～40mm，黏聚性、保水性好，满足设计要求的工作性。同时，此时混凝土的表观密度实测值为 2480kg·m^{-3}，则有 (2480-2460)/2460=0.81%＜2%。

因此，表 3-4 的各项原材料用量可不予调整。也就是说，表 3-4 即满足新拌混凝土工作性要求的混凝土基准配合比。

3. 确定混凝土的实验室配合比

以表 3-4 的基准配合比为基准，在保持单位用水量不变的前提下，增加水胶比为 0.60、0.50 的配合比（粉煤灰掺量都为 30%），以及水胶比为 0.55、粉煤灰掺量为 40%的配合比，按照《水工混凝土试验规程》（DL/T 5150—2017 或 SL 352—2018），共成型四个配合比的混凝土抗压强度试件和部分其他性能测试试件。增加水胶比为 0.55、粉煤灰掺量为 40%的配合比，主要是基于工程经验，估计按照基准配合比成型的混凝土试件的抗压强度超强多，希望通过增加粉煤灰掺量来适当减少成本、降低抗压强度和绝热温升值。实验室试拌的四个配合比的混凝土技术性能见表 3-5。

表 3-5　实验室试拌混凝土的技术性能

编号	抗压强度（90d /MPa）	极限拉伸变形（90d/×10^{-6}）	28d 抗渗等级	绝热温升值（28d/℃）	自生体积变形/×10^{-6}	
					90d	360d
L-60-30	28.2	/	/	/	/	/
L-55-30	32.3	86	W8	24.8	41	62
L-55-40	26.5	81	W8	21.3	33	50
L-50-30	36.7	83	W8	/	/	/

注：1."L-60-30"表示"配合比代号-水胶比 0.60-粉煤灰掺量为 30%"，其余依次类推；2."/"表示无测值。

从表 3-5 看出，在实验室测出的四个配合比的混凝土抗压强度均超过混凝土的试配强度 24.16MPa，极限拉伸变形、抗渗等级、绝热温升值也都满足设计要求。基于编号为 L-60-30 混凝土的水胶比 0.60 超过了《水工混凝土施工规范》（DL/T 5144—2015）规定的气候温和地区的最大水胶比 0.55，以及编号为 L-50-30 混凝土的抗压强度超强太多（超过配制强度达 51.9%）和混凝土在胶凝材料用量多时成本高的原因，所以实验室向工地推荐了编号为 L-55-30 和 L-55-40 的混凝土配合比。设计工程师对该拱坝全坝不分缝施工进行了仿真分析。结果表明，混凝土 L-55-30 和 L-55-40 的延迟膨胀量，都没有达到坝体中部以上不分缝施工时需要补偿的收缩量。最终设计工程师选择了在坝体中部以上的、靠近左右两岸的、拉应力较大的区域分别设置一条纵向诱导缝的结构布置方案，施工单位选择了可获得相对较大延迟膨胀量的 L-55-30 混凝土实验室配合比用于工地拌和楼生产 MgO 混凝土。

第4章 混凝土中氧化镁极限掺量的判定方法

由于水泥中方镁石(MgO 晶体)在常温下水化很慢,其水化生成的 Mg(OH)₂ 引起的体积膨胀出现得较迟,有可能使已经硬化的水泥石内部产生有害的内应力,造成水泥石开裂,最终导致水泥制品的破坏,这种现象被称为水泥安定性不良。安定性是评判水泥品质最重要的指标之一,也是保证混凝土材料质量及混凝土结构安全的必要条件。

混凝土中 MgO 的掺入量取决于两个方面。一方面,从满足混凝土结构的防裂需求出发,通过温控设计计算出的补偿混凝土温度变形需要的膨胀量的大小。当然,基于 MgO 混凝土的延迟微膨胀特性,这里所说的防裂更多是指防止大体积坝体混凝土因漫长的温度下降产生的温度裂缝。显然,不同的大体积混凝土工程需要的膨胀量是不一样的。混凝土防裂需要的膨胀量越大,MgO 的掺入量应越大。另一方面,从保障混凝土材料自身体积稳定出发,混凝土在凝结硬化后能够承受的由 MgO 引起的膨胀量的大小,即混凝土能够承受的 MgO 极限数量。混凝土能够承受的膨胀量越少,MgO 的掺入量应越少。国内外现行的水泥产品标准,均严格控制水泥的 MgO 含量不得超过 5%(若水泥压蒸安定性试验合格,则可放宽到 6%)[59],这是基于水泥混凝土材料自身的体积稳定做出的规定。朱伯芳院士指出,如果 MgO 掺量能够突破 5%掺率的限制,把混凝土 1a 龄期的自生体积膨胀量提高到(200×10⁻⁶)~(300×10⁻⁶),那么在全国范围内的常态混凝土重力坝可以取消纵缝,实现通仓浇筑并全年施工,常态混凝土拱坝也可能取消横缝并全年施工,碾压混凝土重力坝的施工速度也可能进一步提高[46]。

水泥压蒸安定性实验由来已久。早在 1881 年,Erdmenger 就提出了水泥压蒸安定性实验[6]。压蒸安定性试验的原理是,在饱和水蒸气条件下,提高温度和压力,使水泥中的方镁石在较短的时间内绝大部分水化,用试件的形变来判断水泥浆的体积安定性。最早使用的确定混凝中 MgO 极限掺量的水泥净浆压蒸法,就是按照水泥压蒸安定性实验的步骤进行的。在水泥净浆压蒸法使用过程中,发现利用该法判定 MgO 极限掺量不仅过于苛刻,而且没有反映混凝土的真实膨胀情况,确定的 MgO 掺量过低,不能满足补偿坝体混凝土温降收缩量的需要。所以,按照既要尽可能反映混凝土的真实膨胀情况,又要便于实验操作的原则,伴随 MgO 混凝土的推广应用,科技人员一直在探索科学合理地适当提高混凝土中 MgO 掺量的新方法。现分述水泥净浆压蒸法和其他方法。

4.1 水泥净浆压蒸法

水泥净浆压蒸法是基于压蒸原理,依据《水泥压蒸安定性试验方法》(GB/T 750—1992),将按照试件体积计算出的水泥用量、按照假定的 MgO 外掺率计算出的 MgO 量和按照水泥标准稠度用水量计算出的水量一起倒入水泥净浆搅拌机中,通过搅拌、插捣,制成水泥净浆压蒸试件（标准尺寸为 25mm×25mm×280mm），接着放入养护箱中养护 24h。试件养护到期后，拆除试模，将试件放入 20℃±2℃的恒温室内搁置 1～2h，测其初始长度 L_s；接下来，放入沸煮箱中沸煮 3h，待水温降至室温后，取出试件，继续放入 20℃±2℃的恒温室内搁置 12h±3h，测其长度 L_m；接着，放入压蒸釜中压蒸（压蒸条件为 215.7℃±1.3℃、对应压力为 2.0MPa±0.05MPa、恒压持续时间为 3h），压蒸完毕且待釜内压力降至 0.1MPa 以下后排放釜内剩余蒸汽，然后打开压蒸釜，取出试件，放入 90℃以上的热水中，接着在热水中均匀地加入自来水（注入的水不能直接冲向试件表面），使水温在 15min 内下降至室温，再经过 15min 后取出试件擦干净，放入 20℃±2℃的恒温室内搁置 12h±3h，测其长度 L_f。用 L_f 与 L_s 之差除以试件的有效长度即得试件的压蒸膨胀率。以试件压蒸膨胀率为 0.5%时对应的 MgO 量作为混凝土的 MgO 极限掺量。利用该规范判定的 MgO 外掺量一般仅为胶凝材料总量的 2%～3%。

第一个将外掺 MgO 混凝土筑坝技术应用于主体工程的是贵州东风水电站，当时在决定坝体基础深槽混凝土的 MgO 外掺量时，就是依据水泥净浆压蒸法的实验结果进行的。原电力工业部成都勘测设计研究院科研所按照《水泥压蒸安定性试验方法》（GB/T 750—1992）测试了东风拱坝基础深槽使用的贵州 525 硅酸盐水泥（掺粉煤灰 30%）的压蒸膨胀率，如表 4-1 和图 4-1 所示[19]。

表 4-1　外掺 MgO 的贵州 525 硅酸盐水泥浆（掺 30%粉煤灰）的压蒸膨胀率

MgO 掺量/%	2.0	2.5	3.0	3.2	3.4	3.5	3.6	3.8
压蒸膨胀率/%	0.191	0.227	0.271	0.296	0.348	0.363	0.532	0.720
检验结果	合格	合格	合格	合格	合格	合格	不合格	不合格

注：1.粉煤灰为清镇电厂二电场的原状粉煤灰，质量等级为Ⅲ级；2. MgO 为海城轻烧镁粉，细度为 180 目。

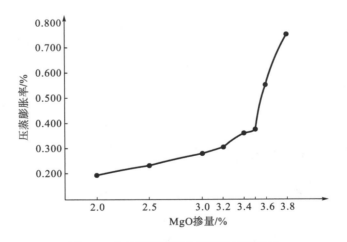

图 4-1　东风坝基深槽水泥压蒸试验结果

从表 4-1 和图 4-1 可知，当 MgO 掺量不超过 3.58%时，贵州 525 硅酸盐水泥浆（掺粉煤灰 30%）的压蒸膨胀率不超过 0.5%，安定性合格。

考虑到在东风拱坝基础深槽混凝土中外掺 MgO 膨胀剂是首次将 MgO 混凝土筑坝技

术应用于大坝主体工程，所以，在分析了东风下游重力围堰外掺 MgO 混凝土现场试验研究结果的基础上，在听取专家咨询会议的意见后，从安全角度出发，确定了东风坝基深槽混凝土的 MgO 掺量为 3.5%，即每立方米混凝土的 MgO 掺量为 6.44kg。

　　使用水泥净浆压蒸法拌制的压蒸试件不含粗细骨料，试件的匀质性和密实性好，压蒸变形的灵敏度高。但是，由于拌制水泥净浆试件的用水量是按照水泥标准稠度用水量计算而来，而水泥标准稠度用水量一般为 26%～28%，因此水泥净浆压蒸试件的水灰比一般为 0.26～0.28，这明显小于普通混凝土的水灰比（一般为 0.45～0.60），并且水泥净浆的孔隙率也明显小于普通混凝土。因此，水泥净浆试件的压蒸膨胀情况显然不能反映混凝土的真实膨胀情况。混凝土中 MgO 膨胀剂的允许掺量应比水泥净浆多，采用水泥净浆压蒸法来判定混凝土的 MgO 极限掺量明显过于苛刻。

4.2　水泥砂浆压蒸法

　　水泥砂浆压蒸法源于曹泽生和徐锦华建议的"压蒸法（试行）"[60]。它参照《水泥压蒸安定性试验方法》（GB/T 750—1992），用水泥砂浆试件代替水泥净浆试件在标准压蒸环境中进行压蒸试验，其试验步骤与水泥净浆压蒸法相同。水泥砂浆试件是采用实际工程使用的砂（胶砂比与混凝土保持一致）、水泥、掺合料、外加剂、水和按照假定 MgO 外掺率计算出的 MgO 一起倒入胶砂搅拌机中共同搅拌 180s±5s 而成，用水量由水胶比为 0.5 或实际工程所用的水胶比换算而来。水泥砂浆试件在标准养护室（20℃±2℃、相对湿度95%±2%）中带模养护的时间为 48～72h。将水泥砂浆试件的压蒸膨胀率随 MgO 掺率的变化情况绘制成曲线（图 4-2），以曲线的拐点对应的 MgO 掺量作为混凝土中 MgO 的极限掺量。

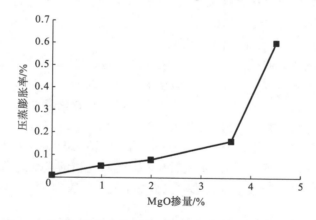

图 4-2　某水泥砂浆试件压蒸膨胀率随 MgO 掺量的变化曲线

　　广东省地方标准《外掺氧化镁混凝土不分横缝拱坝技术导则》（DB44/T 703—2010）和贵州省地方标准《全坝外掺氧化镁混凝土拱坝技术规范》（DB52/T 720—2010）都推荐了水泥砂浆压蒸法，但在搅拌时间、试件尺寸、MgO 极限掺量判定标准等方面有所不同（表 4-2）。显然砂浆的孔隙结构同实际混凝土仍然存在差距。但是，使用该法制作水泥砂浆试件时采用的胶砂比与实际混凝土一致，且试件中含有实际工程使用的砂。所以使用水泥砂浆压蒸法拌制的压蒸试件比水泥净浆压蒸法更接近混凝土的实际情况。

表 4-2   现行水泥砂浆压蒸法的主要区别

压蒸试验依据	搅拌时间	试件尺寸	MgO 极限掺量判定标准
水泥砂浆压蒸法（试行）	180s±5s	25mm×25mm×280mm	压蒸膨胀率随 MgO 掺率变化曲线的拐点对应的 MgO 掺量
DB44/T 703—2010	180s±5s	30mm×30mm×280mm 或 25mm×25mm×280mm	压蒸膨胀率为 0.5%时对应的 MgO 掺量
DB52/T 720—2010	240s±5s	30mm×30mm×280mm	压蒸膨胀率为 0.5%时对应的 MgO 掺量或压蒸膨胀率随 MgO 掺率变化曲线的拐点对应的 MgO 掺量

多年来，采用外掺 MgO 混凝土筑坝技术的工程，大多用水泥砂浆压蒸法来判定混凝土的 MgO 极限掺量。试验研究和工程实践证明，利用水泥砂浆压蒸法判定的 MgO 极限掺量一般比水泥净浆压蒸法高 2.0%左右。

4.3   一级配混凝土压蒸法

在广东省地方标准(DB44/T 703—2010)和贵州省地方标准(DB52/T 720—2010)中，一级配混凝土压蒸法均被推荐为 MgO 极限掺量判定方法之一。它是参照实际工程的基准混凝土配合比制作一级配混凝土压蒸试件(两部标准的试件尺寸均为 55mm×55mm×280mm)，然后按照《水泥压蒸安定性试验方法》(GB/T 750—1992)规定的步骤在标准压蒸环境中进行压蒸实验，以压蒸膨胀率为 0.5%时对应的 MgO 掺量为 MgO 混凝土的极限掺量。贵州省地方标准(DB52/T 720—2010)还规定可选择压蒸膨胀率随 MgO 掺率变化曲线的拐点对应的 MgO 掺量作为 MgO 混凝土的极限掺量。利用该方法判定的 MgO 极限掺量一般比第一种方法高 2%左右，与水泥砂浆压蒸法判定的 MgO 极限掺量接近或稍高。

贵州省使用全坝外掺 MgO 混凝土筑坝技术分别于 2007 年 10 月、2008 年 10 月和 2010 年 12 月建成的马槽河水电站拱坝、老江底水电站拱坝和黄花寨水电站拱坝在确定混凝土的 MgO 外掺量时，都进行过一级配混凝土压蒸法试验。不过，老江底拱坝和黄花寨拱坝最后都是采用内掺 MgO 混凝土，此时一级配混凝土压蒸法的试验结果仅仅供水泥生产厂家添加 MgO 熟料、磨制高含 MgO 水泥时参考。现将马槽河拱坝采用水泥净浆压蒸法、水泥砂浆压蒸法、一级配混凝土压蒸法的试验结果汇总于表 4-3～表 4-5[22]。

表 4-3   马槽河拱坝使用水泥净浆压蒸法时试件的压蒸膨胀率

MgO 掺量/%	0	1.5	2.0	2.5	3.0	3.5
FA（=0%）的膨胀率/%	0.252	1.582	2.035	2.872	/	/
FA（=30%）的膨胀率/%	0.086	0.162	0.483	1.592	2.095	2.697
FA（=40%）的膨胀率/%	0.051	0.094	0.225	0.502	1.392	2.154

注：1. FA 表示粉煤灰；2.“/”表示无测值。以下同。

表 4-4　马槽河拱坝使用水泥砂浆压蒸法时试件的压蒸膨胀率

MgO 掺量/%	0	4.0	4.5	5.0	5.5	6.0	6.5	7.0	7.5	8.0	8.5	9.0
FA(=0%)的膨胀率/%	0.064	0.130	0.265	0.633	0.925	1.369	2.036	/	/	/	/	/
FA(=30%)的膨胀率/%	0.047	0.093	0.120	0.128	0.153	0.177	0.256	0.391	0.603	1.348	2.065	/
FA(=40%)的膨胀率/%	0.024	0.059	0.076	0.094	0.109	0.142	0.172	0.263	0.316	0.465	0.756	1.023

表 4-5　马槽河拱坝使用一级配混凝土压蒸法时试件的压蒸膨胀率

MgO 掺量/%	0	5.0	5.5	6.0	6.5	7.0	7.5	8.0	8.5	9.0	9.5	10.0
FA(=0%)的膨胀率/%	0.023	0.250	0.321	0.349	0.492	0.876	1.659	/	/	/	/	/
FA(=30%)的膨胀率/%	0.015	0.099	0.122	0.142	0.188	0.246	0.370	0.426	0.613	0.847	1.569	2.135
FA(=40%)的膨胀率/%	0.009	0.075	0.103	0.130	0.164	0.221	0.312	0.389	0.468	0.574	0.980	1.162

　　根据表 4-3、表 4-4 和表 4-5，若以压蒸膨胀率为 0.5% 时对应的 MgO 掺量作为混凝土的 MgO 极限掺量，则对应于不同判定方法、不同粉煤灰掺量的混凝土的 MgO 极限掺量不同。不同方法判定的 MgO 极限掺量和在使用相应的极限掺量进行复核试验时测得的压蒸膨胀率见表 4-6[22]。但是，基于规范的限制，最终马槽河拱坝混凝土的 MgO 外掺量仍然控制为 6.0%。

表 4-6　不同判定方法判定的 MgO 极限掺量和相应的压蒸膨胀率复核结果

压蒸试件的粉煤灰掺量/%	水泥净浆压蒸法	水泥砂浆压蒸法	一级配混凝土压蒸法
	极限掺量/压蒸膨胀率/%	极限掺量/压蒸膨胀率/%	极限掺量/压蒸膨胀率/%
30	2.05/0.499	7.36/0.502	8.28/0.498
40	2.47/0.501	8.13/0.497	8.79/0.500

　　使用一级配混凝土压蒸法制作压蒸试件时采用的水胶比、胶砂比与实际混凝土相同，且试件中含有实际工程使用的砂和小石。所以，虽然该法成型的压蒸试件的孔隙结构与实际混凝土仍然存在差距，但比采用水泥净浆压蒸法、水泥砂浆压蒸法成型的压蒸试件更接近实际混凝土。然而，与水泥净浆压蒸试件和水泥砂浆压蒸试件相比，粗颗粒小石的存在使一级配混凝土压蒸试件的骨料与水泥石的结合界面变差，试件匀质性降低，变形的灵敏度下降。并且，在 216℃ 高温压蒸环境中，试件中水泥石和小石的线膨胀系数不一样，水泥石与骨料因温度变化而产生不等量的变形，从而可能引起试件内部的附加拉应力，产生微裂缝。骨料粒径越大，这种影响越大[61]。所以，综合来看，一级配混凝土不宜用作压蒸试件。

4.4　模拟净浆压蒸法

　　模拟净浆压蒸法的理论基础同样是压蒸原理。使用模拟净浆压蒸法拌制压蒸试件时，采用实际工程拟用的混凝土配合比，将混凝土中的粗细骨料用等量的石粉代替，即利用石粉、水泥、粉煤灰、水共同拌和成型水泥-粉煤灰-石粉压蒸试件（尺寸为 25mm×25mm×280mm）。由于模拟净浆试件的早期强度较低，因此成型后的模拟净浆试件首先放置在标准养护室（20℃±2℃、相对湿度 95%±2%）中带模养护 72h。然后，按照水泥净浆压蒸法的试验步骤在标准压蒸环境中进行压蒸实验，并以试件的压蒸膨胀率为 0.5%时对应的 MgO 量作为混凝土的 MgO 极限掺量。

　　表 4-7[62]展示了基于相同原材料，使用水泥净浆、水泥砂浆及其模拟净浆、一级配混凝土砂浆及其模拟净浆、二级配混凝土砂浆及其模拟净浆等压蒸试件的压蒸膨胀率和压蒸后试件的抗压强度，并绘制了对应的压蒸膨胀率随 MgO 掺量变化的曲线（图 4-3）。

表 4-7　试验所用水泥基材料的配合比及其对应的压蒸膨胀率和压蒸后抗压强度值（W/C=0.55）

编号	介质种类	MgO掺量/%	材料单位用量/(g·cm⁻³)					压蒸膨胀率 /%（非模拟/模拟）	压蒸后试件的抗压强度/MPa（非模拟/模拟）
			水泥	水	砂子	小石	中石		
AM101		0	1625.0	894.0	0	0	0	0.0091 / -	4.35 / -
AM102		1	1667.0	917.0	0	0	0	0.0652 / -	4.46 / -
AM103	水泥净浆	2	1656.0	911.0	0	0	0	0.2007 / -	7.48 / -
AM104		3	1646.0	905.0	0	0	0	2.1377 / -	2.05 / -
AM105		4	1635.0	899.0	0	0	0	3.8962 / -	1.38 / -
AM106		5	1625.0	894.0	0	0	0	5.6903 / -	1.11 / -
AM107		0	565.0	311.0	1696.0	0	0	0.0980 / 0.0520	11.60 / 3.72
AM108		4	565.0	311.0	1699.0	0	0	0.2755 / 0.1676	19.00 / 2.42
AM109	水泥砂浆	5	565.0	311.0	1696.0	0	0	0.7892 / 0.6318	15.60 / 1.98
AM110		6	564.0	310.0	1692.0	0	0	1.6220 / 1.2448	8.44 / 1.48
AM111		7	563.0	310.0	1688.0	0	0	2.4308 / 1.5641	4.34 / 1.07
AM112		0	317.0	174.5	873.5	1113.0	0	0.0976 / 0.1039	17.23 / 0.73
AM113		4	317.0	174.5	873.5	1113.0	0	0.1992 / 0.1201	14.44 / 0.79
AM114	一级配混凝土	5	317.0	174.5	873.5	1113.0	0	0.9460 / 0.4358	9.70 / 0.62
AM115		6.5	317.0	174.5	873.5	1113.0	0	1.7887 / 0.5124	5.87 / 0.56
AM116		7.5	317.0	174.5	873.5	1113.0	0	3.2382 / 0.5981	3.51 / 0.30
AM117		0	275.0	151.25	850.0	510.0	765.0	0.1048 / 0.0938	15.42 / 0.61
AM118		4	275.0	151.25	850.0	510.0	765.0	0.1710 / 0.1122	15.59 / 0.50
AM119	二级配混凝土	5	275.0	151.25	850.0	510.0	765.0	0.2173 / 0.1797	14.24 / 0.36
AM120		6	275.0	151.25	850.0	510.0	765.0	0.7370 / 0.2322	10.45 / 0.15
AM121		7	275.0	151.25	850.0	510.0	765.0	1.7189 / 0.5279	7.62 / 0.08

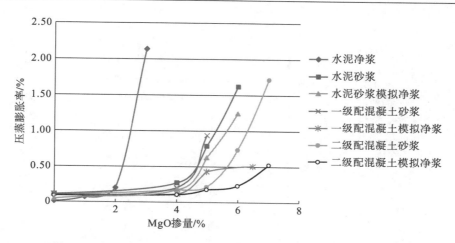

图 4-3　试验所用水泥基材料的压蒸膨胀率随 MgO 掺量的变化曲线

从表 4-7 和图 4-3 看出，不管是采用水泥净浆压蒸法、水泥砂浆压蒸法还是模拟净浆压蒸法，外掺 MgO 水泥基材料的压蒸膨胀率都随着 MgO 掺量的增大而增大；模拟净浆试件压蒸后的抗压强度比相应的非模拟净浆试件明显降低；当 MgO 掺量较小时，压蒸膨胀率增长缓慢；当 MgO 超过某一掺量时，压蒸膨胀率急剧增大，压蒸膨胀率曲线上出现明显的拐点。而且，在相同 MgO 掺率下，水泥基材料的压蒸膨胀率都随着骨料最大粒径的增大而降低，即压蒸膨胀率按水泥净浆、水泥砂浆、一级配混凝土、二级配混凝土依次递减。也就是说，水泥基材料的 MgO 极限掺量按所使用的水泥净浆、水泥砂浆、一级配混凝土、二级配混凝土压蒸试件依次递增。若以压蒸膨胀率为 0.5% 来判定 MgO 极限掺量，则本试验以水泥净浆、水泥砂浆、一级配混凝土砂浆、二级配混凝土砂浆作为压蒸试件判定的 MgO 极限掺量依次为 2.3%、4.5%、4.8%、5.5%（计入本试验当时所用水泥的内含 MgO 量 2.47%，则 MgO 总含量依次为 4.77%、6.97%、7.27%、7.97%），对应的采用模拟净浆作为压蒸试件判定的 MgO 极限掺量依次为 2.3%、4.9%、5.5%、6.9%（MgO 总含量依次为 4.77%、7.37%、7.97%、9.37%），即采用模拟净浆压蒸法判定的 MgO 极限掺量高出 0.4%～1.4%，实现了科学合理地、适当地提高混凝土中 MgO 掺量的愿望。

分析其成因，应与试件的 MgO 实际含量有关。对于不同的水泥基材料，即使 MgO 掺率相同，相同体积试件的 MgO 绝对含量也是不同的。在相同条件下，由于模拟净浆压蒸试件包含了与混凝土骨料等量的模拟成分——石粉，使其单位体积试件中所含的 MgO 量少于对应的非模拟压蒸试件，故利用模拟净浆压蒸法测得的外掺 MgO 水泥基材料的压蒸膨胀率比对应的非模拟压蒸试件的测值低 25%～60%，依此判定的 MgO 极限掺量自然提高。

贵州省使用全坝外掺 MgO 混凝土筑坝技术于 2016 年 3 月建成的黄家寨水电站拱坝，在确定混凝土的 MgO 外掺量时，进行了不掺粉煤灰的水泥净浆试件、掺 30% 粉煤灰的水泥-粉煤灰浆体试件、掺 30% 粉煤灰的水泥-粉煤灰砂浆试件、掺 30% 粉煤灰的模拟净浆（即水泥-粉煤灰-石粉混合浆体）试件的压蒸试验，试验结果见图 4-4。

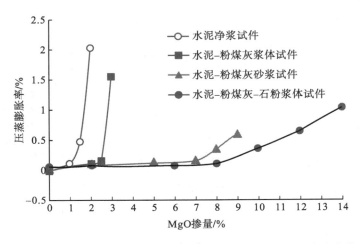

图 4-4   不同水泥基材料试件的压蒸膨胀率随 MgO 掺量的变化曲线

从图 4-4 可见，不同水泥基材料的压蒸膨胀率随 MgO 掺量的变化趋势总体是一样的，即 MgO 掺量在一定范围内时，水泥净浆、水泥-粉煤灰浆体、水泥-粉煤灰砂浆、水泥-粉煤灰-石粉混合浆体四种水泥基材料试件的压蒸膨胀率均随 MgO 掺量的增大而缓慢增加，且当 MgO 掺量超过某个值后，试件的压蒸膨胀率急剧增大，即在曲线图上出现明显拐点。同时，不同水泥基材料的曲线拐点对应的 MgO 掺量是不同的，其值从小到大的顺序为水泥净浆试件、水泥-粉煤灰浆体试件、水泥-粉煤灰砂浆试件、水泥-粉煤灰-石粉混合浆体试件。或者说，若以曲线拐点对应的 MgO 掺量作为混凝土的 MgO 极限掺量，则使用水泥净浆、水泥-粉煤灰浆体、水泥-粉煤灰砂浆、水泥-粉煤灰-石粉浆体四种压蒸试件确定的 MgO 极限掺量依次为 1.0%、2.5%、7.0%、8.0%。然而，若以压蒸膨胀率为 0.5%对应的 MgO 掺量作为混凝土的 MgO 极限掺量，则使用水泥净浆、水泥-粉煤灰浆体、水泥-粉煤灰砂浆、水泥-粉煤灰-石粉浆体四种压蒸试件判定的 MgO 极限掺量依次为 1.5%、2.6%、8.7%、11.2%，它们都比根据曲线拐点判定的 MgO 极限掺量高。黄家寨拱坝在确定混凝土的 MgO 外掺量时，是以水泥-粉煤灰-石粉浆体试件的压蒸膨胀率随 MgO 掺量变化曲线的拐点对应的 MgO 掺量 8.0%乘以折减系数 0.81 作为混凝土的 MgO 安定掺量，即混凝土的 MgO 安定掺量采用 6.5%。

利用模拟净浆压蒸法制成的压蒸试件，不仅反映了混凝土的全部组成材料，而且该法制成的压蒸试件与按照"水泥净浆压蒸法"成型的试件相似，试件的匀质性好，压蒸变形的灵敏度高。但是，由于拌制试件时，混凝土的粗细骨料均用等量的石粉代替，拌和物的石粉含量比水泥多，因此水泥-石粉浆体变得干稠。为使水泥-石粉浆体拌和物具有流动性，需要针对不同假定 MgO 掺量的拌和物调节减水剂的用量，甚至更换减水剂的品种。而减水剂掺量和品种的变化，对试件的压蒸膨胀率也有一定影响[63]。也就是说，利用模拟净浆压蒸法判定混凝土的 MgO 极限掺量，人为地增加了外加剂品种和掺量这一影响因素。

4.5　模拟砂浆压蒸法

模拟砂浆压蒸法是对模拟净浆压蒸法的改进。

如上文所述，采用模拟净浆压蒸法，可使混凝土的 MgO 极限掺量比水泥砂浆压蒸法、一级配混凝土压蒸法的判定值提高 0.4%～1.4%。但是，使用模拟净浆压蒸法制成的压蒸试件干稠，需要调整减水剂的品种和掺量，人为地增加了外加剂品种和掺量对压蒸膨胀率的影响。而且，试验研究表明[64]，MgO 掺量即使达到 7%，混凝土的自生体积膨胀量仍然不能达到朱伯芳院士希望的 $(200×10^{-6})$～$(300×10^{-6})$[46]。因此，针对克服模拟净浆压蒸法的弊病以及进一步适当提高混凝土中 MgO 掺量的初衷，提出模拟砂浆压蒸法。

使用模拟砂浆压蒸法制作压蒸试件时，同样采用实际工程拟用的混凝土配合比，但混凝土使用的砂子的质量、数量和品种维持不变，同时将混凝土的粗骨料用等量的、相应工程使用的砂子代替，即利用水泥、粉煤灰、砂子、水共同拌和、成型模拟砂浆压蒸试件。试件尺寸采用《水泥压蒸安定性试验方法》(GB/T 750—1992) 规定的标准尺寸 25mm×25mm×280mm。在制作模拟砂浆试件时，通过调节减水剂掺量 (一般不需要像模拟净浆压蒸法那样更换减水剂的品种)，使利用不同 MgO 掺量拌制的拌和物具有大致相同的稠度，其余程序和操作参照《水泥压蒸安定性试验方法》(GB/T 750—1992) 执行。即在试件成型后，首先放置于标准养护室 (20℃±2℃、相对湿度 95%±2%) 带模养护 48h，拆模后再将试件放入 20℃±2℃ 的恒温室内搁置 1～2h，测其初始长度 L_s；接下来，放入沸煮箱中沸煮 3h，待水温降至室温后，取出试件，继续放入 20℃±2℃ 的恒温室内搁置 12h±3h，测其长度 L_m；再接着，放入标准压蒸釜中压蒸 (压蒸条件为 215.7℃±1.3℃、对应压力为 2.0MPa±0.05MPa、恒压持续时间为 3h)，压蒸完毕且待釜内压力降至 0.1MPa 以下后排放釜内蒸汽，待釜内温度降至 20℃±2℃ 时，取出试件放入 20℃±2℃ 的恒温室内搁置 12h±3h，测其长度 L_f。用 L_f 与 L_s 之差除以试件的有效长度即得试件的压蒸膨胀率。之后，绘制压蒸膨胀率随 MgO 掺率变化的曲线，并将该曲线的拐点对应的 MgO 掺量判定为混凝土的 MgO 极限掺量。

实验室采用海城东方滑镁公司生产的 MgO (纯度为 90.12%)、贵州某水电站工地的原材料和该工程坝体三级配混凝土的实际配合比 (即水胶比为 0.58、水用量为 134kg·m^{-3}、水泥用量为 138kg·m^{-3}、粉煤灰用量为 92kg·m^{-3}、砂用量为 702.4kg·m^{-3}、小石用量为 409.1kg·m^{-3}、中石用量为 409.1kg·m^{-3}、大石用量为 545.4kg·m^{-3}) 成型模拟砂浆压蒸试件。同时，为便于试验结果比较，使用相同的原材料，在相同的环境中成型了粉煤灰掺量为 0、20%、40% 的水泥净浆压蒸试件、水泥砂浆压蒸试件和一级配混凝土压蒸试件，之后进行压蒸实验。按照前述的实验方法，拌和水泥净浆试件的用水量为水泥标准稠度用水量；拌和水泥砂浆试件的用水量，按照水灰比 0.50、灰砂比 1∶3 进行换算；拌制一级配混凝土试件时，同样采用拌制模拟砂浆试件使用的三级配混凝土配合比，但不掺入中石和大石，用水量按照水胶比 0.58 进行换算。水泥净浆压蒸试件和水泥砂浆压蒸试件的尺寸均为标准尺寸 25mm×25mm×280mm，一级配混凝土压蒸试件的尺寸为 55mm×55mm×280mm，模拟砂浆压蒸试件同时成型了小试件(20mm×20mm×250mm)、标准试件(25mm×25mm×280mm)和大试件(30mm×30mm×300mm)。并且,为便于对比分析,带模养护水泥净浆、水泥砂浆和一级配混凝土压蒸试件的时间与模拟砂浆试件相同,均为48h。此外,进行压蒸试验时,除一级配混凝土试件的压蒸试验在特制的非标准压蒸釜内进行外,其余试件的压蒸试验均在标准压蒸釜内进行。试验结果见表4-8~表4-11和图4-5~图4-9[65]。

表 4-8　不掺粉煤灰时不同 MgO 掺量的水泥基材料试件的压蒸膨胀率(%)

试件名称	MgO 外掺量/%										
	0	1	2	2.5	3	4	5	6	7	8	10
水泥净浆试件	0.0189	0.0556	0.3015	0.9996	5.4326	/	/	/	/	/	/
水泥砂浆试件	0.0323	/	0.0568	/	/	0.0933	0.3569	0.9184	/	/	/
一级配砼试件	0.0427	/	/	/	0.0654	0.0915	0.1453	0.3991	0.9226	/	/
模拟砂浆试件	0.0413	/	/	/	/	0.0595	/	0.0788	0.1156	0.3580	1.6136

注:表中/表示未成型该水泥基材料在对应 MgO 掺量的压蒸试件,以下同。

表 4-9　掺 20%粉煤灰时不同 MgO 掺量的水泥基材料试件的压蒸膨胀率(%)

试件名称	MgO 外掺量/%								
	0	3	4	5	6	7	8	8.5	10
水泥砂浆试件	0.0224	/	0.0607	/	0.1187	0.5868	1.0176	/	/
一级配砼试件	0.0325	/	/	0.0744	/	0.1228	0.4883	0.8288	/
模拟砂浆试件	0.0472	/	0.0527	/	0.0715	/	0.1196	/	0.6555

表 4-10　掺 40%粉煤灰时不同 MgO 掺量的水泥基材料试件的压蒸膨胀率(%)

试件名称	MgO 外掺量/%								
	0	5	6	7	8	9	10	11	12	14
水泥砂浆试件	0.0135	0.0639	/	0.0986	/	0.1735	0.4876	1.2053	/	/
一级配砼试件	0.0321	0.0780	/	0.1182	/	0.1936	0.5069	0.8656	/	/
模拟砂浆试件	0.0279	/	0.0655	/	0.0723	/	0.0895	0.0985	0.1545	0.3169

表 4-11　不同尺寸的模拟砂浆试件在不同 MgO 掺量下的压蒸膨胀率(%)

试件尺寸	粉煤灰掺量/%	MgO 外掺量/%									
		0	4	6	7	8	9	10	11	12	14
30mm×30mm ×300mm	0	0.0389	0.0568	0.0725	/	/	/	/	/	/	/
	40	0.0288	0.0409	0.0515	/	0.0608	/	0.0762	/	0.0956	0.1806
25mm×25mm ×280mm	0	0.0413	0.0595	0.0788	0.1156	0.3580	0.7568	1.6136	/	/	/
	40	0.0279	0.0509	0.0655	/	0.0723	/	0.0895	0.0985	0.1545	0.3169
20mm×20mm ×250mm	0	0.0452	0.0688	0.0814	/	0.4526	/	/	/	/	/
	40	0.0249	0.0625	0.0729	/	0.0867	/	0.1054	/	0.2153	0.4231

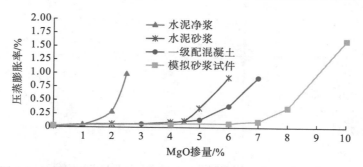

图 4-5　不掺粉煤灰时 MgO 掺量对不同水泥基材料压蒸膨胀率的影响

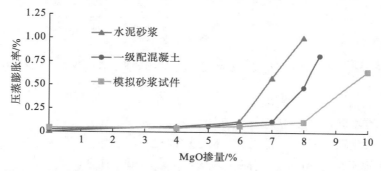

图 4-6　掺 20%粉煤灰时 MgO 掺量对不同水泥基材料压蒸膨胀率的影响

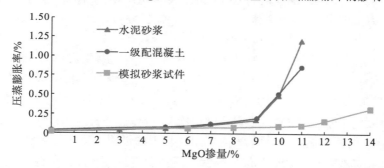

图 4-7　掺 40%粉煤灰时 MgO 掺量对不同水泥基材料压蒸膨胀率的影响

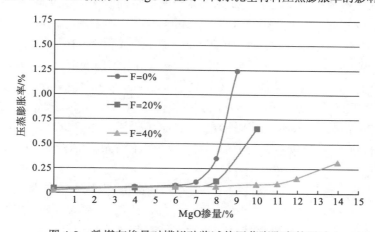

图 4-8　粉煤灰掺量对模拟砂浆试件压蒸膨胀率的影响

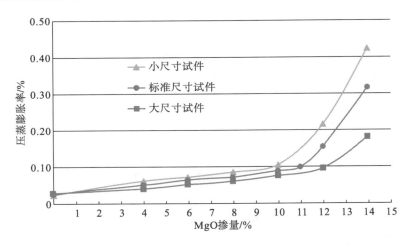

图 4-9　MgO 掺量对不同尺寸的掺 40%粉煤灰模拟砂浆试件压蒸膨胀率的影响曲线

根据表 4-8～表 4-11 和图 4-5～图 4-9 分析，有以下结果。

1) 判定标准不同，MgO 极限掺量不同

现行标准或建议中，水工混凝土中 MgO 极限掺量的判定标准有两种。第一种是以压蒸膨胀率为 0.5%对应的 MgO 掺量判定为极限掺量；第二种是以压蒸膨胀率随 MgO 掺量变化曲线的拐点对应的 MgO 掺量判定为极限掺量。从图 4-5～图 4-7 可见，无论采用何种水泥基材料作为压蒸试件，第一种标准判定的 MgO 极限掺量都比第二种标准判定的 MgO 极限掺量高。

如图 4-5 所示，对于不掺粉煤灰的水泥基材料，若以压蒸膨胀率为 0.5%来判定混凝土的 MgO 极限掺量，则采用水泥净浆、水泥砂浆、一级配混凝土和模拟砂浆作为压蒸试件判定的 MgO 极限掺量分别为 2.2%、5.2%、6.2%和 8.2%；若以压蒸膨胀率随 MgO 掺量变化曲线的拐点来判定 MgO 的极限掺量，则依次为 2.0%、4.5%、5.0%和 7.0%。除水泥净浆外，其余水泥基材料采用第一种标准判定的 MgO 极限掺量均比第二种标准高约 1 个百分点。

同时，利用扫描电镜对多个压蒸后的试件进行微观形貌观测。结果发现，将与拐点对应的 MgO 掺量掺入水泥基材料中，试件压蒸后内部结构致密，未发现裂痕；试件内部出现裂痕时的 MgO 掺量，均比与拐点对应的 MgO 量多 30%左右。例如，在掺 20%粉煤灰的水泥砂浆试件中，当掺入与拐点对应的 MgO 量 6%时 [图 4-10（a）]，甚至 MgO 掺量增加到 7%时 [图 4-10（b）]，其压蒸后的试件内部均未出现裂痕；在 MgO 掺量达到 8%时 [图 4-10（c）]，压蒸后的试件内部才看到因 MgO 的水化产物膨胀造成的裂痕。因此，从结构安全和易于直观判断的角度出发，宜以压蒸膨胀率随 MgO 掺量变化曲线的拐点对应的 MgO 量作为混凝土的 MgO 极限掺量。5.5 节将做进一步分析。

2) 水泥基材料不同，MgO 极限掺量不同，以模拟砂浆作为压蒸试件判定的 MgO 极限掺量为最大

不管掺与不掺粉煤灰，亦或粉煤灰掺多掺少，在同一粉煤灰掺量和同一 MgO 极限掺量判定标准下，使用不同水泥基材料作为压蒸试件，混凝土的 MgO 极限掺量是不相同的。并且，在相同条件下，MgO 极限掺量随水泥基材料变化的总体趋势是：模拟砂浆试件＞

一级配混凝土试件＞水泥砂浆试件＞水泥净浆试件。即以模拟砂浆作为压蒸试件判定的 MgO 极限掺量为最大,以水泥净浆作为压蒸试件判定的 MgO 极限掺量为最小。

　　(a)MgO 掺量为 6%　　　　　　　　(b)MgO 掺量为 7%　　　　　　　　(c)MgO 掺量为 8%

图 4-10　不同 MgO 掺量的掺 20%粉煤灰的水泥砂浆试件压蒸后的 SEM 图像

　　以图 4-6 为例,当试件的粉煤灰掺量为 20%时,若以压蒸膨胀率随 MgO 掺量变化曲线的拐点来判定 MgO 极限掺量,则采用水泥砂浆、一级配混凝土和模拟砂浆三种压蒸试件确定的 MgO 极限掺量分别为 6.0%、7.0%和 8.0%,即采用模拟砂浆试件确定的 MgO 极限掺量比现行使用较多的水泥砂浆试件高 2 个百分点。

　　就其成因而言,主要有两方面。一方面,水泥砂浆、一级配混凝土和模拟砂浆试件中含有骨料,试件的空隙率均比水泥净浆大,能吸收 MgO 的部分膨胀能,使其膨胀变形小于水泥净浆;另一方面,按照本节所述的压蒸试件成型方法,在单位体积的水泥净浆、水泥砂浆、一级配混凝土和模拟砂浆压蒸试件中,胶凝材料用量依次降低,在相同 MgO 掺率下,按照占胶凝材料总量的百分比计算出的 MgO 掺量依次减少,导致压蒸膨胀率依次降低,用其判定的 MgO 极限掺量依次增大。

　　3)粉煤灰掺量增大,MgO 极限掺量增加

　　不管采用何种水泥基材料作为压蒸试件,粉煤灰的掺入均对外掺 MgO 水泥基材料的压蒸膨胀变形具有抑制作用,且随着粉煤灰掺量的增大,抑制作用增强,表现为试件的压蒸膨胀率减小和以相应试件作为压蒸试件判定的 MgO 极限掺量增大。如图 4-8 所示,若以压蒸膨胀率随 MgO 掺量变化曲线的拐点来判定 MgO 极限掺量,当粉煤灰掺量为 40%时,采用模拟砂浆试件判定的 MgO 极限掺量为 11%,明显大于粉煤灰掺量为 0、20%时对应的 MgO 极限掺量 7%、8%。其成因将在 5.4 节进行分析。

　　4)试件尺寸增大,MgO 极限掺量增加

　　图 4-9 表明,对于采用本节所述方法成型的模拟砂浆试件,虽然粉煤灰的掺量均为 40%,但因试件尺寸不同,导致以压蒸膨胀率曲线拐点判定的 MgO 极限掺量不同,使用小试件(尺寸为 20mm×20mm×250mm)、标准试件(尺寸为 25mm×25mm×280mm)、大试件(尺寸为 30mm×30mm×300mm)判定的 MgO 极限掺量依次增大,分别为 10%、11%、12%。其成因将在 5.5 节进行分析。

4.6　高温养护法

高温养护法是《水工混凝土掺用氧化镁技术规范》（DL/T 5296—2013）规定的判定水工混凝土中 MgO 极限掺量的方法。其利用实际工程的原材料及配合比，拌制基准混凝土和 5 种以上不同 MgO 掺量的 MgO 混凝土，使用筛除粒径大于 20mm 骨料后的一级配混凝土成型 75mm×75mm×275mm 的测长试件，同时成型 100mm×100mm×100mm 的劈裂抗拉试件。将试件养护 48h±2h 后拆模，拆后立即测量棱柱体试件的长度，将该值作为基准长度。接着将棱柱体试件放置在预先加热至 80℃±2℃ 的养护箱中养护。每当到达测试龄期时，取出试件置于 20℃±2℃ 的恒温室中，恒温 3h±1h 后测长。测量完毕后，又将试件放回高温养护箱中，继续养护至下一测试龄期。当 60d 或 90d 龄期的试件同时满足膨胀率不大于 0.060%、掺 MgO 混凝土与基准混凝土的劈裂抗拉强度之比不小于 0.85、混凝土无弯曲或龟裂三个条件时，判定 MgO 混凝土的安定性合格。该法是基于 MgO 加速反应原理，但弱化了前面提及的各种压蒸法的实验条件。

采用高温养护法制作测长试件时，虽然使用的原材料与配合比与实际混凝土相同，但在成型试件时，不是直接采用混凝土拌和物装模，而是采用筛除大于 20mm 粗骨料后的混凝土拌和物来装模（即湿筛法成型）。李承木等的研究表明[61]，利用湿筛法成型的一级配混凝土试件，其原材料组成比例已不同于实际混凝土的配合比，且因大于 20mm 以上的粗骨料粘走了一部分 MgO 水泥砂浆，试件的 MgO 含量没有真实反映混凝土的 MgO 含量，所以测出的膨胀率也不可能真实反映 MgO 混凝土的膨胀变形情况。另外，金红伟的研究显示[66]，低压压蒸时，外掺 MgO 试件的膨胀速率变缓；延长压蒸时间，低压压蒸也难以达到标准压蒸环境中的效果；利用外掺 4%～8%MgO 的三级配混凝土拌和物，在用湿筛法筛除其中大于 30mm 的粗骨料后成型压蒸试件，将其经过养护、脱模后置于 0.8Mpa（相当于温度 176℃）的低压环境中压蒸 56h（共 7 个循环、每个循环 8h），其膨胀变形值仅相当于试件在标准压蒸环境中膨胀变形值的 63.6%～65.9%。因此，在 80℃高温养护环境中养护 60d 或 90d，能否使轻烧 MgO（尤其是低活性 MgO）完全水化仍需深入研究。李家正[67]指出，高温养护法放宽了 MgO 安定性判定的条件，它设定的三个判定条件是否合理尚需大量工程实践检验。

4.7　判定方法综述

上文提及的 MgO 极限掺量的判定方法，其理论依据是压蒸原理或者 MgO 加速反应原理，它们都是将水泥基材料试件置于高温环境中，使绝大多数 MgO 在较短的时间内发生水化膨胀反应，让本应需要若干年才能观测到的因 MgO 引起的膨胀变形在短时间内暴露出来，利用试验前后试件长度的相对变化量来判定水泥基材料中的 MgO 是否安定。最初采用的水泥净浆压蒸法，与 MgO 混凝土的真实膨胀情况相差很大，判定的 MgO 极限掺量过于苛刻，所以后来才提出水泥砂浆压蒸法、一级配混凝土压蒸法、模拟净浆压蒸法、模拟砂浆压蒸法、高温养护法等。试验研究表明，采用水泥净浆压蒸法、水泥砂浆压蒸法、一级配混凝土压蒸法、模拟净浆压蒸法、模拟砂浆压蒸法判定的 MgO 极限掺量依次提高。但是，除模拟砂浆压蒸法、模拟净浆压蒸法、一级配混凝土压蒸法确定的混凝土中 MgO 外掺量可达 6.5%～7.5% 外，其余方法确定的 MgO 外掺量很难超过 6%。而且，即使 MgO 外掺量达到 7%，混凝土的自生体积膨胀变形离朱伯芳院士期望的 (200×10^{-6}) ～ (300×10^{-6})[46] 仍然有较大差距[64]。

另外，压蒸试验在加速 MgO 水化反应的同时，其高温高压环境可能削弱了水泥石的强度，破坏了约束试件膨胀的黏结力，导致试件的压蒸膨胀量可能被夸大。同时，与标准压蒸环境能使绝大多数 MgO 水化相比，高温养护法规定的 80℃ 养护环境能否使轻烧 MgO 完全水化还需要深入研究。

后来的研究表明，MgO 混凝土的自生体积膨胀变形与外掺 MgO 水泥砂浆、一级配混凝土等水泥基材料的压蒸膨胀变形没有关联性或对应性[68]。即基于压蒸原理或者 MgO 加速反应原理成型的压蒸试件，压蒸试验合格，混凝土肯定安定；压蒸试验不合格，混凝土未必不安定。或者说，寻求一种与混凝土自生体积变形具有密切关联性的 MgO 极限掺量判定方法，还需继续努力。

因此，为了进一步促进 MgO 混凝土快速筑坝技术的推广应用，需要深入推进水工混凝土中 MgO 极限掺量判定方法的研究。建议从更能反映 MgO 混凝土实际变形的原则出发，利用实际工程的原材料和混凝土配合比，开展直接根据混凝土试件的自生体积膨胀量来判定水工混凝土中 MgO 极限掺量的研究。

第5章 外掺氧化镁水泥基材料
的压蒸膨胀变形

水工混凝土自生体积变形试验的工作量大且耗时长，因此，对其研究往往是先从水泥基材料变形的研究中得到收获后再进行的。对 MgO 混凝土自生体积变形的研究，就是从对内含和外掺 MgO 水泥基材料的压蒸膨胀变形研究开始的。本章将论述 MgO 掺量、水胶比、骨料级配、粉煤灰、试件尺寸等因素对水泥基材料压蒸膨胀变形的影响，为下一章论述超长龄期 MgO 混凝土的自生体积变形奠定基础。

本章涉及的水泥基材料包含水泥净浆、水泥砂浆、一级配混凝土、二级配混凝土、三级配混凝土、四级配混凝土、一级配混凝土砂浆、二级配混凝土砂浆、三级配混凝土砂浆、四级配混凝土砂浆、模拟净浆和模拟砂浆。一级配混凝土砂浆、二级配混凝土砂浆、三级配混凝土砂浆、四级配混凝土砂浆的压蒸试件，是以相应级配混凝土的配合比为基准，在扣除粗骨料后经过称料、搅拌而成。其余水泥基材料的压蒸试件和各种水泥基材料的压蒸试验均按照第 4 章的介绍进行。对各种水泥基材料的压蒸膨胀变形进行微观分析采用的手段包含吸水动力学试验、扫描电镜、能谱分析、压汞观测等。

所谓吸水动力学试验（也称"吸水动力学法"），是以水为浸润水泥基材料的浸润液，通过称量材料吸水前后的质量来计算材料的质量吸水率（即材料的显孔隙率）、孔隙的平均孔径参数 $\lambda(\lambda_1$ 或 $\lambda_2)$ 和孔径均匀性参数 α。材料的吸水率越大，说明孔隙率越大，反之越小；孔径均匀性参数 α 的数值介于 0～1，其值越接近于 1，说明材料孔隙的孔径越均匀，反之越不均匀；材料的平均孔径参数 λ_1 或 λ_2 的数值越大，说明孔隙的孔径越大，反之越小[69]。使用吸水动力学法测试材料的孔隙参数时，需要事先制作边长为 70.7mm 的立方体试件（每组试验为 2 个试件）。该试件使用的配合比与同条件的压蒸试件相同。将该试件在 20℃的环境中静置 24h 后拆模，再将拆模后的试件置于标准雾室中养护至试验龄期 28d 或 90d。到达试验龄期后，取出试件，置于 105～110℃的烘箱中烘干至恒重，然后冷却至室温，再用感量为 0.01g 的液体天平称量试件在水中浸泡 0、0.25h、0.5h、0.75h、1h、24h 的质量，用以计算试件在不同龄期的质量吸水率、孔径均匀性参数和平均孔径参数［式(5-1)～式(5-5)］。这些测值同扫描电镜、能谱分析、压汞观测的分析结果相互比较、相互验证，共同论证材料的孔隙特征。

$$W_{\max} = \frac{m_{24} - m_0}{m_0} \times 100\% \tag{5-1}$$

$$W_\tau = W_{\max} \left(1 - e^{-\bar{\lambda_1}\tau^\alpha} \right) \tag{5-2}$$

$$\alpha = \frac{\ln\left[\dfrac{\ln\left(1 - \dfrac{W_{\tau_2}}{W_{\max}}\right)}{\ln\left(1 - \dfrac{W_{\tau_1}}{W_{\max}}\right)}\right]}{\ln\left(\dfrac{\tau_2}{\tau_1}\right)} \tag{5-3}$$

$$\bar{\lambda}_1 = \frac{\ln\left(\dfrac{W_{\max}}{W_{\max} - W_\tau}\right)}{\tau^\alpha} \tag{5-4}$$

$$\bar{\lambda}_2 = \sqrt[\alpha]{\bar{\lambda}_1} \tag{5-5}$$

式中，$W_{\max}$ 为试件的最大质量吸水率；W_τ 为试件在某一时间段的吸水率；m_{24} 为试件在水中浸泡 24h 的质量；m_0 为试件被放入水中浸泡之前的质量；τ 为液体沿毛细孔运动的时间；α 为毛细孔孔径的均匀性系数；$\bar{\lambda}_1$、$\bar{\lambda}_2$ 为多毛孔材料中毛细孔的平均孔径。

在采用扫描电镜、能谱分析、压汞观测分析水泥基材料压蒸试件的微观结构时，需要首先从做完压蒸试验的试件上取一定量的试样放入无水乙醇中，中止其水化，然后磨制成满足扫描电镜、能谱分析和压汞观测的薄片；分析混凝土试件的微观结构时，需要首先从到达设定龄期(一般为自试件成型之日起每隔 1 年)的混凝土自生体积变形试件中钻孔取芯样，然后将芯样同样放入无水乙醇中，中止其水化，再磨制成满足扫描电镜、能谱分析和压汞检测的薄片。扫描电镜使用日本生产的 JSM-6490LV 扫描电镜；能谱分析使用英国牛津生产的 INCA-350 X-射线能谱分析仪；压汞观测采用美国 Micromeritics 仪器公司生产的 AutoPore IV 9520 型压汞仪，最大压力为 60000PSI，可测孔径范围为 3.2nm～360μm。

另外，分析压汞观测结果时，采用中国建筑材料科学研究院吴中伟院士对混凝土孔隙的分类标准。即按照孔径对混凝土强度的不同影响，将混凝土中的孔分为无害孔(孔径小于 20nm)、少害孔(孔径为 20～100nm)、有害孔(孔径为 100～200nm)和多害孔(孔径大于 200nm)[70]。

5.1 MgO 掺量对水泥基材料压蒸膨胀变形的影响

选用 MgO 外掺量为 0、1%、2%、3%、4%、5%、6%、7%，成型了水泥净浆、水泥砂浆、一级配混凝土砂浆、二级配混凝土砂浆、三级配混凝土砂浆的压蒸试件和相应的吸水动力学试件。成型水泥砂浆压蒸试件时，使用的水灰比为 0.55、砂灰比为 3.0；成型混凝土砂浆的压蒸试件时，使用的基准配合比见表 5-1。同时，在试验过程中，通过改变奈系减水剂的掺量，使混凝土砂浆拌和物的流动度保持基本相同。在成型压蒸试件的同时，按照前述方法成型了水泥净浆、水泥砂浆、一级配混凝土砂浆、二级配混凝土砂浆的吸水动力学试件。

表 5-1   成型混凝土砂浆压蒸试件使用的基准配合比

混凝土类别	原材料用量/(kg·m⁻³)					
	水	水泥	砂子	小石	中石	大石
一级配混凝土	174.5	317.0	873.5	1113	0	0
二级配混凝土	151.3	275.0	850.0	510	765	0
三级配混凝土	132.0	240.0	750.0	405	540	405

　　本处除采用压蒸试验测试水泥净浆、水泥砂浆、混凝土砂浆等水泥基材料的压蒸膨胀率外，还采用吸水动力学法、压汞检测、扫描电镜、能谱分析等手段测试水泥基材料的孔隙参数和微观形貌，以相互比较、相互验证和共同论证。

　　不同 MgO 外掺量的水泥净浆、水泥砂浆、一级配混凝土砂浆、二级配混凝土砂浆试件的压蒸膨胀率和使用吸水动力学法测得的 180d 龄期的孔隙参数、吸水过程线分别见表 5-2 与图 5-1、表 5-3 与图 5-2、表 5-4 与图 5-3、表 5-5 与图 5-4；MgO 掺量对各种水泥基材料压蒸膨胀率的影响汇总于图 5-5；使用压汞法测得的压蒸后水泥净浆和水泥砂浆试件、压蒸后一级配混凝土砂浆和二级配混凝土砂浆试件的孔隙参数见表 5-6、表 5-7，相应的累积汞压入体积与孔径的关系曲线见图 5-6~图 5-9[71-73]。另外，图 5-10~图 5-14 展示了压蒸后水泥净浆和水泥砂浆试样的扫描电镜分析和能谱分析结果[73]。

表 5-2   水泥净浆试件的压蒸膨胀率和使用吸水动力学法测得的孔隙参数（水灰比为 0.55）

水泥净浆编号		C-0	C-1	C-2	C-3	C-4	C-5
水灰比		0.55	0.55	0.55	0.55	0.55	0.55
MgO 外掺量/%		0	1	2	3	4	5
压蒸膨胀率/%		0.0091	0.0652	0.2007	2.1377★	3.8962★	5.6903★
质量吸水率/%	28d	15.787	24.024	24.496	41.190	28.904	27.547
	180d	9.983	14.422	13.455	17.243	18.071	19.635
孔径均匀性参数 α	28d	0.400	0.495	0.551	0.566	0.649	0.686
	180d	0.600	0.381	0.442	0.531	0.592	0.692
平均孔径参数 λ_1	28d	1.3082	1.6679	1.7268	1.0065	1.5520	1.9790
	180d	1.157	0.366	0.619	0.656	0.828	1.226
28~180d 吸水率降低率/%		36.77	39.97	45.07	58.14	37.48	28.72

[注]★表明试件外观已经发生变形，以下各表同。

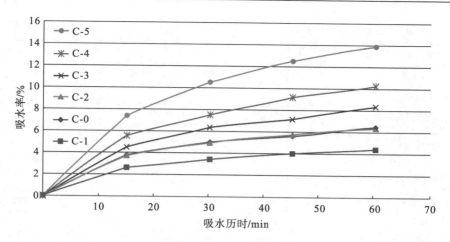

图 5-1　MgO 外掺量对 180d 龄期水泥净浆试件吸水过程的影响

表 5-3　水泥砂浆试件的压蒸膨胀率和使用吸水动力学法测得的孔隙参数（水灰比为 0.55）

水泥砂浆编号		S-0	S-4	S-5	S-6	S-7
水灰比		0.55	0.55	0.55	0.55	0.55
MgO 掺量/%		0	4	5	6	7
压蒸膨胀率/%		0.0980	0.2755	0.7892	1.6220★	2.4308★
质量吸水率/%	28d	4.938	7.579	7.493	7.017	6.801
	180d	2.399	1.931	1.528	1.863	4.218
孔径均匀性参数 α	28d	0.418	0.434	0.424	0.448	0.495
	180d	0.650	0.140	0.165	0.098	0.256
平均孔径参数 λ_1	28d	0.267	0.398	0.272	0.376	0.599
	180d	0.038	0.246	0.222	0.204	0.379
28～180d 吸水率降低率/%		60.90	68.35	79.61	73.45	37.98

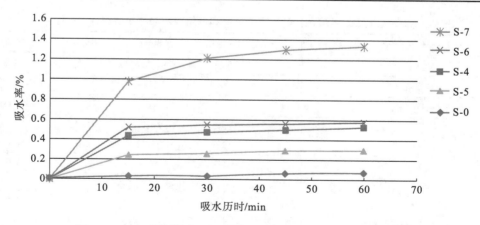

图 5-2　MgO 外掺量对 180d 龄期水泥砂浆试件吸水过程的影响

表 5-4　一级配混凝土砂浆试件的压蒸膨胀率和使用吸水动力学法测得的孔隙参数

一级配混凝土砂浆编号		CS-0-I	CS-4-I	CS-5-I	CS-6-I	CS-7-I
水灰比		0.55	0.55	0.55	0.55	0.55
MgO 掺量/%		0	4	5	6	7
压蒸膨胀率/%		0.0976	0.1992	0.9460	1.7887★	3.2382★
质量吸水率/%	28d	7.665	7.206	7.672	7.326	7.050
	180d	0.273	2.363	3.541	4.736	5.151
孔径均匀性参数 α	28d	0.436	0.422	0.448	0.584	0.606
	180d	/	0.068	0.365	0.268	0.358
平均孔径参数 λ_1	28d	0.356	0.154	0.471	0.429	0.353
	180d	/	0.123	0.366	0.346	0.323
28~180d 吸水率降低率/%		96.44	67.21	53.85	35.35	26.93

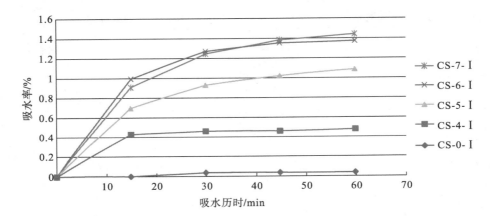

图 5-3　MgO 外掺量对 180d 龄期一级配混凝土砂浆试件吸水过程的影响

表 5-5　二级配混凝土砂浆试件的压蒸膨胀率和使用吸水动力学法测得的孔隙参数

二级配混凝土砂浆编号		CS-0-II	CS-4-II	CS-5-II	CS-6-II	CS-7-II
水灰比		0.55	0.55	0.55	0.55	0.55
MgO 掺量/%		0	4	5	6	7
压蒸膨胀率/%		0.1048	0.1710	0.2173	0.7370	1.7189★
质量吸水率/%	28d	6.823	6.675	7.412	7.222	6.996
	180d	0.170	1.267	2.941	2.830	2.474
孔径均匀性参数 α	28d	0.428	0.579	0.558	0.790	0.643
	180d	0.300	0.184	0.213	0.179	0.092
平均孔径参数 λ_1	28d	0.326	0.276	0.366	0.412	0.531
	180d	0.178	0.136	0.276	0.200	0.264
28~180d 吸水率降低率/%		97.51	81.02	60.33	60.81	64.63

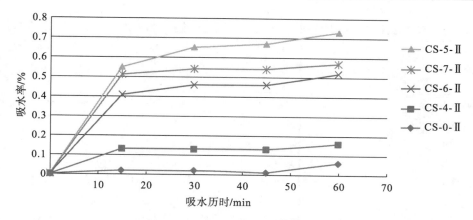

图 5-4　MgO 外掺量对 180d 龄期二级配混凝土砂浆试件吸水过程的影响

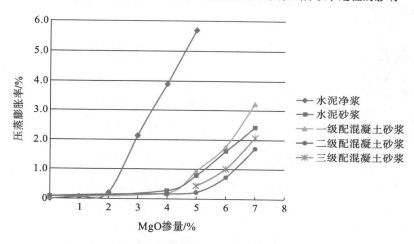

图 5-5　MgO 掺量对不同水泥基材料压蒸膨胀率的影响

表 5-6　使用压汞法测得的外掺 MgO 水泥净浆和水泥砂浆的孔隙参数

编号	水泥基材料	MgO 掺量/%	孔隙率/%	平均孔径/nm	不同孔径(nm)的孔隙占孔隙总体积的比例/%					
					<20	20~10^2	10^2~10^3	10^3~10^4	10^4~10^5	>10^5
C-0		0	50.66	48.6	11.12	50.31	46.43	1.92	0.60	0.74
C-1		1	49.94	50.4	10.28	50.75	42.96	3.76	0.84	1.69
C-2	水泥净浆	2	45.17	42.2	13.62	56.01	41.57	1.34	0.35	0.73
C-3		3	45.62	50.1	10.71	48.32	35.67	13.40	1.07	1.54
C-4		4	53.65	66.6	7.90	40.07	31.12	20.44	6.43	1.94
C-5		5	56.98	80.8	6.50	34.30	26.74	22.32	15.47	1.17
S-0		0	20.29	34.0	17.65	58.89	36.88	0.50	0.84	2.89
S-4	水泥砂浆	4	20.39	31.4	19.98	64.12	29.95	2.72	1.30	1.91
S-6		6	21.55	51.3	9.97	50.38	25.99	16.96	3.91	2.76
S-7		7	26.39	54.6	7.55	49.55	19.97	14.40	12.75	3.33

表 5-7　使用压汞法测得的外掺 MgO 一级配混凝土砂浆和二级配混凝土砂浆的孔隙参数

编号	水泥基材料	MgO 掺量/%	孔隙率/%	平均孔径/nm	不同孔径(nm)的孔隙占孔隙总体积的比例/%				
					<20	20~50	50~100	100~1000	>1000
CS-0-0.55-0-Ⅰ	一级配混凝土砂浆	0	21.1187	71.44	5.79	17.59	17.42	48.99	10.21
CS-4-0.55-0-Ⅰ		4	21.7844	61.05	7.18	23.56	17.20	32.53	19.53
CS-5-0.55-0-Ⅰ		5	25.0620	68.70	6.45	20.86	16.69	30.97	25.03
CS-6-0.55-0-Ⅰ		6	27.1923	77.36	5.08	19.73	14.97	27.92	32.30
CS-7-0.55-0-Ⅰ		7	28.7863	80.15	4.81	17.97	14.84	32.16	30.22
CS-0-0.55-0-Ⅱ	二级配混凝土砂浆	0	19.4200	56.88	7.16	25.76	19.95	37.12	10.01
CS-4-0.55-0-Ⅱ		4	18.5494	58.55	7.31	25.03	19.27	36.11	12.28
CS-5-0.55-0-Ⅱ		5	19.1579	59.09	6.94	24.84	20.92	33.02	14.28
CS-6-0.55-0-Ⅱ		6	19.4711	65.03	6.09	23.65	17.95	34.64	17.67
CS-7-0.55-0-Ⅱ		7	21.5916	140.70	1.24	8.91	13.02	48.88	27.95

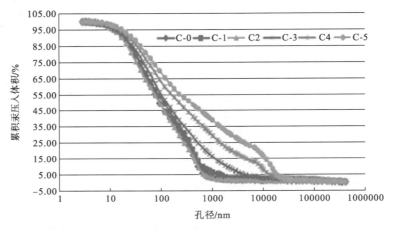

图 5-6　不同 MgO 掺量下压蒸后水泥净浆试样的累积汞压入体积与孔径的关系

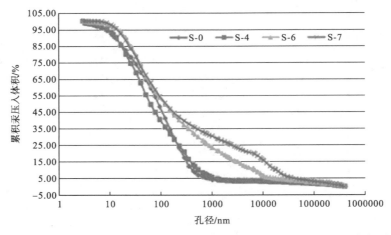

图 5-7　不同 MgO 掺量下压蒸后水泥砂浆试样的累积汞压入体积与孔径的关系

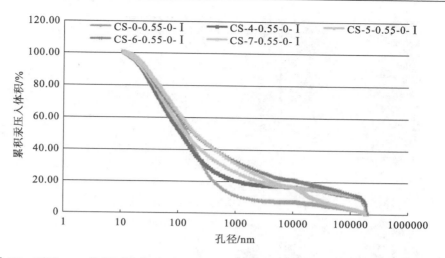

图 5-8　不同 MgO 掺量下压蒸后一级配混凝土砂浆试样的累积汞压入体积与孔径的关系

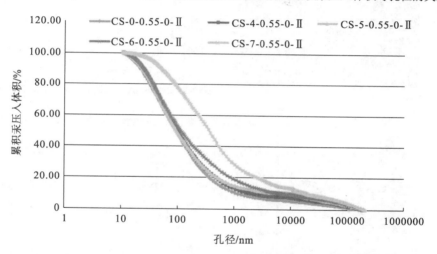

图 5-9　不同 MgO 掺量下压蒸后二级配混凝土砂浆试样的累积汞压入体积与孔径的关系

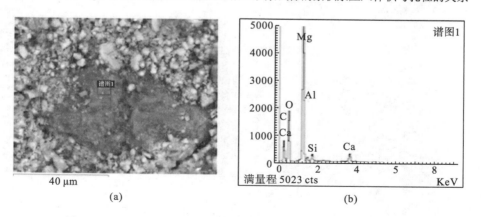

图 5-10　C-1 水泥净浆试样的扫描电子照片(a)和能谱分析结果(b)

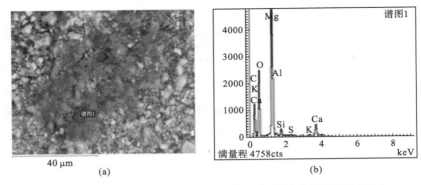

图 5-11   C-2 水泥净浆试样的电子扫描照片(a)和能谱分析结果(b)

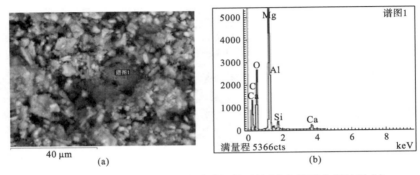

图 5-12   C-5 水泥净浆试样的电子扫描照片(a)和能谱分析结果(b)

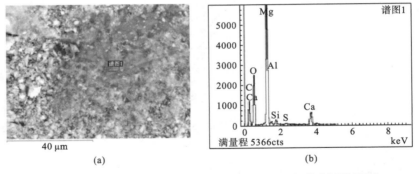

图 5-13   S-4 水泥砂浆试样的电子扫描照片(a)和能谱分析结果(b)

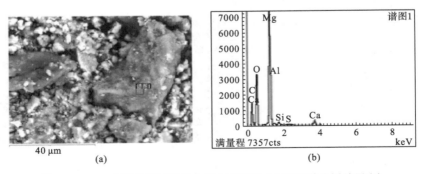

图 5-14   S-7 水泥砂浆试样的电子扫描照片(a)和能谱分析结果(b)

针对以上试验结果，分析如下。

(1) 从表 5-2～表 5-5 和图 5-5 看出，各种水泥基材料的压蒸膨胀率均随着 MgO 外掺量的增大而增大，且当 MgO 外掺量超过某一值后，压蒸膨胀率出现剧烈增长，即在压蒸膨胀率随 MgO 掺量的变化曲线上出现明显拐点。

若以压蒸膨胀率曲线的拐点来判定混凝土的 MgO 极限掺量，则本试验使用水泥净浆作为压蒸试件判定的 MgO 极限掺量不应超过 2.3%(计入水泥本身含有 2.47%的 MgO，MgO 总量应不超过 4.77%)；使用水泥砂浆作为压蒸试件判定的 MgO 极限掺量不应超过 4.5%(计入水泥本身含有 2.47%的 MgO，MgO 总量应不超过 6.97%)；使用一级配混凝土砂浆作为压蒸试件判定的 MgO 极限掺量不应超过 4.5%(计入水泥本身含有 2.47%的 MgO，MgO 总量应不超过 6.97%)；使用二级配混凝土砂浆和三级配混凝土砂浆作为压蒸试件判定的 MgO 极限掺量不应超过 5.5%(计入水泥本身含有 2.47%的 MgO，MgO 总量应不超过 7.97%)。也就是说，使用水泥净浆、水泥砂浆、一级配混凝土砂浆、二级配混凝土砂浆作为压蒸试件，测出的 MgO 极限掺量依次增大。

同时，从表 5-2～表 5-5 和图 5-1～图 5-4 还可看出，对于同一种外掺 MgO 的水泥基材料试件，其在龄期 28d 的质量吸水率相差较小(即孔隙率相差较小)，但到龄期 180d 时，质量吸水率相差较大，总体表现为随 MgO 掺量的增大而增大。这说明，MgO 的微膨胀主要发生在龄期 28d 以后。并且，同一 MgO 掺量的水泥基材料试件，在龄期 180d 的质量吸水率比 28d 明显降低(即孔隙率明显减少)，平均孔径也明显下降，但孔径的均匀性变差。

(2) 表 5-6、表 5-7 和图 5-6～图 5-9 的试验结果表明，随着 MgO 外掺量的增大，各种水泥基材料的孔隙率、平均孔径和孔径分布都发生了规律性的变化。同对应的压蒸后的未掺 MgO 试样相比，在 MgO 外掺量低于极限掺量时，随 MgO 外掺量的增加，各种水泥基材料压蒸后的孔隙率和平均孔径下降或无明显变化，而且无害孔(小于 20nm)和少害孔(20～100nm)所占的比例有一定的增加，即孔隙构造得到优化。但是，当 MgO 外掺量超过极限掺量后，各种水泥基材料的孔隙率和平均孔径逐渐上升，且无害孔和少害孔所占的比例逐渐降低，即孔隙构造逐渐劣化。

这是因为，当 MgO 掺量较少时，MgO 在试件压蒸过程中产生的水化膨胀受到试件本身的约束，不会破坏材料的内部结构。相反，MgO 的水化产物 $Mg(OH)_2$ 晶体可填充材料内部的孔隙，降低材料的孔隙率，改善材料的孔隙构造(图 5-10、图 5-11、图 5-13)。当外掺 MgO 超过一定数量后，$Mg(OH)_2$ 晶体的膨胀力超出了材料自身的约束力，材料的结构可能因此遭遇局部破坏，导致材料的孔隙参数变差、孔隙构造劣化(图 5-12、图 5-14)。对于本试验所用的水泥净浆、水泥砂浆、一级配混凝土砂浆、二级配混凝土砂浆试样，微观结构变差的分界点对应的 MgO 外掺量大致分别在 2%～3%、4%～5%、4%～5%、5%～6%，这正好与按照压蒸膨胀率曲线拐点判定的水泥净浆、水泥砂浆、一级配混凝土砂浆、二级配混凝土砂浆试件的 MgO 极限掺量 2.3%、4.5%、4.5%、5.5%(图 5-5)大致相同，在此得到验证。

5.2 水灰比对外掺 MgO 水泥基材料压蒸膨胀变形的影响

选取水灰比为 0.30、0.35、0.40、0.45、0.50、0.55、0.60，在实验室成型了水泥净浆、水泥砂浆、一级配混凝土砂浆压蒸试件和吸水动力学试件，水泥砂浆的砂灰比为 3.0，一级配混凝土砂浆由一级配混凝土扣除粗骨料后拌制而成。具体的配合比及对应的压蒸膨胀率见表 5-8[74]。除此之外，采用吸水动力学法测试了水泥净浆、水泥砂浆、混凝土砂浆的孔隙参数，结果见表 5-9[75]。

表 5-8 成型水泥基材料压蒸试件所用的配合比及对应的压蒸膨胀率

材料类别	编号	水灰比	MgO掺量/%	材料用量/(kg·m⁻³)				压蒸膨胀率/%
				水	水泥	砂	小石	
水泥净浆	F01	0.55	0	894.0	1625.0	0	0	0.0092
	F02	0.30	5	578.0	1926.0	0	0	8.0042★
	F03	0.40	5	717.0	1793.0	0	0	5.4804★
	F04	0.45	5	780.0	1733.0	0	0	5.3082★
	F05	0.50	5	838.0	1677.0	0	0	5.7938★
	F06	0.55	5	894.0	1625.0	0	0	5.6903★
	F07	0.60	5	946.0	1576.0	0	0	4.5478★
水泥砂浆	F08	0.55	0	311.0	565.0	1696.0	0	0.0980
	F09	0.40	5	234.0	584.0	1753.0	0	1.9510★
	F10	0.45	5	260.0	578.0	1733.0	0	1.0232★
	F11	0.50	5	286.0	571.0	1714.0	0	0.9309
	F12	0.55	5	311.0	565.0	1696.0	0	0.7892
	F13	0.60	5	335.0	559.0	1677.0	0	0.6840
一级配混凝土砂浆	F14	0.55	0	174.50	317.0	873.5	1113.0	0.0977
	F15	0.45	5	174.50	387.5	805.0	1113.0	1.9932★
	F16	0.50	5	174.50	349.0	840.0	1113.0	1.3084★
	F17	0.55	5	174.50	317.0	873.5	1113.0	0.9460
	F18	0.60	5	174.50	290.5	910.5	1113.0	0.7530

表 5-9 与表 5-8 对应的水泥基材料的孔隙参数

材料类别	编号	水灰比	吸水率/%		龄期28d的参数		龄期180d的参数	
			28d	180d	α	λ_2	α	λ_2
水泥净浆	F01	0.55	15.787	9.983	0.400	1.142	0.600	1.051
	F02	0.30	11.039	/	0.539	1.057	/	/
	F03	0.40	13.906	12.890	0.595	1.240	0.544	0.811
	F04	0.45	17.493	16.650	0.613	1.362	0.557	0.784
	F05	0.50	20.496	18.860	0.619	1.465	0.556	0.813
	F06	0.55	27.547	19.635	0.686	1.407	0.692	1.107
	F07	0.60	31.847	22.940	0.672	1.403	0.645	1.028

续表

材料类别	编号	水灰比	吸水率/%		龄期 28d 的参数		龄期 180d 的参数	
			28d	180d	α	λ_2	α	λ_2
水泥砂浆	F08	0.55	4.938	1.931	0.418	0.516	0.650	0.192
	F09	0.40	4.834	/	0.156	0.433	/	/
	F10	0.45	5.390	1.870	0.270	0.460	0.124	0.521
	F11	0.50	6.611	2.150	0.328	0.467	0.143	0.482
	F12	0.55	7.493	2.528	0.424	0.518	0.165	0.469
	F13	0.60	8.304	3.120	0.498	0.633	0.205	0.568
一级配混凝土砂浆	F14	0.55	7.665	0.273	0.436	0.596	/	/
	F15	0.45	6.503	2.890	0.297	0.738	0.278	0.831
	F16	0.50	6.895	2.980	0.454	0.717	0.359	0.677
	F17	0.55	7.672	3.541	0.448	0.684	0.365	0.605
	F18	0.60	7.663	3.540	0.494	0.618	0.378	0.550

　　根据表 5-8、表 5-9，绘制出水泥净浆、水泥砂浆和一级配混凝土砂浆的压蒸膨胀率 p 随水灰比 x 变化的趋势线图(图 5-15)，以及水泥净浆、水泥砂浆和一级配混凝土砂浆的 28d 质量吸水率 b 随水灰比变化的曲线图(图 5-16)[75,76]和 28d、180d 的质量吸水率随水灰比变化的曲线图(图 5-17)。

　　根据图 5-15、图 5-16 的趋势线，拟合出以下数学模型(R^2 为相关系数)。

b 水泥净浆 = $71.427x - 12.945$，$R^2 = 0.9289$；

p 水泥净浆 = $-8.814x + 9.9174$，$R^2 = 0.6682$；

b 水泥砂浆 = $18.086x - 2.5166$，$R^2 = 0.9904$；

p 水泥砂浆 = $-7.2638x + 4.7508$，$R^2 = 0.8876$；

b 混凝土砂浆 = $8.514x + 2.7134$，$R^2 = 0.8928$；

p 混凝土砂浆 = $-8.166x + 5.5373$，$R^2 = 0.9311$。

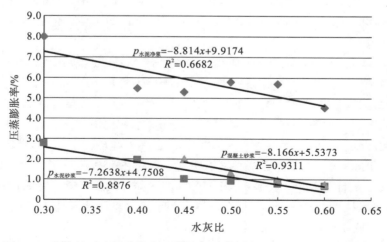

图 5-15　水灰比对水泥净浆、砂浆和一级配混凝土砂浆压蒸膨胀率的影响

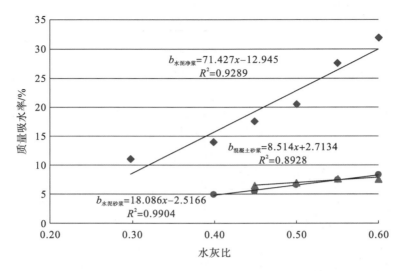

图 5-16　水灰比对水泥净浆、砂浆和一级配混凝土砂浆 28d 质量吸水率的影响

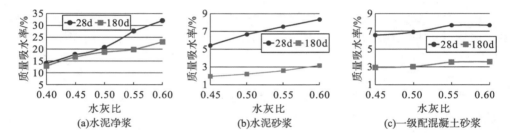

图 5-17　不同水泥基材料的质量吸水率随水灰比变化的曲线

根据表 5-8、表 5-9 和图 5-15～图 5-17，分析如下。

（1）随着水灰比增大，在相同 MgO 掺量下，水泥净浆、水泥砂浆、一级配混凝土砂浆试件的压蒸膨胀率减低，总体呈现单调递减的趋势（图 5-15）。并且，在本试验所选水灰比范围内，不管水灰比大小，掺入 5%MgO 的水泥净浆、水泥砂浆、一级配混凝土砂浆试件的压蒸膨胀率均明显大于 0.5%，而不掺 MgO 时，试件的压蒸膨胀率都远远小于控制值 0.5%。

其原因有二。一方面，从表 5-8 看出，对于外掺 MgO 的水泥净浆、水泥砂浆、一级配混凝土砂浆试件，在相同 MgO 掺率下，随着水灰比增大，单位水泥用量减少，按占水泥用量百分比计算出的膨胀源 MgO 的掺量自然随之减少，导致压蒸膨胀率随之降低；另一个方面，从表 5-9 和图 5-16、图 5-17 看出，随着水灰比增大，试件在龄期 28d、180d 的吸水率增大，呈现单调递增趋势，表明相应的孔隙率增大（在同一水灰比下，同一水泥基材料在龄期 180d 的吸水率比 28d 小，说明同一材料在 180d 的孔隙率比 28d 小），试件自身能够吸收更多的因 MgO 水化生成的 Mg(OH)$_2$ 晶体的膨胀能，导致压蒸膨胀率随之降低。例如，水灰比为 0.60 的水泥砂浆试件在龄期 180d 的吸水率比水灰比为 0.50 时增大了 45%，压蒸膨胀率则减少了 26.5%。

（2）随着水灰比的增大，在相同 MgO 掺量下，水泥净浆、水泥砂浆、一级配混凝土砂浆试件在龄期 28d 和 180d 的孔径均匀性参数 α 总体呈现增大趋势，而平均孔径参数 λ_2 变化不大。结合表 5-9 和图 5-16、图 5-17 可知，增大水灰比，在使外掺 MgO 水泥基材料的孔隙率增大的同时，孔径分布的均匀性有所改善，平均孔径则变化不大。

5.3　骨料级配对外掺 MgO 水泥基材料压蒸膨胀变形的影响

骨料级配不同，相应的最大骨料粒径不同。参照水工四级配混凝土的配合比(水灰比 0.58、水用量为 134kg·m⁻³、水泥用量为 230kg·m⁻³、砂用量为 702.4kg·m⁻³、小石用量为 340.9kg·m⁻³、中石用量为 340.9kg·m⁻³、大石用量为 272.7kg·m⁻³、特大石用量为 409.1kg·m⁻³)，在实验室分别成型外掺 MgO 水泥净浆、水泥砂浆、混凝土砂浆的压蒸试件(MgO 的外掺量按占水泥用量的百分比换算)。水泥净浆、水泥砂浆压蒸试件同样按照 4.1 节、4.2 节所述的试验方法成型；成型一、二、三、四级配混凝土压蒸试件时，在保持水灰比和灰砂比不变的同时，将混凝土配合比中的小石、中石、大石、特大石依次用细粒段的砂(粒径 0.15～1.18mm)、中粒段的砂(粒径 1.18～2.36mm)、粗粒段的砂(粒径 2.36～4.75mm)和大粒段的砂(粒径为 4.75～9.50 mm)等量代替。同时，通过调整奈系减水剂的掺量，使各种拌和物的流动度大致相同。压蒸试件为标准尺寸 25mm×25mm×280mm。此外，同样对压蒸试验完毕的试件进行终止水化处理并经过磨片制成满足压汞测试要求的试样，然后采用压汞方法测试其孔隙参数。

各种不同骨料级配的水泥基材料在不同 MgO 掺量情况下的压蒸膨胀率和孔隙参数分别见表 5-10 和表 5-11，相应的试件压蒸膨胀率随骨料级配的变化曲线见图 5-18。并且，本试验还对压蒸后的试件进行了抗压强度测试，结果见表 5-12 和图 5-19[77]。

表 5-10　水泥基材料的压蒸膨胀率

试件编号	JB-0	JB-1	JB-1.5	JB-2	JB-3	SB-0	SB-2	SB-4	SB-5	SB-6
水泥基材料			水泥净浆					水泥砂浆		
MgO 掺量/%	0	1	1.5	2	3	0	2	4	5	6
压蒸膨胀率/%	0.0004	0.0472	0.1133	0.9370	3.2874	0.0180	0.0454	0.0817	0.2480	0.8901
试件编号	YB-0	YB-3	YB-5	YB-7	YB-9	RB-0	RB-4	RB-6	RB-8	RB-10
水泥基材料			一级配混凝土砂浆					二级配混凝土砂浆		
MgO 掺量/%	0	3	5	7	9	0	4	6	8	10
压蒸膨胀率/%	0.0212	0.0428	0.0661	0.1431	1.7527	0.0345	0.0536	0.0756	0.1578	1.5853
试件编号	TB-0	TB-5	TB-7	TB-9	TB-11	FB-0	FB-5	FB-7	FB-9	FB-11
水泥基材料			三级配混凝土砂浆					四级配混凝土砂浆		
MgO 掺量/%	0	5	7	9	11	0	5	7	9	11
压蒸膨胀率/%	0.0457	0.0659	0.0955	0.4567	2.2454	0.0356	0.0529	0.0866	0.2931	1.7648

表 5-11　水泥基材料的孔隙参数

编号	水泥基材料类型		MgO掺量/%	孔隙率/%	平均孔径/nm	孔径(nm)分布/%						
						<20	20~50	50~100	10^2~10^3	10^3~10^4	10^4~10^5	>10^5
SB-4	水泥砂浆		4	22.63	32.60	20.04	21.14	20.52	33.91	2.14	1.21	1.04
YB-7	一级配混凝土砂浆		7	19.99	26.10	25.65	32.54	22.25	15.17	1.99	0.96	1.44
RB-8	二级配混凝土砂浆	MgO极限掺量之前	8	17.04	25.90	26.70	35.26	22.03	10.62	2.33	1.47	1.59
TB-9	三级配混凝土砂浆		9	15.19	31.10	22.07	27.21	18.14	18.46	6.89	4.74	2.49
FB-9	四级配混凝土砂浆		9	8.84	29.30	23.13	28.01	20.12	19.74	4.26	2.73	2.01
SB-6	水泥砂浆		6	24.54	39.30	16.15	19.57	19.11	29.95	10.97	2.88	1.37
YB-9	一级配混凝土砂浆		9	22.77	30.70	21.84	26.54	17.93	19.19	9.33	3.73	1.44
RB-10	二级配混凝土砂浆	MgO极限掺量之后	10	17.99	32.20	21.29	26.96	17.54	17.35	7.97	6.36	2.53
TB-11	三级配混凝土砂浆		11	15.94	37.60	18.47	23.03	16.24	20.31	9.02	9.15	3.78
FB-11	四级配混凝土砂浆		11	11.21	36.30	19.90	18.41	12.05	18.01	9.27	17.69	4.67

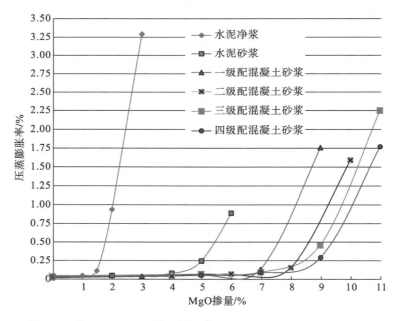

图 5-18　掺 MgO 水泥基材料的压蒸膨胀率随骨料级配的变化曲线

表 5-12　水泥基材料压蒸后的抗压强度

试件编号	JB-0	JB-1	JB-1.5	JB-2	JB-3	SB-0	SB-2	SB-4	SB-5	SB-6
水泥基材料	水泥净浆					水泥砂浆				
MgO 掺量/%	0	1	1.5	2	3	0	2	4	5	6
压蒸后抗压强度/MPa	6.67	7.23	6.67	5.65	3.33	20.22	22.60	23.54	20.72	16.39

试件编号	YB-0	YB-3	YB-5	YB-7	YB-9	RB-0	RB-4	RB-6	RB-8	RB-10
水泥基材料	一级配混凝土砂浆					二级配混凝土砂浆				
MgO 掺量/%	0	3	5	7	9	0	4	6	8	10
压蒸后抗压强度/MPa	25.84	27.02	27.49	27.39	16.48	27.04	27.80	28.64	27.43	16.32

试件编号	TB-0	TB-5	TB-7	TB-9	TB-11	FB-0	FB-5	FB-7	FB-9	FB-11
水泥基材料	三级配混凝土砂浆					四级配混凝土砂浆				
MgO 掺量/%	0	5	7	9	11	0	5	7	9	11
压蒸后抗压强度/MPa	30.32	30.63	30.71	27.44	12.11	31.44	31.92	32.03	29.49	14.75

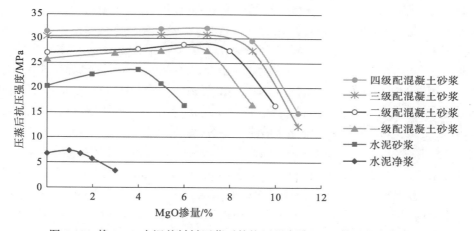

图 5-19　掺 MgO 水泥基材料压蒸后的抗压强度随 MgO 掺量的变化曲线

根据表 5-10～表 5-12 和图 5-18、图 5-19，分析如下。

(1) 随着最大骨料粒径的增加，试件的压蒸膨胀率降低，压蒸膨胀变形曲线的拐点向右移。即在相同 MgO 掺量下，随着最大骨料粒径的增大，外掺 MgO 水泥基材料的压蒸膨胀变形由大变小的顺序是：水泥砂浆>一级配混凝土砂浆>二级配混凝土砂浆>三级配混凝土砂浆>四级配混凝土砂浆，没有加入骨料的水泥净浆试件的压蒸膨胀变形最大。因此，骨料级配对外掺 MgO 水泥基材料的压蒸膨胀率存在明显影响。

若以压蒸膨胀率为 0.5%来判定混凝土的 MgO 极限掺量，则采用水泥砂浆、一级配、二级配、三级配、四级配混凝土砂浆压蒸试件判定的 MgO 极限掺量依次为 5.5%、7.6%、8.6%、9.1%、9.4%，即随着压蒸试件的最大骨料粒径增大，相应的 MgO 极限掺量增加。采用不含骨料的水泥净浆压蒸试件判定的 MgO 极限掺量为最低，仅有 1.8%。采用不同最大骨料粒径压蒸试件判定的 MgO 极限掺量由小变大的顺序是：水泥净浆<水泥砂浆<一级

配混凝土砂浆<二级配混凝土砂浆<三级配混凝土砂浆<四级配混凝土砂浆。同时，采用水泥砂浆压蒸试件判定的 MgO 极限掺量比采用水泥净浆高出 3.7 个百分点，采用一级配混凝土砂浆判定的 MgO 极限掺量比采用水泥砂浆高出 2.1 个百分点，采用二级配混凝土砂浆判定的 MgO 极限掺量比采用一级配混凝土砂浆高出 1 个百分点，采用三级配和四级配混凝土砂浆压蒸试件判定的 MgO 极限掺量很接近。即随着压蒸试件的最大骨料粒径增加，以压蒸膨胀率为 0.5% 判定的 MgO 极限掺量的增幅逐渐减小。

原因有两方面。一方面，在相同的 MgO 掺量下，与水泥净浆试件相比，水泥砂浆、一级配、二级配、三级配、四级配混凝土砂浆试件含有的骨料数量逐渐增加，单位体积试件的水泥用量相应地减少，MgO 用量则依次减少，即膨胀源减少，导致试件的压蒸膨胀率降低；另一方面，骨料对试件的膨胀变形具有约束作用，骨料数量越多、粒径越大，对 MgO 水化膨胀的约束力越强，导致水泥净浆、水泥砂浆、一级配、二级配、三级配、四级配混凝土砂浆试件的压蒸膨胀变形依次降低，对应的 MgO 极限掺量则依次增大。

(2) 从表 5-12 和图 5-19 可以看出，各种水泥基材料压蒸试件的抗压强度均随着 MgO 掺量的增大而略有增大，且当 MgO 掺量到达某一个值时，抗压强度明显下降，即出现拐点。同时，这个拐点对应的 MgO 掺量约低于或非常接近于在压蒸膨胀率曲线上以压蒸膨胀率为 0.5% 判定的 MgO 极限掺量。这说明，当 MgO 掺量分别达到以压蒸膨胀率为 0.5% 判定的水泥净浆、水泥砂浆、一级配、二级配、三级配、四级配混凝土砂浆的极限掺量后，各种水泥基材料试件的压蒸膨胀率相应地显著增大，对应的抗压强度也相应地明显下降。或者说，在相同 MgO 掺量下，随着水泥基材料压蒸试件的最大骨料粒径增大，压蒸后试件的抗压强度增大，即水泥基材料试件压蒸后的抗压强度由小变大的顺序是：水泥净浆<水泥砂浆<一级配混凝土砂浆<二级配混凝土砂浆<三级配混凝土砂浆<四级配混凝土砂浆。

(3) 从表 5-11 看出，当 MgO 掺量超过以压蒸膨胀率为 0.5% 判定的极限掺量后，无论何种水泥基材料，即无论水泥基材料的最大骨料粒径如何，压蒸后试件的孔隙率和平均孔径都比对应的 MgO 掺量低于极限掺量的试件增大，无害孔（小于 20nm）和少害孔（20～50nm）的比例明显下降，有害孔和多害孔的比例明显增大，即孔结构状况变差。

例如，针对四级配混凝土砂浆，当 MgO 掺量为 11%（大于以压蒸膨胀率为 0.5% 判定的 MgO 极限掺量 9.4%）时，与 MgO 掺量为 9% 相比，孔隙率增加了 26.8%，平均孔径增大了 24.0%，无害孔和少害孔减少了 25.1%。图 5-20 所示的该四级配混凝土砂浆在 MgO 极

 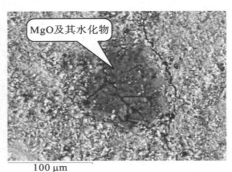

(a)掺9%MgO　　　　　　　　　　(b)掺11%MgO

图 5-20　四级配混凝土砂浆试件在 MgO 极限掺量前后的 SEM 图像

限掺量前后的扫描电镜照片(scanning electron microscope，简称 SEM)也反映了这一点。当 MgO 掺量为 9%(小于极限掺量 9.4%)时，压蒸后试件的内部结构相对密实；当 MgO 掺量达到 11%(大于极限掺量 9.4%)时，压蒸后试件的内部出现明显裂纹，结构变得疏松。原因主要有两个：一是过量 MgO 的掺入，导致试件内部结构因 MgO 水化产物 $Mg(OH)_2$ 晶体的过度膨胀而变差；二是高温高压的压蒸环境可能使试件的内部结构遭遇破坏。这对在混凝土中过度掺入 MgO 有重要的警示作用。

5.4　粉煤灰对外掺 MgO 水泥基材料压蒸膨胀变形的影响

在研究粉煤灰对水泥基材料压蒸膨胀变形的影响时，使用的压蒸试件为不同级配混凝土扣除粗骨料后的混凝土砂浆。与混凝土砂浆对应的基准混凝土的配合比为：一级配混凝土的水泥用量为 $317kg·m^{-3}$、水用量为 $174.5kg·m^{-3}$、砂用量为 $873.5kg·m^{-3}$、小石用量为 $1113kg·m^{-3}$；二级配混凝土的水泥用量为 $275kg·m^{-3}$、水用量为 $151.3kg·m^{-3}$、砂用量为 $850kg·m^{-3}$、小石用量为 $510kg·m^{-3}$、中石用量为 $765kg·m^{-3}$；三级配混凝土的水泥用量为 $240kg·m^{-3}$、水用量为 $132kg·m^{-3}$、砂用量为 $750kg·m^{-3}$、小石用量为 $405kg·m^{-3}$、中石用量为 $540kg·m^{-3}$、大石用量为 $405kg·m^{-3}$。成型试件时，粉煤灰为贵州安顺发电厂的 F 类 II 级灰，其掺量按替代水泥的百分比换算(试验选取 0、30、50%)，MgO 掺量按占胶凝材料总量的百分比换算。同时，对压蒸完毕的一级配、二级配、三级配混凝土砂浆试件首先进行终止水化处理，再经过磨片，制成满足压汞测试要求的试样，然后采用压汞方法测试其孔隙参数。一级配、二级配和三级配混凝土砂浆的压蒸膨胀率和孔隙参数见表 5-13～表 5-15 和图 5-21～图 5-24[72]。

表 5-13　粉煤灰掺量对一级配混凝土砂浆的压蒸膨胀率及孔隙参数的影响(MgO 外掺量 5%)

编号	粉煤灰掺量/%	压蒸膨胀率/%	孔隙率/%	平均孔径/nm	不同孔径(nm)的孔隙占孔隙总体积的比例/%				
					<20	20~50	50~100	100~1000	>1000
A19	0	0.9460★	25.0620	68.70	6.45	20.86	16.69	30.97	25.03
A25	30	0.1644	20.4531	44.78	13.77	27.76	18.55	30.16	9.76
A26	50	0.1474	21.0560	60.58	6.20	21.03	28.48	34.79	9.50

注：★表示试件经过压蒸后，外观已现翘曲。以下同。

表 5-14　粉煤灰对不同 MgO 掺量的二级配混凝土砂浆的压蒸膨胀率及孔隙参数的影响

编号	粉煤灰掺量/%	MgO 掺量/%	压蒸膨胀率/%	孔隙率/%	平均孔径/nm	不同孔径(nm)的孔隙占孔隙总体积的比例/%				
						<20	20~50	50~100	100~1000	>1000
A30		0	0.1048	19.4200	56.88	7.16	25.76	19.95	37.12	10.01
A32		4	0.1710	18.5494	58.55	7.31	25.03	19.27	36.11	12.28
A34	0	5	0.2173	19.1579	59.09	6.94	24.84	20.92	33.02	14.28
A36		6	0.7370★	19.4711	65.03	6.09	23.65	17.95	34.64	17.67
A38		7	1.7189★	21.5916	140.70	1.24	8.91	13.02	48.88	27.95

续表

编号	粉煤灰掺量/%	MgO掺量/%	压蒸膨胀率/%	孔隙率/%	平均孔径/nm	不同孔径(nm)的孔隙占孔隙总体积的比例/%				
------	------------	-----------	-------------	---------	------------	<20	20～50	50～100	100～1000	>1000
A31		0	0.1045	18.4945	47.52	10.92	28.14	23.52	26.62	10.80
A33		4	0.1370	19.4740	48.81	10.53	27.94	23.07	28.58	9.88
A35	30	5	0.1384	20.2886	47.98	11.15	28.10	20.85	28.49	11.41
A37		6	0.1534	18.5440	43.65	13.17	30.96	19.92	26.11	9.84
A39		7	0.4277	19.8737	46.19	11.88	29.69	19.73	27.73	10.97

表 5-15 粉煤灰掺量对三级配混凝土砂浆的压蒸膨胀率的影响

粉煤灰掺量/%	0	30	0	30	0	30
MgO掺量/%	5	5	6	6	7	7
压蒸膨胀率/%	0.4434	0.1572	1.0881★	0.1706	2.0803★	0.2680

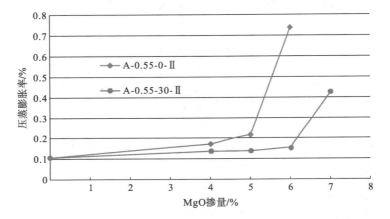

图 5-21 二级配混凝土砂浆的压蒸膨胀率随 MgO 掺量的变化

注：A-0.55-0-Ⅱ表示"混凝土标号-水胶比-粉煤灰掺量%-粗骨料级配"。

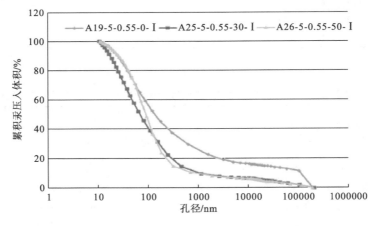

图 5-22 粉煤灰掺量对一级配混凝土砂浆的累积汞压入体积的影响

注：A19-5-0.55-0-Ⅰ表示"混凝土标号-MgO 掺量%-水胶比-粉煤灰掺量%-粗骨料级配"，以下同。

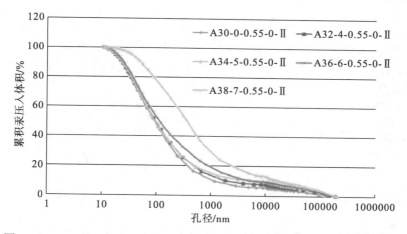

图 5-23　MgO 掺量对未掺粉煤灰二级配混凝土砂浆的累积汞压入体积的影响

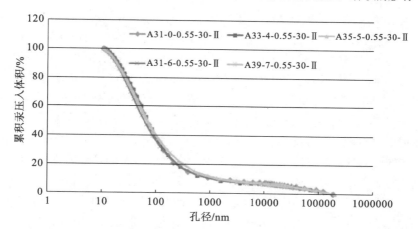

图 5-24　MgO 掺量对掺 30%粉煤灰二级配混凝土砂浆的累积汞压入体积的影响

针对以上试验结果，分析如下。

(1) 从表 5-13～表 5-15 和图 5-21 可见，不管是一级配、二级配还是三级配混凝土的砂浆试件，也不管 MgO 的外掺量是多少，混凝土砂浆的压蒸膨胀率都随着粉煤灰掺量的增大而减少。即随着粉煤灰掺量增大，粉煤灰对外掺 MgO 一级配、二级配、三级配混凝土砂浆试件膨胀的抑制作用增大，表现为压蒸膨胀率明显降低。或者说，掺入粉煤灰后，混凝土砂浆能够容许更多的 MgO 膨胀而不至于开裂。对于本试验，若以压蒸膨胀率为 0.5% 对应的 MgO 掺量作为混凝土的 MgO 极限掺量，则以掺 30%粉煤灰的二级配混凝土砂浆作为压蒸试件判定的 MgO 极限掺量比同条件不掺粉煤灰的约高 1.7 个百分点。

其原因是，高温高压环境在加速 MgO 水化膨胀的同时，也促进了粉煤灰的二次水化反应，显著提高了掺粉煤灰的水泥基材料试件的抗压强度(如掺粉煤灰 30%时，一级配混凝土砂浆试件 A25 的抗压强度比同条件下未掺粉煤灰的 A19 提高 73%，二级配混凝土砂浆试件 A39 的抗压强度比同条件下未掺粉煤灰的 A38 提高 99%)(表 5-16)，增强了试件自身对 MgO 水化膨胀的约束力。此外，陈胡星等[78]的试验研究表明，粉煤灰的玻璃微珠形态使其在胶凝材料浆体中具有"滚珠轴承"效应，有利于吸收 MgO 产生的膨胀应力。所以，在相同条件下，增大粉煤灰的掺量，对应试件的压蒸膨胀率降低，用该试件作为压蒸试件判定的 MgO 极限掺量增加。因此，在水利水电工程挡水坝混凝土中掺入粉煤灰，在节约水泥用量、降低混凝土绝热温升值的同时，还可提高 MgO 的外掺量，以进一步减免坝体混凝土的温降裂缝。

表 5-16   掺与不掺粉煤灰的外掺 MgO 水泥基材料试件压蒸后的抗压强度

水泥基材料品种	一级配混凝土砂浆			二级配混凝土砂浆			
试件编号	A19	A25	A26	A32	A33	A38	A39
MgO 掺量/%	5	5	5	4	4	7	7
粉煤灰掺量/%	0	30	50	0	30	0	30
抗压强度/MPa	9.7	16.8	20.1	5.6	16.1	7.6	15.1

但是，当粉煤灰掺量继续增大后，压蒸膨胀率降低的幅度减小，或者说试件压蒸膨胀的衰减速率变得缓慢。其中一个重要原因就是当粉煤灰掺量超过 30%后，每单位粉煤灰增量对试件抗压强度增长的贡献率下降。例如，当一级配混凝土压蒸试件的粉煤灰掺量从30%提高到 50%时，单位粉煤灰增量（如 10%）对试件抗压强度增长的贡献率从 24.4%降低至 9.8%，导致掺 50%粉煤灰试件的压蒸膨胀率仅比掺 30%粉煤灰的试件下降 10.34%。

（2）从表 5-13、表 5-14 和图 5-22～图 5-24 可见，掺入 30%的粉煤灰后，一级配、二级配混凝土砂浆试件的平均孔径变小，小于 20nm 的无害孔和 20～100nm 的少害孔所占的比例增大，100nm 以上的有害孔和多害孔减少，孔隙率趋于下降或基本不变。即掺入 30%的粉煤灰后，粉煤灰的二次水化反应生成物进一步填充了试件的内部孔隙，使试件的孔隙得到细化，孔级配得到优化，孔结构得到改善。同时，大量的细孔对消纳 MgO 水化引起的膨胀应力也十分有效[78]。但是，对于一级配混凝土砂浆试件，当粉煤灰掺量达到 50%时，粉煤灰的这种改善孔隙构造的作用有所下降，估计是随着粉煤灰掺量的增大，粉煤灰的二次水化反应速率下降所致。

（3）不管是否掺粉煤灰，掺 MgO 试件的压蒸膨胀率总是比未掺 MgO 试件的压蒸膨胀率大，且随着 MgO 掺量的增大，试件的压蒸膨胀率呈增大趋势，这再次验证了外掺 MgO 水泥基材料的微膨胀性能，即粉煤灰的掺入不会改变外掺 MgO 水泥基材料的微膨胀性能。

5.5   试件尺寸对外掺 MgO 水泥基材料压蒸膨胀变形的影响

为研究试件尺寸对水泥基材料压蒸膨胀变形的影响，实验室成型了水泥净浆、水泥砂浆、三级配混凝土砂浆的小尺寸压蒸试件（20mm×20mm×250mm）、标准尺寸压蒸试件（25mm×25mm×280mm）和大尺寸压蒸试件（30mm×30mm×300mm），并对压蒸后的试件取样进行扫描电镜观测和压汞分析。成型三级配混凝土砂浆压蒸试件使用的三级配混凝土的基准配合比为水泥用量 264kg·m^{-3}、水用量 132kg·m^{-3}、砂用量 718kg·m^{-3}、小石用量 400kg·m^{-3}、中石用量 532kg·m^{-3}、大石用量 400kg·m^{-3}，小石、中石、大石都用粒径不超过5.0mm 的砂子等量替代（即 4.5 节定义的"模拟砂浆试件"）。不同尺寸水泥净浆、水泥砂浆、三级配混凝土砂浆试件的压蒸试验结果分别见表 5-17 和图 5-25[79,80]、表 5-18 和图 5-26、表 5-19 和图 5-27,扫描电镜图片(SEM)见图 5-28~图 5-32[80]。

表 5-17　不同尺寸的水泥净浆试件的压蒸膨胀率试验结果

试件 类型	试件尺寸/mm	压蒸膨胀率/%					
		MgO-0	MgO-1	MgO-2	MgO-3	MgO-4	MgO-5
小试件	20×20×250	0.0240	0.0602	0.0905	0.1408	0.2923	0.9470
标准试件	25×25×280	0.0102	0.0476	0.0806	0.1406	0.3063	1.1039
大试件	30×30×300	0.0090	0.0380	0.0741	0.1130	0.3628	1.5249

注:MgO-0 是指 MgO 掺量为 0,其他依次类推。

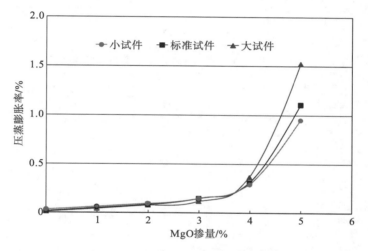

图 5-25　不同尺寸的水泥净浆试件的压蒸膨胀率随 MgO 掺量的变化

表 5-18　不同尺寸的水泥砂浆试件的压蒸膨胀率试验结果

试件 类型	试件尺寸/mm	压蒸膨胀率/%					
		MgO-0	MgO-3	MgO-5	MgO-6	MgO-7	MgO-8
小试件	20×20×250	0.0694	0.0972	0.1463	0.2533	0.4818	1.0478
标准试件	25×25×280	0.0747	0.1017	0.1569	0.2149	0.4567	0.9844
大试件	30×30×300	0.0597	0.0935	0.1319	0.1944	0.4262	0.9458

表 5-19　不同尺寸的三级配混凝土模拟砂浆试件的压蒸膨胀率试验结果

试件 类型	压蒸膨胀率/%						
	MgO-0	MgO-5	MgO-6	MgO-7	MgO-8	MgO-9	MgO-10
小试件	0.0902	0.1164	0.1769	0.3002	0.4897	0.6986	/
标准试件	0.0995	0.1454	0.1914	0.3200	0.4812	0.6213	/
大试件	0.0859	0.1140	0.1389	0.2505	0.3581	0.4731	0.7560

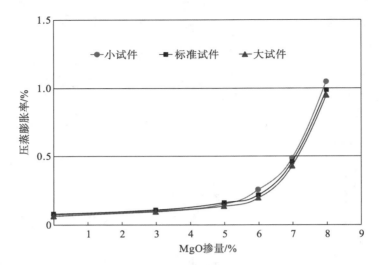

图 5-26　不同尺寸的水泥砂浆试件的压蒸膨胀率随 MgO 掺量的变化

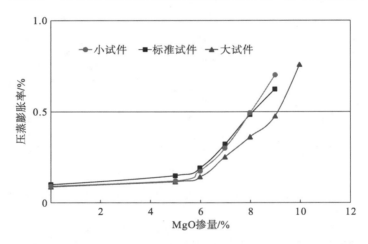

图 5-27　不同尺寸的混凝土模拟砂浆试件的压蒸膨胀率随 MgO 掺量的变化

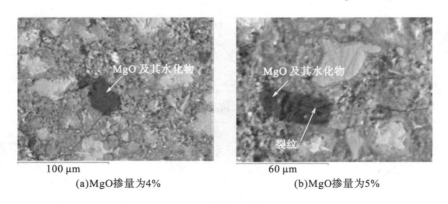

(a)MgO掺量为4%　　　　　　　　　(b)MgO掺量为5%

图 5-28　水泥净浆小试件的 SEM 图像

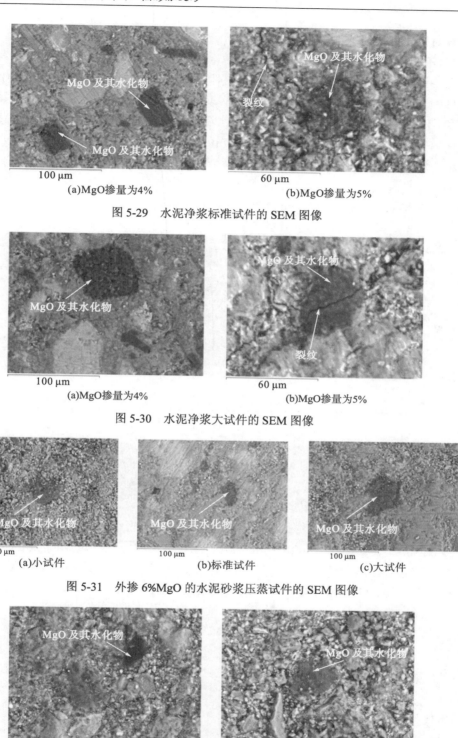

(a)MgO掺量为4%　　　　　　　　　　(b)MgO掺量为5%

图 5-29　水泥净浆标准试件的 SEM 图像

(a)MgO掺量为4%　　　　　　　　　　(b)MgO掺量为5%

图 5-30　水泥净浆大试件的 SEM 图像

(a)小试件　　　　　　　(b)标准试件　　　　　　(c)大试件

图 5-31　外掺 6%MgO 的水泥砂浆压蒸试件的 SEM 图像

(a)MgO掺量为6%　　　　　　　　　　(b)MgO掺量为8%

图 5-32　三级配混凝土的模拟砂浆标准试件的 SEM 图像

针对以上试验结果，分析如下。

(1)不管试件尺寸如何，掺 MgO 的水泥净浆、水泥砂浆、三级配混凝土模拟砂浆试件的压蒸膨胀率总是比同条件下未掺 MgO 试件的压蒸膨胀率大；掺 MgO 试件的压蒸膨胀率同样随着 MgO 掺量的增大而增大，并在 MgO 掺量达到某一值时，曲线出现明显拐点。

(2)不管试件尺寸如何，也不管是何种水泥基材料，以曲线拐点判定的 MgO 极限掺量总是比以压蒸膨胀率为 0.5%判定的极限掺量低，水泥净浆试件低 0.6%~0.8%，水泥砂浆试件低 1.5%~1.6%，三级配混凝土模拟砂浆试件低 2%~3%。并且，对于同一种水泥基材料，即使试件尺寸不同，以曲线拐点判定的 MgO 极限掺量基本相同，但以压蒸膨胀率为 0.5%判定的 MgO 极限掺量则存在少许差异，见表 5-20[80]。

表 5-20　不同判定方法判定的 MgO 极限掺量(%)

MgO 极限掺量判定方法	试件尺寸	水泥基材料名称		
		水泥净浆	水泥砂浆	模拟砂浆
以曲线拐点对应的 MgO 掺量作为混凝土的 MgO 极限掺量	小试件	3.5	5.5	6.0
	标准试件	3.5	5.5	6.0
	大试件	3.5	5.5	6.0
以压蒸膨胀率为 0.5%对应的 MgO 掺量作为混凝土的 MgO 极限掺量	小试件	4.32	7.03	8.05
	标准试件	4.24	7.08	8.13
	大试件	4.12	7.14	9.10

分析表 5-20 可得，若使用压蒸膨胀率为 0.5%来判定混凝土的 MgO 极限掺量，则以水泥净浆作为压蒸试件确定的 MgO 极限掺量随试件尺寸的增大而减少，以水泥砂浆、三级配混凝土模拟砂浆作为压蒸试件判定的 MgO 极限掺量随试件尺寸的增大而增大，以模拟砂浆大试件确定的 MgO 极限掺量为最大值，达到 9.1%。

这是因为，骨料对试件的膨胀存在约束作用，且试件尺寸越大，试件自身对因 MgO 水化反应生成的 $Mg(OH)_2$ 晶体膨胀的约束作用越强，表现在相同 MgO 掺量下，试件的压蒸膨胀率总体上随着试件尺寸的增大而减小(表 5-18、表 5-19)，导致以压蒸膨胀率为 0.5%来判定的 MgO 极限掺量随试件尺寸的增大而增大。但是，当以水泥净浆作为压蒸试件时，在 MgO 掺量超过曲线拐点后，试件的压蒸膨胀率随试件尺寸的增大而增大(表 5-17)，导致以压蒸膨胀率为 0.5%来判定的 MgO 极限掺量随试件尺寸的增大而减小。估计原因在于：一方面，水泥净浆试件中没有骨料，缺乏骨料对试件膨胀的约束作用；另一方面，水泥净浆试件的匀质性强于砂浆试件，膨胀变形的敏感性高，尺寸较大试件中的 MgO 含量又比小试件多，由 MgO 含量增加引起的膨胀量超过了试件尺寸增大对自身膨胀的约束作用。

(3)从图 5-28~图 5-30 看出，当水泥净浆试件的 MgO 掺量为 4%时，虽然该掺量已大于按照压蒸膨胀变形曲线拐点判定的 MgO 极限掺量(即 3.5%)，但各种尺寸水泥净浆试件的微观结构完好；当 MgO 掺量增长到 5%时(该值已大于按照压蒸膨胀率为 0.5%判定的 MgO 极限掺量即 4.12%~4.32%)，各种尺寸水泥净浆试件的微观结构已能看到裂纹，但大试件最明显，标准试件次之，小试件的裂纹最小，这同表 5-17 测得的压蒸膨胀率结果吻合，即在 MgO 掺量超过曲线拐点后，水泥净浆试件的压蒸膨胀率随试件尺寸的增大而增大。这种微观现象说明，以压蒸膨胀率随 MgO 掺量变化曲线的拐点来判定混凝土的 MgO 极限掺量，不仅直观而且有利于结构安全。

（4）从图 5-31 可见，对于外掺 6% MgO 的水泥砂浆压蒸试件，虽然 MgO 掺量已超过按照压蒸膨胀变形曲线拐点判定的 MgO 极限掺量 5.5%，但各种尺寸试件的微观结构依然完好，尤其是大试件的微观结构更为致密，小试件表现逊色些；从图 5-32 可见，对于外掺 6% MgO 三级配混凝土的模拟砂浆标准试件，虽然 MgO 掺量已达到按照压蒸膨胀变形曲线拐点判定的 MgO 极限掺量 6.0%，但微观结构完好。并且，从压汞分析结果表 5-21[80]可见，在模拟砂浆标准试件的 MgO 掺量达到 8% 时（该掺量已非常接近按照压蒸膨胀率为 0.5% 判定的 MgO 极限掺量 8.13%），试样的总孔隙率为 28.08%、压入汞的总体积为 0.1317ml/g，这明显高于 MgO 掺量为 6% 时的总孔隙率 23.45% 和压入汞的总体积 0.1076ml/g，即外掺 8%MgO 的模拟试件的孔隙结构明显比外掺 6%MgO 的孔隙结构差，但在扫描电镜图 5-32（b）中也未见明显裂纹。这些微观分析结果不仅与表 5-18、表 5-19 中压蒸膨胀率呈现的规律吻合，而且再次说明，以压蒸膨胀率曲线的拐点来判定混凝土的 MgO 极限掺量，既直观，又有利于结构安全。

表 5-21　不同 MgO 掺量下三级配混凝土模拟砂浆标准试件的压蒸膨胀率和孔隙参数

MgO 掺量/%	压蒸膨胀率/%	总孔隙率/%	压入汞的总体积/(mL/g)
0	0.0995	25.82	0.1187
5	0.1454	23.23	0.1072
6	0.3200	23.45	0.1076
8	0.4812	28.08	0.1317

5.6　外掺 MgO 水泥基材料压蒸膨胀变形的数学模拟

第 4 章和本章的一系列试验研究都表明，不管采用何种水泥基材料、试件尺寸如何、粉煤灰掺多掺少，或者最大骨料粒径发生变化，掺 MgO 水泥净浆、水泥砂浆、混凝土、混凝土砂浆、模拟净浆、模拟砂浆等水泥基材料的压蒸膨胀率均随 MgO 掺量的增大而增加，且当 MgO 掺量增加到一定量时，试件的压蒸膨胀率急剧增大，表现在压蒸膨胀率随 MgO 掺量变化的曲线图上为出现明显拐点。

通过曲线拟合，发现在粉煤灰掺量为 0、20%、40% 时，以及在试件尺寸不同时，水泥砂浆、模拟砂浆、一级配混凝土压蒸试件的压蒸膨胀率随 MgO 掺量的变化呈现指数关系，见式（5-6）和图 5-33～图 5-36[81]。

$$y = y_0 + Ae^{R_0 x} \tag{5-6}$$

式中，y 为试件的压蒸膨胀率（%）；x 为 MgO 掺量（%）；y_0、A、R_0 为曲线拟合参数。

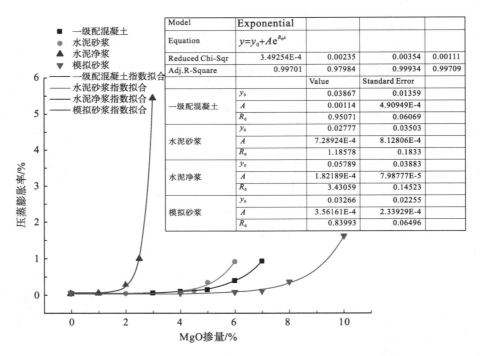

图 5-33　不掺粉煤灰时不同水泥基材料的压蒸膨胀率随 MgO 掺量变化的拟合曲线

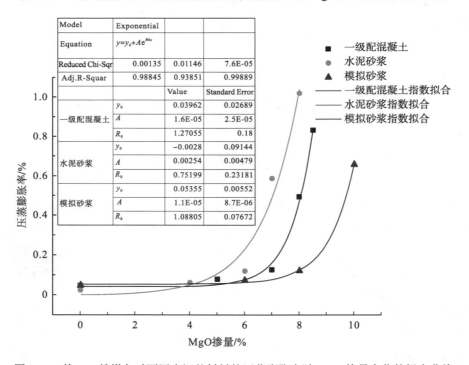

图 5-34　掺 20%粉煤灰时不同水泥基材料的压蒸膨胀率随 MgO 掺量变化的拟合曲线

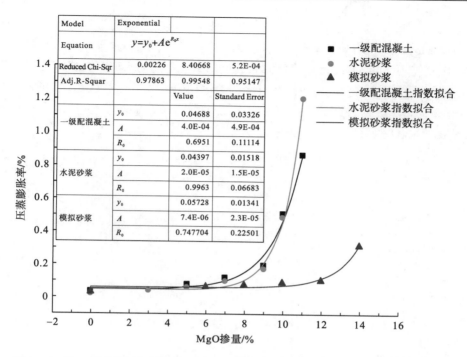

图 5-35　掺 40%粉煤灰时不同水泥基材料的压蒸膨胀率随 MgO 掺量变化的拟合曲线

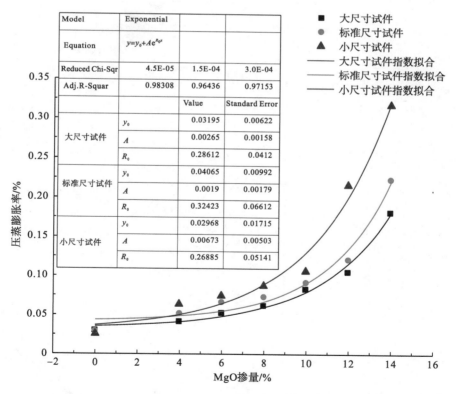

图 5-36　掺 40%粉煤灰时不同尺寸的模拟砂浆试件的压蒸膨胀率随 MgO 掺量变化的拟合曲线

　　从图 5-33～图 5-36 可以看出，水泥砂浆、模拟砂浆、一级配混凝土压蒸试件的压蒸膨胀率均随 MgO 掺量的增加而增大，且当 MgO 掺量增加到一定量时，压蒸膨胀率急剧增大；在压蒸膨胀率随 MgO 掺量变化的曲线上，基于不同的水泥基材料或不同的粉煤灰掺量或不同的试件尺寸情况，曲线拐点对应的 MgO 掺量不同，以模拟砂浆和大试件对应的 MgO 掺量为最大。即根据式(5-6)绘制的拟合曲线，反映了外掺 MgO 水泥基材料的压蒸膨胀变形随 MgO 掺量变化的一般规律。

第6章 超长龄期氧化镁混凝土的自生体积变形

自从吉林白山混凝土拱坝发现 MgO 混凝土的延迟微膨胀特性以来，工程技术人员试图将 MgO 微膨胀混凝土筑坝技术广泛应用于水利水电工程。但是，由于极少见到长龄期（尤其是 3 年以上超长龄期）的 MgO 混凝土自生体积变形资料，工程技术人员对 MgO 混凝土的长期变形情况存在或多或少的担忧，担心 MgO 混凝土会无限膨胀或已发生的膨胀出现倒缩，导致 MgO 微膨胀混凝土筑坝技术至今未能广泛地应用于水利水电工程。就 MgO 混凝土筑坝技术的实际应用情况而言，最多是在设置诱导缝的情况下，将 MgO 混凝土应用于中型拱坝全坝段，如 2010 年 12 月建成的坝高 108m 的贵州黄花寨碾压混凝土拱坝。这样一来，MgO 混凝土筑坝技术的优越性没有得到充分发挥。因此，为了促进 MgO 混凝土的推广应用，本章首先阐述 MgO 掺量、水灰比、水泥品种、粉煤灰、骨料级配、试件尺寸、试件制备方法、环境温度等对超长龄期 MgO 混凝土自生体积变形影响的研究成果，然后在此基础上，分析、构建超长龄期 MgO 混凝土自生体积变形的数学模型，并论述超长龄期 MgO 混凝土自生体积变形与水泥基材料压蒸膨胀变形的关联性。

6.1 MgO 掺量对超长龄期 MgO 混凝土自生体积变形的影响

采用 MgO 掺量为 0、5%、7%和粉煤灰掺量为 0、30%，利用水城拉法基 P·O 42.5 水泥、安顺发电厂生产的 F 类 II 级粉煤灰和某水电站工地生产的合格机制砂石料，控制新拌混凝土的坍落度为 70～90mm，按照表 6-1 的配合比，成型混凝土自生体积变形试件，进行自生体积变形观测，并按照设定的龄期，从试件上钻取芯样，制成符合压汞检测、电镜扫描及能谱分析要求的试样，进行微观分析。龄期长达 3000d 以上的混凝土自生体积变形观测结果见图 6-1，混凝土芯样的孔径分布、孔隙率、平均孔径汇总于表 6-2，对应的孔结构特征参数随龄期的变化见图 6-2～图 6-5，AB30、AB34 芯样在龄期 1 年和 5 年的电子扫描形貌及其能谱分析见图 6-6～图 6-9[82]。

表 6-1 试验用混凝土的配合比

配合比编号	水胶比	水/(kg·m⁻³)	水泥/(kg·m⁻³)	粉煤灰		砂子/(kg·m⁻³)	小石/(kg·m⁻³)	中石/(kg·m⁻³)	MgO		外加剂/(kg·m⁻³)
				用量/(kg·m⁻³)	掺率/%				用量/(kg·m⁻³)	掺率/%	
AB30	0.55	151.25	275.0	0/0		850	510	765	0/0		1.10
AB34	0.55	151.25	275.0	0/0		850	510	765	13.75/5		2.06
AB38	0.55	151.25	275.0	0/0		850	510	765	19.25/7		2.34
AB39	0.55	151.25	192.5	82.5/30		850	510	765	19.25/7		2.06

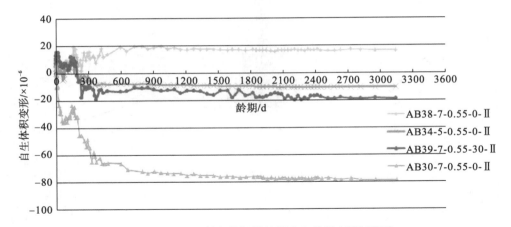

图 6-1 MgO 混凝土的超长龄期自生体积变形过程线

注：AB38-7-0.55-0-Ⅱ表示"配合比编号-MgO 掺量%-水胶比-粉煤灰掺量%-混凝土级配"，其余类推，以下同。

表 6-2 混凝土的孔结构特征参数

混凝土编号	龄期/a	孔径(nm)分布/%			平均孔径/nm	孔隙率/%
		<20	20~100	>100		
AB30	1	7.16	45.71	47.13	56.88	19.42
	2	8.71	50.20	41.09	48.64	18.72
	3	11.78	54.17	34.05	36.80	17.05
	4	27.13	47.45	25.42	23.00	7.74
	5	33.99	40.80	25.19	19.20	10.78
AB34	1	9.64	43.06	47.30	50.99	19.16
	2	11.72	49.12	39.16	42.85	17.89
	3	16.18	55.70	28.11	32.00	16.38
	4	28.80	47.61	23.59	19.50	8.42
	5	34.74	43.22	22.04	18.60	15.80
AB38	1	1.24	21.93	76.83	140.7	21.59
	2	7.18	31.85	60.97	70.55	20.18
	3	13.37	37.90	48.73	40.40	19.17
	4	22.00	50.52	27.48	22.90	3.35
	5	30.80	43.69	25.51	19.30	7.23
AB39	1	11.88	49.42	38.70	46.19	19.87
	2	22.59	48.36	29.05	34.66	17.95
	3	31.42	46.03	22.54	18.30	15.44
	4	41.31	41.38	17.31	16.20	7.25
	5	41.63	43.61	14.76	15.00	10.76

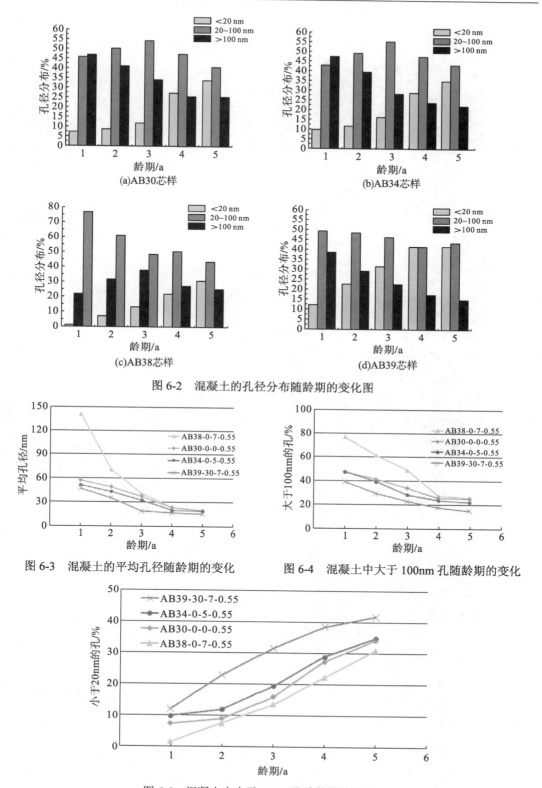

图 6-2　混凝土的孔径分布随龄期的变化图

图 6-3　混凝土的平均孔径随龄期的变化　　　　图 6-4　混凝土中大于 100nm 孔随龄期的变化

图 6-5　混凝土中小于 20nm 孔随龄期的变化

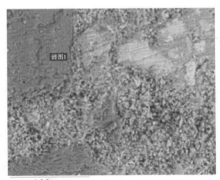

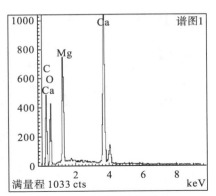

(a)电子扫描形貌图   (b)能谱分析图

图 6-6   1a 龄期的 AB30 芯样的电子扫描和能谱分析图

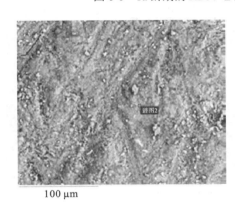

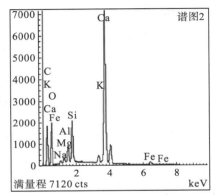

(a)电子扫描图片   (b)能谱分析图

图 6-7   5a 龄期的 AB30 芯样的电子扫描和能谱分析图

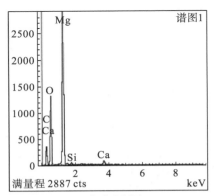

(a)电子扫描图片   (b)能谱分析图

图 6-8   1a 龄期的 AB34 芯样的电子扫描和能谱分析图

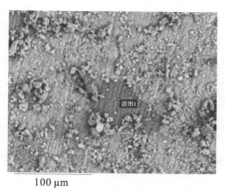

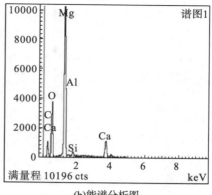

(a)电子扫描图片   (b)能谱分析图

图 6-9   5a 龄期的 AB34 芯样的电子扫描和能谱分析图

针对以上试验结果，分析如下。

(1)外掺 MgO 混凝土的自生体积变形随着 MgO 掺量的增加而增大，随着龄期的延长而趋于稳定。

从图 6-1 可见，外掺 MgO 混凝土的自生体积变形呈现良好的延迟微膨胀变形特征，膨胀变形量随 MgO 掺量的增加和龄期的增长而增大；早期膨胀速率大，主要的膨胀发生在龄期 1a 以前，在龄期 1a 时的膨胀量约占总膨胀量的 85%；后期膨胀变形小，至 3a 龄期时趋于稳定，此时的膨胀量比龄期 1a 时的膨胀量增加 2.5×10^{-6} 左右；在龄期 3a 后，每年增加 $(0.2 \sim 1.5) \times 10^{-6}$，且 MgO 掺量每提高 1%，混凝土的自生体积变形提高约 15×10^{-6}。

研究表明，随着 MgO 掺量的增加，水化反应生成物 $Mg(OH)_2$ 晶体的数量增多，其产生的结晶生长压力及吸水肿胀力会促使混凝土变形加大[55]。并且，MgO 在早期的水化反应比后期激烈，反应速度较快，而此时混凝土的弹性模量较低，导致早期 MgO 混凝土的变形速率较大，但 MgO 在早期产生水化的不多；后期 MgO 的水化速度较早期慢，但大量的 MgO 在后期发生水化反应，且水化历时长。因此，MgO 混凝土的变形随 MgO 掺量的增加而增大，随龄期的延长而缓慢增长，直至稳定。

(2)外掺 MgO 混凝土的微观孔结构随 MgO 掺量的增加和龄期的延长呈现规律性变化。

以 AB34、AB38 混凝土为例，从表 6-2、图 6-2～图 6-5 看出，与同龄期的未掺 MgO 的 AB30 混凝土相比，从龄期 1a、2a、3a、4a 到龄期 5a，掺入 5%MgO 的 AB34 混凝土的平均孔径分别减少 10.4%、11.9%、13.0%、15.2%、3.1%，100nm 以上的有害孔及多害孔减少 -0.4%、4.7%、17.4%、7.2%、12.5%，20nm 以下的无害孔增加 34.6%、34.6%、37.4%、6.2%、2.2%；与同龄期的掺入 5%MgO 的 AB34 混凝土相比，从龄期 1a、2a、3a、4a 到龄期 5a，掺入 7%MgO 的 AB38 混凝土的平均孔径分别增加 175.9%、64.6%、26.3%、17.4%、3.8%，100nm 以上的有害孔及多害孔增加 62.4%、55.7%、73.3%、16.5%、15.7%，20nm 以下的无害孔减少 87.1%、38.7%、17.4%、23.6%、11.3%。即对于未掺粉煤灰的混凝土，当 MgO 掺量从 0 提高到 5%时，混凝土的孔结构变好；当 MgO 掺量从 5%提高到 7%时，混凝土的孔结构变差，但随着龄期的增长，孔结构又逐渐好转。

再分析表 6-2 和图 6-2～图 6-5 可知，对于未掺 MgO 的 AB30 混凝土，与龄期 1a 相比，龄期 2a、3a、4a、5a 的平均孔径越来越小，分别降低 14.5%、35.3%、59.6%、66.2%；100nm 以上的有害孔和多害孔也越来越少，分别降低 12.8%、27.8%、46.1%、46.6%；20nm 以下的无害孔越来越多，分别增加 21.6%、64.5%、278.9%、374.7%；对于掺 7%MgO 的 AB38 混凝土，与龄期 1a 相比，龄期 2a、3a、4a、5a 的平均孔径也越来越小，分别降低 49.9%、71.3%、83.7%、86.3%；100nm 以上的有害孔和多害孔同样越来越少，分别降低 20.6%、36.6%、64.2%、66.8%；20nm 以下的无害孔越来越多，分别增加 479.0%、978.2%、1674.2%、2383.9%。即对于未掺粉煤灰的混凝土，不管是否掺入 MgO，混凝土都随着龄期的增长变得越来越致密，孔结构越来越好，且与不掺 MgO 的混凝土相比，掺 MgO 混凝土的微观结构随龄期增长的改善效果更加突出，尤其是 20nm 以下的无害孔成百上千倍地增加。究其原因，一方面，就一般混凝土而言，随着水泥的不断水化，水泥石的空间结构不断被水化产物填充密实，凝胶孔含量逐渐增多，毛细孔减少[83,84]；另一方面，在混凝土中掺入适量的 MgO 后，因 MgO 的水化反应较迟，随龄期逐渐增加的水化产物 $Mg(OH)_2$ 晶体[85,54]，将进一步填充水泥石的孔隙，使混凝土内部结构更加致密化。所以，随着龄期的增长，不掺 MgO 和掺入适量 MgO 的混凝土，其微观孔结构持续改善，且掺入适量 MgO 的混凝土的微观孔结构更加致密。从实验室对龄期 1a 和 5a 的 AB30、AB34 混凝土芯样进行的电子扫描和能谱分析（结果见图 6-6～图 6-9），也能证实该结论。

另外，从表 6-2 和图 6-2～图 6-5 还可观测到粉煤灰对超长龄期 MgO 混凝土微观孔结构的影响。以 AB34、AB38、AB39 混凝土为例，三者的胶凝材料用量一样，AB34 混凝土的 MgO 掺量为 5%，AB38 和 AB39 混凝土的 MgO 掺量均为 7%，但 AB39 采用 30%的粉煤灰取代水泥。从龄期 1a、2a、3a、4a 到龄期 5a，就平均孔径和 100nm 以上的有害孔及多害孔而言，AB39＜AB34＜AB38；就小于 20nm 的无害孔而言，AB39＞AB34＞AB38；AB39 混凝土在龄期 1a、2a、3a 的孔隙率比 AB38 混凝土低（与 AB34 混凝土接近），但在龄期 4a、5a 时转变为比 AB38 混凝土高（比 AB34 混凝土低），且 AB39 混凝土在龄期 4a、5a 的无害孔显著多于 AB38 混凝土（也比 AB34 混凝土高）。这说明，随着龄期的延长，粉煤灰表现出对 MgO 混凝土孔隙的细化作用，即同时掺入适量 MgO 和粉煤灰的超长龄期混凝土的孔隙率提高，但增加的孔隙多为孔径小于 20nm 的无害孔，孔径大于 100nm 的有害孔和多害孔反而降低，平均孔径也总是比同条件下未掺粉煤灰的 MgO 混凝土低，这反映了粉煤灰对 MgO 混凝土微观结构的改善作用。其原因分析，将在 6.4 节中介绍。

6.2　水灰比对超长龄期 MgO 混凝土自生体积变形的影响

采用水灰比为 0.45、0.50、0.55、0.60 和 MgO 外掺量为 0、5%、6.5%、7%，利用水城拉法基 P·O 42.5 水泥和某水电站工地生产的合格机制砂石料，按照表 6-3 的配合比，成型了一级配、二级配混凝土自生体积变形试件。配制混凝土时，通过调节萘系减水剂的掺量，控制新拌混凝土的坍落度为 70～90mm。混凝土在龄期大于 3000d 的自生体积变形测试结果见图 6-10 和图 6-11。另外，在典型龄期时，从混凝土自生体积变形试件上钻孔取芯，以测试混凝土的孔隙率，结果见表 6-4。

表 6-3　外掺 MgO 混凝土配合比

试件编号	骨料级配	水灰比	MgO 掺量/%	混凝土材料用量/kg·m⁻³				
				水	水泥	砂	小石	中石
L11		0.45	5.0	174.50	387.5	805.0	1113.0	0
L12		0.50	5.0	174.50	349.0	840.0	1113.0	0
L13	Ⅰ	0.55	0	174.50	317.0	873.5	1113.0	0
L14		0.55	5.0	174.50	317.0	873.5	1113.0	0
L15		0.55	6.5	174.50	317.0	873.5	1113.0	0
L16		0.60	5.0	174.50	290.5	910.5	1113.0	0
L21		0.40	0	151.25	275.0	850.0	510.0	765.0
L22	Ⅱ	0.45	5.0	151.25	336.1	753.0	477.0	716.0
L23		0.55	5.0	151.25	275.0	850.0	510.0	765.0
L24		0.55	7.0	151.25	275.0	850.0	510.0	765.0

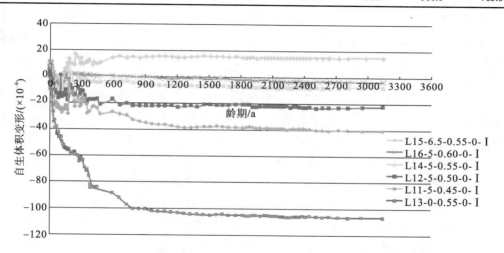

图 6-10　水灰比对一级配混凝土超长龄期自生体积变形影响

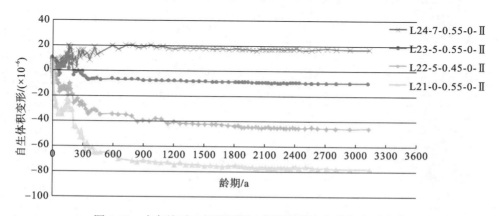

图 6-11　水灰比对二级配混凝土超长龄期自生体积变形影响

表 6-4　混凝土芯样在典型龄期的孔隙率

编号	级配	MgO 掺量 /%	水灰比	典型龄期的孔隙率/%				
				1a	2a	3a	4a	5a
L11		5.0	0.45	21.55	/	/	/	/
L12		5.0	0.50	23.02	/	/	/	/
L14	I	5.0	0.55	25.06	23.41	21.63	10.24	8.38
L15		6.5	0.55	21.49	19.11	16.87	9.20	8.22
L16		5.0	0.60	27.32	25.83	23.10	11.58	9.14
L21		0	0.40	19.42	18.72	17.05	7.74	10.78
L22	II	5.0	0.45	17.68	/	/	/	/
L23		5.0	0.55	19.16	17.89	16.38	8.42	15.80
L24		7.0	0.55	21.59	20.18	19.17	5.35	7.23

从图 6-10、图 6-11 可见，当 MgO 外掺量相同时，一级配、二级配混凝土的自生体积变形总体上随着水灰比的增大而增大；在相同条件下，在龄期 3a 后，混凝土的水灰比每增加 0.05，一级配的自生体积变形增加$(7\times10^{-6})\sim(15\times10^{-6})$，二级配的自生体积变形约增加 30×10^{-6}。这种现象是多因素共同作用的结果。

首先，从典型龄期的混凝土孔隙率（表 6-4）看出，基于相同龄期和相同 MgO 掺量，随着水灰比的增大，混凝土的孔隙率增大。试件的孔隙率增大，可以吸收更多由 MgO 水化时生成的 $Mg(OH)_2$ 晶体引起的膨胀能，使混凝土的自生体积膨胀变形减小。其次，试件的孔隙率增大还将造成混凝土的强度和弹性模量降低，使混凝土自身对膨胀作用的约束力降低，混凝土的自生体积膨胀变形将增大。第三，从表 6-5 看出，随着水灰比的增大，混凝土中骨料所占比例提高。骨料增多，对混凝土自生体积收缩的约束作用增强，即自生体积收缩量降低。在相同的膨胀应力作用下，补偿自生体积收缩后的混凝土自生体积膨胀变形将增大。由于 MgO 水化产生的膨胀变形最终将反映到混凝土的宏观体积变化上，而宏观效果将受到混凝土自身约束作用与孔隙松弛作用的影响，因此，当三种影响因素同时存在时，就看哪种占上风。显而易见，就图 6-10、图 6-11 呈现的规律而言，第二种和第三种因素占据上风。

表 6-5　不同水灰比时 MgO 混凝土的骨料占比（质量比）

编号	级配	MgO 掺量/%	水灰比	骨料占比/%
L11		5.0	0.45	77.4
L12	I	5.0	0.50	79.0
L14		5.0	0.55	80.4
L16		5.0	0.60	82.1
L22	II	5.0	0.45	78.0
L23		5.0	0.55	83.3

6.3　水泥品种对超长龄期 MgO 混凝土自生体积变形的影响

李承木等[86]对采用峨眉 525 普通硅酸盐水泥（Ⅰ）、渡口 525 硅酸盐大坝水泥（Ⅱ）、峨眉 525 硅酸盐大坝水泥（Ⅲ）拌制的外掺 MgO 混凝土的自生体积变形进行了长达 10 年左右的观测，其变形过程线如图 6-12 所示。结果表明，各种水泥混凝土的自生体积变形都随 MgO 掺量的增加和观测龄期的延长而增大，在 3 年之后一般仍有 10%~15% 的缓慢膨胀；使用不同品种水泥拌制的 MgO 混凝土的自生体积变形量不同，且若前期膨胀变形较大，则后期的变形增长减小，反之变形增加稍大。例如，在 10a 龄期，掺入 4%、6%MgO 的峨眉 525 大坝水泥混凝土和掺入 5.5%MgO 的峨眉 525 普通水泥混凝土的自生体积膨胀变形分别为 89×10^{-6}（Ⅲ-M-4）、152×10^{-6}（Ⅲ-M-6）和 61×10^{-6}（Ⅰ-M-5.5），即峨眉 525 大坝水泥混凝土的自生体积膨胀变形都比峨眉 525 普通水泥的大。这是因为，水泥熟料中 C_3A、C_3S 含量越大，产生的化学收缩越大[33]。大坝水泥的 C_3A、C_3S 含量低于普通水泥，产生的化学收缩应比普通水泥小，所以在相同 MgO 掺量下，使用大坝水泥拌制的 MgO 混凝土在补偿收缩变形后的自生体积膨胀变形比使用普通水泥拌制的 MgO 混凝土大。

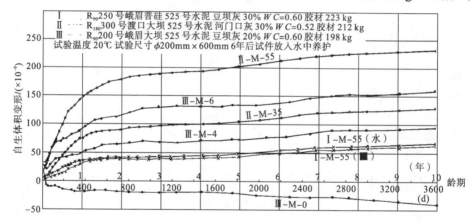

图 6-12　使用不同品种水泥制备的外掺 MgO 混凝土的长龄期自生体积变形曲线

陈霞等[38]使用华新昭通中热硅酸盐水泥（简称"华新中热"，内含 MgO4.8%）、永保中热硅酸盐水泥（简称"永保中热"，内含 MgO1.4%）、永保普通硅酸盐水泥（简称"永保普硅"，内含 MgO3.5%）、嘉华低热硅酸盐水泥（简称"嘉华低热"，内含 MgO1.2%）共四种不同内含 MgO 量的水泥和相同的粉煤灰、骨料、外加剂制作混凝土自生体积变形试件，测得试件的自生体积变形结果如图 6-13 所示。

从图 6-13 看出，使用华新中热、永保中热、永保普硅、嘉华低热制备的内含 MgO 混凝土的自生体积变形均呈先缩后胀趋势；经过龄期 2a 左右，这些混凝土的自生体积膨胀变形趋于稳定；混凝土自生体积变形的测值为普通水泥＞中热水泥＞低热水泥。这再次说明，水泥品种影响 MgO 混凝土的自生体积变形。同时可以看出，内含 MgO 混凝土的自生体积膨胀量与水泥内含的 MgO 量并不成正比。这是因为，根据化学法检测出来的水泥内含 MgO 量并不代表能够产生有效膨胀的方镁石含量。

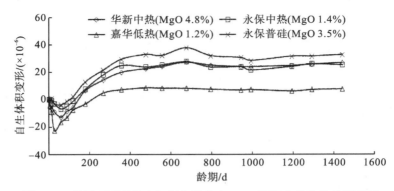

图 6-13 使用不同品种水泥制备的内含 MgO 混凝土的自生体积变形

众所周知，对于水泥而言，MgO 含量过多时会使水泥安定性不良。因此，国家标准《通用硅酸盐水泥》（GB 175—2007）规定，硅酸盐水泥、普通硅酸盐水泥的 MgO 含量一般不得超过 5.0%，但若水泥压蒸安定性合格，则允许放宽至 6.0%。然而，从图 6-13 看，MgO 含量低于可固熔量 2%的中热、低热水泥也可能产生延迟微膨胀。因此，采用 MgO 混凝土筑坝技术时，在按照因地制宜、就地取材原则选择原材料的同时，宜多比选水泥品种。

6.4 粉煤灰对超长龄期 MgO 混凝土自生体积变形的影响

在研究粉煤灰对 MgO 混凝土自生体积变形的影响时，成型混凝土自生体积变形试件所用的混凝土配合比见表 6-6。这些配合比使用的原材料相同，水灰比为 0.55，粉煤灰为安顺发电厂的 F 类 II 级灰，其掺量为 0、30%，MgO 掺量为 0、5%、7%。拌和混凝土时，通过调节奈系减水剂的掺量来控制新拌混凝土达到相同的坍落度 70～90mm。并且，从龄期满 1a、3a、5a 的混凝土自生体积变形试件中钻取芯样，制成直径 10mm、厚 2～3mm 的试样，用 JSM-6490LV 扫描电镜及 INCA-350 能谱仪对其进行微观分析。

表 6-6 混凝土的原材料用量 （单位：kg·m^{-3}）

编号	级配	水	水泥	粉煤灰	砂子	小石	中石	大石	MgO	外加剂
SL1	I	174.50	317.0	0	873.5	1113	0	0	0	0.951
SL2	I	174.50	317.0	0	873.5	1113	0	0	15.85	1.743
SL3	I	174.50	222.0	95.0	873.5	1113	0	0	15.85	1.240
SL4	II	151.25	275.0	0	850	510	765	0	0	1.100
SL5	II	151.25	275.0	0	850	510	765	0	19.25	2.338
SL6	II	151.25	192.5	82.5	850	510	765	0	19.25	2.063
SL7	III	132.00	240.0	0	750	405	540	405	0	0.456
SL8	III	132.00	240.0	0	750	405	540	405	12.00	1.680
SL9	III	132.00	168.0	72.0	750	405	540	405	12.00	1.440

MgO 混凝土长达 3000d 以上的自生体积变形过程见图 6-14～图 6-16；龄期 1a、3a 及 5a 的混凝土芯样的扫描电镜图片（SEM）及能谱分析见图 6-17～图 6-22。

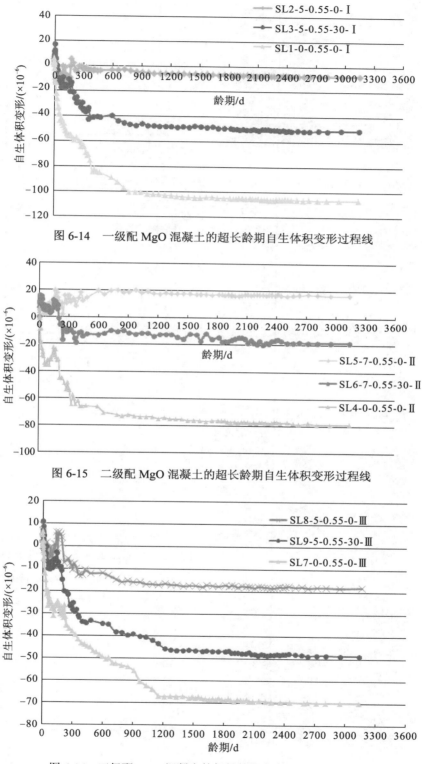

图 6-14　一级配 MgO 混凝土的超长龄期自生体积变形过程线

图 6-15　二级配 MgO 混凝土的超长龄期自生体积变形过程线

图 6-16　三级配 MgO 混凝土的超长龄期自生体积变形过程线

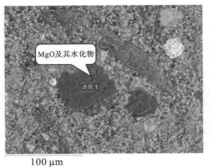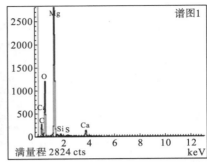

图 6-17　掺 30%粉煤灰的一级配 MgO 混凝土在龄期 1a 的 SEM 形貌及能谱图

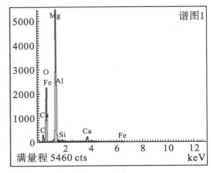

图 6-18　掺 30%粉煤灰的一级配 MgO 混凝土在龄期 3a 的 SEM 形貌及能谱图

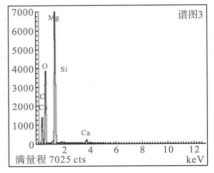

图 6-19　掺 30%粉煤灰的一级配 MgO 混凝土在龄期 5a 的 SEM 形貌及能谱图

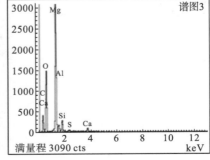

图 6-20　掺 30%粉煤灰的二级配 MgO 混凝土在龄期 1a 的 SEM 形貌及能谱图

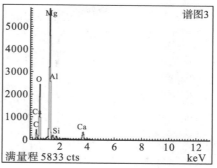

图 6-21　掺 30%粉煤灰的二级配 MgO 混凝土在龄期 3a 的 SEM 形貌及能谱图

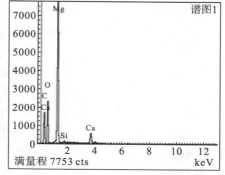

图 6-22　掺 30%粉煤灰的二级配 MgO 混凝土在龄期 5a 的 SEM 形貌及能谱图

针对以上试验结果，分析如下。

（1）从图 6-14～图 6-16 看出，不管混凝土是否掺入粉煤灰，也不管是一级配、二级配还是三级配混凝土，掺 MgO 混凝土的收缩量总是比不掺 MgO 混凝土的低。例如，在龄期 1a、3a 和 5a，不掺粉煤灰、掺 MgO5%的三级配混凝土的自生体积变形为-13.1×10^{-6}、-17.0×10^{-6} 和-17.5×10^{-6}，同条件下不掺 MgO 的三级配混凝土的自生体积变形为-40.3×10^{-6}、-67.1×10^{-6} 和-68.5×10^{-6}，即掺 MgO 的三级配混凝土的收缩量比不掺 MgO 三级配混凝土降低了 27.2×10^{-6}、50.1×10^{-6} 和 51.0×10^{-6}。这说明，虽然本试验的 MgO 混凝土的自生体积变形测值为负值，但其仅表示本试验所掺 MgO 引起的膨胀量没能抵消未掺 MgO 混凝土的收缩量，并未改变 MgO 混凝土的延迟微膨胀特性。

（2）从图 6-14～图 6-16 还可以看出，粉煤灰使 MgO 混凝土的早期自生体积变形增大，但随着龄期的延长，MgO 混凝土的自生体积变形发生了转变。例如，在 28d 龄期，不掺粉煤灰的一级配（掺 5%的 MgO）、二级配（掺 7%的 MgO）及三级配（掺 5%的 MgO）MgO 混凝土的自生体积变形为-1.7×10^{-6}、8.0×10^{-6}、-2.6×10^{-6}，掺入 30%粉煤灰后增至-0.5×10^{-6}、12.0×10^{-6}、-2.4×10^{-6}，但到 360d 龄期时，一级配、二级配及三级配 MgO 混凝土的自生体积变形由不掺粉煤灰时的-6.0×10^{-6}、9.5×10^{-6}、-13.1×10^{-6} 分别降至掺 30%粉煤灰时的-33.9×10^{-6}、-16.1×10^{-6}、-36.4×10^{-6}；到 3a 龄期时，由不掺粉煤灰时的-6.4×10^{-6}、17.7×10^{-6}、-17.0×10^{-6} 分别降至掺 30%粉煤灰时的-48.3×10^{-6}、-11.8×10^{-6}、-42.1×10^{-6}。这说明，粉煤

灰对 MgO 混凝土自生体积变形的影响由早期的促进作用转变为后期的抑制作用，且随龄期的延长，抑制作用增强。试验研究还表明[87]，掺粉煤灰的 MgO 混凝土的自生体积变形何时从高于转化为低于不掺粉煤灰的 MgO 混凝土的自生体积变形，与粉煤灰和 MgO 的掺量有关。粉煤灰掺量较小（如 30%以下）时，这种转变较早，反之则转变较晚。

这是因为，粉煤灰的掺入降低了混凝土的前期强度和弹性模量，对 MgO 混凝土膨胀变形的约束作用也相应降低，在相同的 MgO 外掺量（即膨胀能相当）情况下，混凝土的自生体积膨胀变形增大。但随着龄期的延长，粉煤灰的火山灰效应得以充分发挥，粉煤灰混凝土的强度和抗压弹性模量逐渐增大[88]，对 MgO 混凝土膨胀变形的约束作用也相应提高，在相同的 MgO 膨胀能作用下，混凝土的自生体积膨胀变形降低。当到达某一时间时，掺粉煤灰的 MgO 混凝土的强度和弹性模量将高于未掺粉煤灰的 MgO 混凝土，此后的膨胀变形就小于未掺粉煤灰的 MgO 混凝土。另外，Chatterji[53]认为，MgO 水化时，其颗粒表面形成以 Mg^{2+} 与 OH^- 为主要组分的过饱和溶液，$Mg(OH)_2$ 在过饱和溶液中结晶并生长，产生结晶生长压力，引起浆体体积膨胀；掺入粉煤灰后，孔隙溶液的碱度降低，OH^- 浓度减少，Mg^{2+} 过饱和度增加，Mg^{2+} 便从颗粒表面向附近区域迁移扩散，使得 $Mg(OH)_2$ 晶体生长较为分散，膨胀量减小。李承木[89]认为，粉煤灰降低了水泥浆体的碱度，并使水泥石结构的总孔增多，导致部分 $Mg(OH)_2$ 晶体长入孔洞中，且可供 $Mg(OH)_2$ 晶体占用的水泥颗粒界面区增大，结果使浆体的膨胀能下降；陈胡星等[78]指出，粉煤灰的玻璃微珠形态有利于吸收 MgO 的膨胀能，导致有效膨胀应力减小。

（3）从图 6-14～图 6-16 还可看出，粉煤灰对一级配、二级配、三级配 MgO 混凝土超长龄期自生体积膨胀变形的抑制作用依次降低。如在龄期 360d 时，掺 30%粉煤灰的一级配、二级配及三级配 MgO 混凝土的自生体积变形测值分别比不掺粉煤灰时降低 29.8×10^{-6}、27.8×10^{-6}、18.0×10^{-6}。这是因为混凝土的粗骨料颗粒越少，混凝土的振实性越好，粉煤灰的火山灰效应又进一步提高了混凝土的密实性，导致粉煤灰对少粗颗粒骨料的 MgO 混凝土膨胀变形的抑制作用强于多粗颗粒骨料的 MgO 混凝土。

（4）从掺有 30%粉煤灰的 MgO 混凝土在 1a、3a 及 5a 龄期的 SEM 形貌（放大 500 倍）及能谱图（图 6-17～图 6-22）可见，不管是一级配还是二级配混凝土，随着龄期的延长，MgO 混凝土的微观结构更加致密。6.1 节的研究结果表明，随着龄期的延长，粉煤灰表现出对 MgO 混凝土孔隙的细化作用，即同时掺入适量 MgO 和粉煤灰的超长龄期混凝土的孔隙率提高，但增加的孔隙多为孔径小于 20nm 的无害孔，孔径大于 100nm 的有害孔和多害孔数量反而降低，平均孔径总是比同条件的未掺粉煤灰的 MgO 混凝土低。这是因为，一方面，混凝土中掺入的粉煤灰，在水化后期发生火山灰反应时需要消耗大量的水泥水化产物 $Ca(OH)_2$，使混凝土内部相对薄弱的六方薄板状 $Ca(OH)_2$ 晶体减少；另一方面，随着龄期的延长，由粉煤灰火山灰反应生成的更多水化胶凝产物和由 MgO 延迟性水化反应生成的更多 $Mg(OH)_2$ 晶体将填充到混凝土的孔隙中，导致混凝土的微观结构越来越致密。

另外，周世华等[90]采用灰岩人工砂、玄武岩人工碎石和四川峨眉山水泥有限公司生产的 42.5 级中热硅酸盐水泥、国电云南宣威电厂生产的Ⅰ级粉煤灰制备二级配 MgO 混凝土自生体积变形试件，研究不同粉煤灰掺量对外掺 MgO 混凝土自生体积变形的影响，见图 6-23。从图 6-23 看出，随着粉煤灰掺量增加，混凝土的自生体积变形膨胀量降低，膨胀变形的收敛时间缩短，粉煤灰掺量为 20%、35% 和 50% 时，混凝土自生体积变形趋于稳定的龄期大约分别为 900d、600d 和 365d。

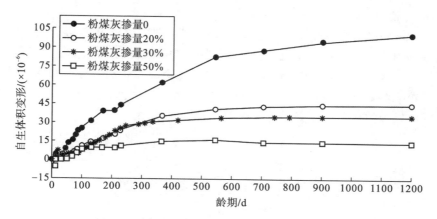

图 6-23　粉煤灰掺量对外掺氧化镁混凝土长期自生体积变形的影响

　　粉煤灰是现代混凝土不可或缺的掺合料，在水利水电工程坝体混凝土中的掺量多在 30% 以上，尤其在碾压混凝土中更是高达 70% 左右，它不仅节约水泥用量，降低混凝土的生产成本，更关键的是改善混凝土的工作性、耐久性等性能，降低大体积混凝土的绝热温升值，提高混凝土的抗裂能力。粉煤灰对 MgO 混凝土自生体积变形表现的早期促进作用和后期抑制作用，以及 MgO 混凝土的自生体积膨胀量随着粉煤灰掺量的增加而降低的性能，对于丰富 MgO 混凝土和粉煤灰混凝土的理论认识，以及促进 MgO 混凝土和粉煤灰混凝土的工程应用，具有重要意义。

6.5　骨料级配对超长龄期 MgO 混凝土自生体积变形的影响

　　混凝土中的骨料一般不发生变形，但对水泥石的变形具有约束作用，约束力的大小与骨料的品种、弹性模量、用量、粒径等相关。不同母岩制成的骨料的弹性模量不同。骨料的弹性模量越大，或者用量越多，对水泥石变形的约束力就越大。水工混凝土所用的粗骨料除存在骨料品种、弹性模量、用量的差异外，所选择的粒径范围大。按照粒径大小，水工混凝土所用的粗骨料分为小石（5～20mm）、中石（20～40mm）、大石（40～80mm）和特大石（80～120mm 或 80～150mm）。相应地，按照逐级填充空隙和提高混凝土密实度的原则，将不同粒径的骨料按照一定比例搭配，可生产出不同级配的混凝土。或者说，按照所用粗骨料粒径的不同范围，水工混凝土分为一级配混凝土（粗骨料仅有小石，粒径范围为 5～20mm）、二级配混凝土（粗骨料包含小石和中石，粒径范围为 5～40mm）、三级配混凝土（粗骨料包含小石、中石和大石，粒径范围为 5～80mm）和四级配混凝土（粗骨料包含小石、中石、大石和特大石，粒径范围为 5～120mm 或 5～150mm）。

　　实验室采用相同的原材料成型了一级配混凝土、二级配混凝土和三级配混凝土。成型混凝土自生体积变形试件使用的基准配合比为：一级配混凝土用水泥 $317kg \cdot m^{-3}$、水

174.5kg·m^{-3}、砂 873.5kg·m^{-3}、小石 1113kg·m^{-3}；二级配混凝土用水泥 275kg·m^{-3}、水 151.3kg·m^{-3}、砂 850kg·m^{-3}、小石 510kg·m^{-3}、中石 765kg·m^{-3}；三级配混凝土用水泥 240kg·m^{-3}、水 132kg·m^{-3}、砂 750kg·m^{-3}、小石 405kg·m^{-3}、中石 540kg·m^{-3}、大石 405kg·m^{-3}；MgO 的外掺量均按水泥质量的百分数计算，掺率为 5%、6%、7%。在拌制混凝土时，同样通过改变奈系减水剂的掺量来控制拌和物的坍落度保持在 70～90mm。同时，在成型各种级配混凝土的自生体积变形试件时，均按照《水工混凝土试验规程》(SL 352—2018)的规定执行，如筛除了三级配混凝土拌和物中大于 40mm 的大骨料。各种级配混凝土在不同 MgO 掺量时长达 3000d 以上的自生体积变化过程见图 6-24～图 6-26。

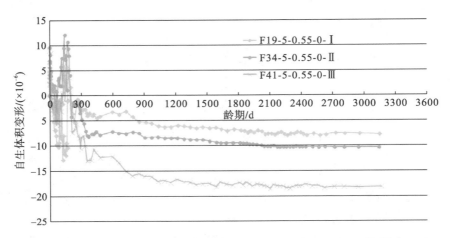

图 6-24　骨料级配对混凝土超长龄期自生体积变形的影响之一(MgO 掺量 5%)

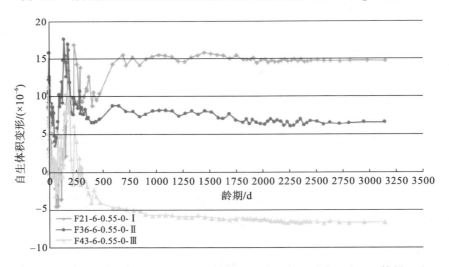

图 6-25　骨料级配对混凝土超长龄期自生体积变形的影响之二(MgO 掺量 6%)

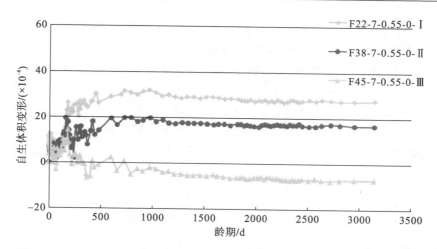

图 6-26　骨料级配对混凝土超长龄期自生体积变形的影响之三(MgO 掺量 7%)

从图 6-24、图 6-25 和图 6-26 看出，总体而言，超长龄期外掺 MgO 混凝土试件的自生体积变形由高到低的顺序为：一级配混凝土、二级配混凝土、三级配混凝土。但从理论上讲，如果忽略成型三级配混凝土自生体积变形试件时湿筛筛除的大于 40mm 的大骨料黏附的水泥浆量，则本试验成型的混凝土试件的胶骨质量比(胶凝材料/骨料)的大小顺序是一级配混凝土(0.16)>三级配混凝土(0.14)>二级配混凝土(0.13)。也就是说，在相同条件下，单位体积混凝土自生体积变形试件中 MgO 含量的大小顺序为一级配混凝土>三级配混凝土>二级配混凝土。按照混凝土的自生体积膨胀变形随单位体积试件中 MgO 含量增大而增大的规律，在相同条件下，本试验所成型混凝土试件自生体积变形量大小的顺序为一级配混凝土>三级配混凝土>二级配混凝土。这显然与图 6-24、图 6-25 和图 6-26 反映的规律不吻合。造成这种现象是由于在湿筛筛除三级配混凝土中大于 40mm 的大骨料时，大石的表面不可避免地黏附了水泥浆，这部分水泥浆吸附了部分 MgO，即前面的假设不妥当。或者说，按照《水工混凝土试验规程》(SL 352—2018)的规定，在成型三级配混凝土自生体积变形试件时，即使湿筛筛除了三级配混凝土拌和物中大于 40mm 的大骨料，但在相同条件下，试件中的 MgO 量也是随着混凝土配合比中水泥量的增加而增加，即 MgO 在一级配混凝土试件中最多，在二级配混凝土试件中次之，在三级配混凝土试件中最少，所以最终导致超长龄期 MgO 混凝土的自生体积膨胀量随骨料粒径的增大而减小。即在相同条件下，MgO 混凝土的自生体积膨胀量的排序为一级配混凝土>二级配混凝土>三级配混凝土。需要说明的是，从图 6-24、图 6-25 和图 6-26 看到，各种粗骨料级配的混凝土在 210d 前的自生体积变形波动明显。这是源于当时扩建实验室时，因场地所限，不得不将试件搬入临时搭建的实验室内。而临时实验室的温度、湿度波动大。实验室扩建完成后，其温度、湿度均满足《水工混凝土试验规程》(SL352—2006)的要求。

此外，我国地域辽阔，地质构造复杂，尤其是各个水利水电工程采用的骨料品种及其品质差异大，骨料又约占混凝土体积的 75%，除骨料级配影响 MgO 混凝土的自生体积变形外，还应重视骨料品种对 MgO 混凝土自生体积变形的影响。陈霞等[38]选用活性反应时间为 100s 的 MgO 膨胀剂、玄武岩人工砂和天然花岗岩、人工玄武岩、人工闪长岩、人工灰岩四种粗骨料成型二级配混凝土自生体积变形试件,测得粗骨料的长龄期饱和面干吸水率和混凝土自生体积变形结果如表 6-7 和图 6-27 所示。结果表明,在观测龄期内,各混凝土的自生体积变形为灰岩混凝土>闪长岩混凝土>玄武岩混凝土>天然花岗岩混凝土。对比表 6-7 和图 6-27 可知,骨料的长期吸水率越高,相应混凝土的自生体积膨胀越小。A. M. 内维尔[91]认为,随着水化进行,凝胶中的水会不断地向骨料表面迁移,使骨料持续吸水饱和,在此过程中水泥浆体出现自干燥,从而引起混凝土的自收缩。所以,骨料的吸水率越高,混凝土的自收缩量越大,在相同条件下,由 MgO 引起的混凝土膨胀量就越小。李文伟[92]、Chen[93]等认为,随着水化进行,混凝土内的 MgO 表现出向界面区迁移的趋势,因为在界面区有更多的水分可以保证 MgO 快速水化,由此形成的水化产物 $Mg(OH)_2$ 会进一步填充界面区,从而产生微膨胀。但是,当混凝土中的多孔骨料持续吸水时,MgO 水化所需的水分将持续减少,造成水化产物 $Mg(OH)_2$ 相应地减少,从而降低膨胀驱动能。因此,在相同条件下,采用多孔骨料拌制 MgO 微膨胀混凝土时,因水泥浆体的自收缩量增大和水化产物 $Mg(OH)_2$ 的生成量减少,导致混凝土的膨胀量减少。

表 6-7 粗骨料长龄期饱和面干吸水率(%)

骨料种类	龄期			
	1d	28d	90d	180d
玄武岩	0.29	0.44	0.48	0.51
闪长岩	0.31	0.42	0.44	0.47
灰 岩	0.22	0.24	0.26	0.28
天然花岗岩	0.60	0.88	0.93	0.94

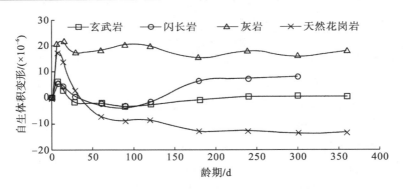

图 6-27 骨料品种对 MgO 混凝土自生体积变形的影响

6.6 试件尺寸对超长龄期 MgO 混凝土自生体积变形的影响

实验室采用表 6-8 所列的三级配混凝土配合比,成型了 MgO 掺量为 0、6%、8%、10% 的标准尺寸的混凝土自生体积变形试件(即直径为 200mm、高度为 500 mm 的圆柱体)、中尺寸的混凝土自生体积变形试件(即直径为 250mm、高度为 500mm 的圆柱体)、大尺寸的混凝土自生体积变形试件(即直径为 250mm、高度为 600mm 的圆柱体)。并且,在成型混凝土自生体积变形标准试件时，筛除了混凝土拌和物中大于 40mm 的大骨料；成型中尺寸试件及大尺寸试件时，未筛除大于 40mm 的大骨料。新拌混凝土的坍落度控制值为 70～90mm。在实验室测得的 MgO 混凝土长达 1800 多天的自生体积变形过程线，如图 6-28～图 6-31 所示。此外，从满 1a 龄期的混凝土自生体积变形试件中钻取芯样进行孔隙参数检测，其结果汇总于表 6-9。

表 6-8　混凝土的配合比

试件编号	水胶比	混凝土的原材料用量/(kg·m⁻³)								
		水	水泥	粉煤灰	砂子	小石	中石	大石	MgO	外加剂
B/M/L55-30-0	0.55	110	140	60	706.2	430.14	430.14	573.52	0.00	1.6
B/M/L55-30-6	0.55	110	140	60	706.2	430.14	430.14	573.52	12.00	1.8
B/M55-30-8	0.55	110	140	60	706.2	430.14	430.14	573.52	16.00	2.0
B/M/L55-30-10	0.55	110	140	60	706.2	430.14	430.14	573.52	20.00	2.4

注：B55-30-6 表示水灰比为 0.55、粉煤灰掺量为 30%、MgO 掺量为 6% 的标准试件；B 表示标准试件，M 表示中试件，L 表示大试件。其余以此类推。

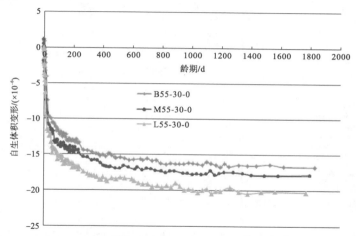

图 6-28　试件尺寸对不掺 MgO 的混凝土超长龄期自生体积变形的影响

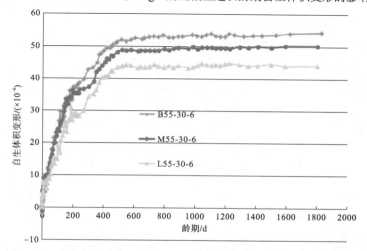

图 6-29　试件尺寸对掺 6%MgO 混凝土超长龄期自生体积变形的影响

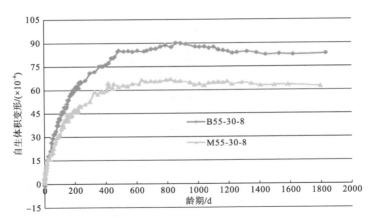

图 6-30 试件尺寸对掺 8%MgO 混凝土超长龄期自生体积变形的影响

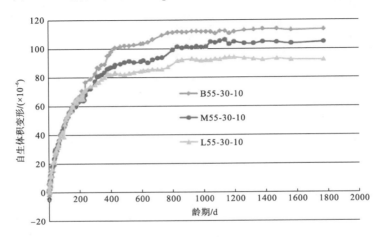

图 6-31 试件尺寸对掺 10%MgO 混凝土超长龄期自生体积变形的影响

表 6-9 1 年龄期混凝土芯样的孔隙参数检测结果

试件编号	孔隙率/%	平均孔径/nm	孔径(nm)分布/%						
			<20	20~50	50~100	10^2~10^3	10^3~10^4	10^4~10^5	>10^5
B55-30-0	1.46	50.90	17.92	16.91	7.33	20.72	7.58	8.19	21.35
M55-30-0	9.65	19.10	36.14	37.33	9.71	7.30	2.81	3.35	3.36
L55-30-0	11.47	23.50	21.65	28.76	27.35	8.42	3.77	3.41	6.64
B55-30-6	13.04	22.20	23.56	29.13	25.70	10.06	3.96	3.67	3.92
M55-30-6	14.51	14.50	43.07	30.43	7.25	8.02	1.93	3.12	6.18
L55-30-6	13.56	24.00	22.02	32.54	28.16	9.77	2.63	2.95	1.93
B55-30-8	13.52	19.80	37.29	34.54	8.35	10.20	3.63	2.29	3.70
M55-30-8	15.14	19.40	34.98	32.13	10.95	11.56	4.15	2.32	3.91
B55-30-10	9.83	25.80	21.07	26.68	22.19	10.47	5.70	4.47	9.42
M55-30-10	17.30	15.20	46.97	30.30	5.97	7.69	3.45	2.89	2.73
L55-30-10	17.22	21.30	24.08	32.35	22.93	10.51	3.06	3.32	3.75

针对以上试验资料，分析如下。

(1) 从图 6-28 可以看出，无论标准尺寸试件、中尺寸试件还是大尺寸试件，未掺 MgO 混凝土试件的自生体积变形都呈现收缩状态，大尺寸试件、中尺寸试件、标准尺寸试件在龄期 360d 的收缩值分别为-18×10^{-6}、-16×10^{-6}、-15×10^{-6}。总体上，标准尺寸试件的收缩测值比中尺寸试件和大尺寸试件都小，但其值也仅比大尺寸试件小约 3×10^{-6}。并且，在龄期 180d 前，三者均表现为急剧收缩；在 180d 后，混凝土自生体积变形试件的收缩速率变慢；在 1000d 后，混凝土的自生体积收缩趋于稳定。从表 6-9 的数据看，当不掺 MgO 时，1a 龄期的混凝土内部结构的孔隙率大小顺序为大尺寸试件(11.47%)＞中尺寸试件(9.65%)＞标准尺寸试件(1.46%)。这说明，混凝土内部孔隙率越大，自生体积变形收缩得越厉害。

(2) 从图 6-29～图 6-31 看出，在混凝土中掺入 6%～10%的 MgO 后，无论是标准试件，还是中尺寸试件和大尺寸试件，超长龄期外掺 MgO 混凝土的自生体积变形都呈现膨胀状态，且在相同 MgO 掺量下，其膨胀量总体上随试件尺寸的增大而减小，即大尺寸试件＜中尺寸试件＜标准尺寸试件，尤其是在龄期 180d 后表现明显。从表 6-9 的数据看，当掺入 6%～10%的 MgO 后，混凝土芯样的孔隙率变化的总体趋势是中尺寸试件和大尺寸试件的孔隙率接近，但明显高于标准尺寸试件。实验室在成型标准试件时筛除了大于 40mm 的大骨料，而在成型大尺寸试件和中尺寸试件时，为与混凝土的实际情况吻合，未筛除大于 40mm 的大骨料。因为粗骨料含量相对多的混凝土，在相同振捣作用下，不易被振实，密实性相对变差，所以孔隙率比标准尺寸试件大。内部孔隙率较大的混凝土，能够吸收的 MgO 膨胀量增多，这是标准尺寸试件的膨胀变形较大尺寸试件和中尺寸试件多的一个重要原因。还有，骨料粒径大的混凝土，其内部易形成疏松、多孔的过渡区(内分层现象较明显)，骨料和水泥浆体结石的胶结面的密实性降低。由于随着水化进行，混凝土内的 MgO 易向水分较多的胶结面迁移，水化产物 $Mg(OH)_2$ 首先填充界面区的孔隙，导致有效膨胀量减少。这是标准尺寸试件的膨胀变形较大尺寸试件和中尺寸试件多的又一个原因。

大量的工程实践表明，现场实测混凝土的自生体积变形值低于实验室标准试件的测值。图 6-29～图 6-31 的试验结果也表明，利用原级配混凝土(即不湿筛除大于 40mm 粗骨料的混凝土)成型的中试件和大试件，它们在龄期约 2a 后的自生体积变形测值分别比标准试件降低 5×10^{-6}～10×10^{-6}、10×10^{-6}～20×10^{-6}。按照尽可能反映工程实际和便于实验操作的原则，建议将来在测试外掺 MgO 混凝土的自生体积变形时使用中尺寸试件，即使用原级配混凝土制作的直径为 250mm、高度为 500mm 的圆柱体试件。

6.7　试件制备方法对超长龄期 MgO 混凝土自生体积变形的影响

按照《水工混凝土试验规程》(DL/T 5150—2017 或 SL 352—2018)的要求，在实验室制备混凝土自生体积变形试件时，先将混凝土拌和物中的 40mm 以上的大骨料筛除(简称"湿筛")，然后将筛除大骨料后的混凝土分三层装入直径为 200mm、高度为 500～600mm

的、用镀锌板制作的试件桶内，同时在试件的中心位置埋入供量测混凝土自生体积变形数值使用的电阻应变计，在混凝土振捣密实后立即密封试件桶，然后按照规定时间测试混凝土的自生体积变形 1 年。朱伯芳院士[46]指出，现场混凝土含有大骨料，水泥用量和 MgO 含量相对较少，而室内试件经过湿筛，剔除了大骨料，单位体积混凝土内 MgO 含量较高，因此实际工程的自生体积变形将少于室内试验值。但湿筛与否究竟对混凝土的自生体积变形存在多大影响，尤其是对龄期 1a 以上的 MgO 混凝土的自生体积变形存在多大影响，需要研究。为此，分别采用湿筛筛除粒径大于 40mm 大骨料和不筛除粒径大于 40mm 大骨料制备混凝土自生体积变形试件，并进行 2000 多天的自生体积变形观测。制备混凝土试件时所用的配合比见表 6-10。

表 6-10　试验所用的混凝土配合比

配合比编号	水胶比	混凝土的原材料用量/(kg·m⁻³)							
		水	水泥	砂子	小石	中石	大石	MgO	外加剂
AB40-0-0.45	0.45	132	293.3	683	398	531	398	0	2.05
AB40-5-0.45	0.45	132	293.3	683	398	531	398	14.67	2.05
AB400-0-0.50	0.50	132	264.0	718	400	532	400	0	0.53
AB400-5-0.50	0.50	132	264.0	718	400	532	400	13.20	0.53

注：1. AB40、AB400 使用的外加剂分别为 FDN、GTS103 减水剂；2. AB40-0-0.45 表示"编号-MgO 外掺量%-水灰比"，以此类推。

　　图 6-32 展示了水灰比为 0.45、MgO 掺量为 0 和 5%、使用湿筛与不湿筛方法制备的标准尺寸试件（Φ200mm×500mm）的超长龄期自生体积变形过程，其在典型龄期的自生体积变形测值见表 6-11；图 6-33 展示了水灰比为 0.50、MgO 掺量为 0 和 5%、使用湿筛与不湿筛方法制备的非标准尺寸试件（Φ250mm×500mm）的超长龄期自生体积变形过程，其在典型龄期的自生体积变形测值见表 6-12；图 6-34 展示了湿筛后标准尺寸和非标准尺寸的 MgO 混凝土试件的超长龄期自生体积变形过程[94]。

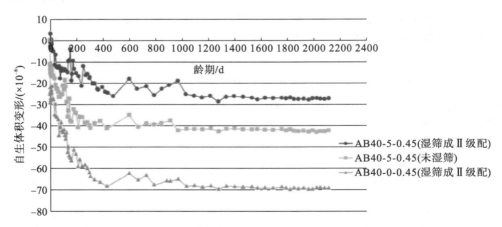

图 6-32　AB40 标准尺寸混凝土试件的超长龄期自生体积变形过程曲线

表 6-11　AB40 标准尺寸混凝土试件在典型龄期的自生体积变形测值($\times 10^{-6}$)

典型龄期/d	28	60	90	180	270	360	540
AB40-0-0.45 的变形值(湿筛成Ⅱ级配)①	−27.85	−37.35	−42.53	−51.54	−58.55	−66.55	−64.67
AB40-5-0.45 的变形值(未湿筛)②	−16.67	−24.24	−25.23	−32.67	−38.83	−38.47	−37.42
AB40-5-0.45 变形值(湿筛成Ⅱ级配)③	−5.36	−13.04	−13.31	−13.54	−16.43	−22.83	−22.19
湿筛后掺与不掺 MgO 的变形差④(=③−①)	22.49	24.31	29.22	38.00	42.12	43.72	42.48
掺 5%MgO 后湿筛与未湿筛的变形差⑤(=③−②)	11.31	11.20	11.92	19.13	22.40	15.64	15.23
典型龄期/d	720	900	1080	1260	1440	1805	2170
AB40-0-0.45 的变形值(湿筛成Ⅱ级配)①	−63.43	−66.11	−68.12	−69.89	−68.59	−69.66	−69.51
AB40-5-0.45 的变形值(未湿筛)②	−39.14	−37.79	−41.83	−42.99	−41.65	−42.24	−42.36
AB40-5-0.45 变形值(湿筛成Ⅱ级配)③	−21.65	−21.23	−26.17	−28.78	−26.56	−27.24	−27.69
湿筛后掺与不掺 MgO 的变形差④(=③−①)	41.78	44.88	41.95	41.11	42.03	42.42	41.82
掺 5%MgO 后湿筛与未湿筛的变形差⑤(=③−②)	17.49	16.56	15.66	14.21	15.09	15.00	14.67

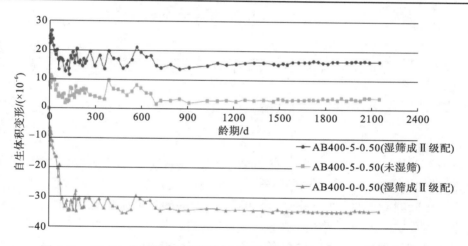

图 6-33　AB400 非标准尺寸混凝土试件的超长龄期自生体积变形过程曲线

表 6-12　AB400 非标准尺寸混凝土试件在典型龄期的自生体积变形测值($\times 10^{-6}$)

典型龄期/d	28	60	90	180	270	360	540
AB400-0-0.50 的变形值(湿筛成Ⅱ级配)①	−13.54	−20.53	−30.32	−28.00	−30.53	−34.00	−34.43
AB400-5-0.50 的变形值(未湿筛)②	9.58	5.02	4.86	5.85	4.56	3.18	6.02
AB400-5-0.50 变形值(湿筛成Ⅱ级配)③	21.6	16.36	16.11	20.44	19.55	13.60	16.76
湿筛后掺与不掺 MgO 的变形差④(=③−①)	35.14	36.89	46.43	48.44	50.08	47.60	51.19
掺 5%MgO 后湿筛与未湿筛的变形差⑤(=③−②)	12.02	11.34	11.25	14.59	14.99	10.42	10.74

续表

典型龄期/d	720	900	1080	1260	1440	1805	2170
AB400-0-0.50 的变形值(湿筛成Ⅱ级配)①	-34.69	-34.46	-33.99	-33.38	-34.30	-34.86	-34.60
AB400-5-0.50 的变形值(未湿筛)②	2.69	2.01	2.74	2.99	2.83	3.31	3.76
AB400-5-0.50 变形值(湿筛成Ⅱ级配)③	14.05	14.22	15.71	15.32	15.67	15.92	16.33
湿筛后掺与不掺 MgO 的变形差④(=③-①)	48.74	48.68	49.70	48.70	49.97	50.78	50.93
掺 5%MgO 后湿筛与未湿筛的变形差⑤(=③-②)	11.36	12.21	12.97	12.33	12.84	12.61	12.57

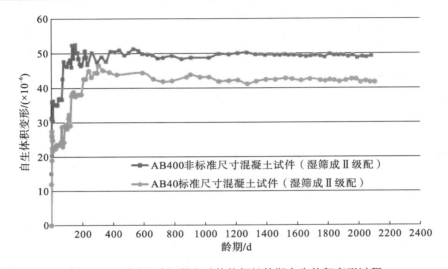

图 6-34　不同尺寸混凝土试件的超长龄期自生体积变形过程

针对上述图表，分析如下。

(1)分析图 6-32 和表 6-11、图 6-33 和表 6-12 可知，无论是标准尺寸试件还是非标准尺寸试件，无论龄期长短，在相同条件下，使用湿筛方法制备的混凝土试件的自生体积变形均大于未湿筛混凝土的自生体积变形，且湿筛与对应的未湿筛混凝土试件的自生体积变形差值是相对稳定的，随龄期的波动不大，尤其是在龄期 3a 以上的差值波动更小，但湿筛后标准尺寸混凝土试件相对于未湿筛试件的自生体积变形增量总体上大于湿筛后非标准尺寸试件相对于未湿筛试件的自生体积变形增量。对于外掺 5%MgO 的标准尺寸混凝土试件的自生体积变形，在 1a 龄期内和 1a 以上龄期，湿筛比未湿筛分别增大$(11.2\times10^{-6})\sim$ (22.4×10^{-6})(平均增加 15.27×10^{-6})和$(14.21\times10^{-6})\sim(17.49\times10^{-6})$(平均增加 15.49×10^{-6})；对于外掺 5%MgO 的非标准尺寸混凝土试件的自生体积变形，在 1a 龄期内和 1a 以上龄期，湿筛比未湿筛分别增大$(10.42\times10^{-6})\sim(14.99\times10^{-6})$(平均增加 12.44×10^{-6})和$(10.74\times10^{-6})\sim$ (12.97×10^{-6})(平均增加 12.20×10^{-6})。

忽略成型混凝土自生体积变形试件时湿筛筛除的大于 40mm 大骨料黏附的灰浆量的影响，则标准尺寸的 AB40 原状三级配混凝土和湿筛后混凝土的胶骨质量比(胶凝材料／骨料)分别为 0.15 和 0.18，非标准尺寸的 AB400 原状三级配混凝土和湿筛后混凝土的胶骨质量比分别为 0.13 和 0.16，即湿筛后标准尺寸和非标准尺寸混凝土试件的胶骨质量比分别增大 20%和 23%。而外掺 MgO 混凝土的 MgO 外掺量是按占胶凝材料总量的百分比计算的，外掺 MgO 混凝土的自生体积变形是随 MgO 掺量的增大而增大的，所以，在相同条件下，根据《水工混凝土试验规程》（DL/T 5150—2017 或 SL 352—2018），使用湿筛方法制备的 MgO 混凝土自生体积变形试件的自生体积变形测值被人为地增大了。

（2）从图 6-32 的标准尺寸试件、图 6-33 的非标准尺寸试件所反映的结果看，不掺 MgO 混凝土的自生体积变形均呈收缩状态，但标准尺寸试件在后期趋于稳定的收缩量比非标准尺寸试件大。这是由以下两方面的原因造成的。

一方面，实验室在制备图 6-32、图 6-33 的混凝土自生体积变形试件时，抽检了所用 P.O 42.5 水泥的 MgO 含量，其结果分别为 1.38%和 2.47%。袁美栖[8]、陈胡星[78]等指出，水泥自身内含的、低于 1.8%～2.0%的 MgO 固溶在熟料的矿物相中，不会使水泥硬化浆体产生膨胀；当 MgO 含量较多时，就会形成水化缓慢的方镁石晶体，在水泥浆体硬化后生成 $Mg(OH)_2$，造成水泥硬化浆体的体积膨胀。另一方面，制备图 6-32、图 6-33 的混凝土自生体积变形试件的水灰比是不一样的，前者比后者小 0.05。按照 6.2 节的研究结果，在相同条件下，不管龄期长短，混凝土的自生体积变形总体上随着水灰比的增大而增大。因此，图 6-32 中的不掺 MgO 混凝土的自生体积收缩量比图 6-33 多约 35×10^{-6}，进而导致两种混凝土在相同 MgO 外掺量下引起的宏观膨胀效果不同，即图 6-32 的外掺 MgO 混凝土的自生体积变形呈现收缩状态，而图 6-33 呈现膨胀状态。

（3）从图 6-34 看出，不管是标准试件还是非标准试件，不管试件所用水泥内含的 MgO 量是多还是少，掺 MgO 混凝土与对应的不掺 MgO 混凝土试件的自生体积变形的差值均为正增量，并随龄期的增长呈现微膨胀状态。即本实验再次证明，虽然图 6-32、图 6-33 中掺 MgO 混凝土自生体积变形的宏观效果不同，但外掺 MgO 混凝土的延迟微膨胀特性仍然客观存在，不会因试件所用水泥内含 MgO 量的差异和试件尺寸的改变而改变。

同时，从图 6-34 还看出，虽然非标准尺寸和标准尺寸混凝土试件的 MgO 外掺量都为 5%，但非标准尺寸混凝土试件的自生体积膨胀量比标准尺寸混凝土试件增大 (8×10^{-6})～(12×10^{-6})。原因如上所述，一是非标准尺寸混凝土试件的水灰比比标准尺寸试件大 0.05，二是非标准尺寸试件所用水泥内含的 MgO 量（2.47%）比标准尺寸试件所用水泥内含的 MgO 量（1.38%）高。

6.8　环境温度对超长龄期 MgO 混凝土自生体积变形的影响

李承木[95]采用峨眉水泥厂生产的 525 硅酸盐大坝水泥、掺 30%河门口电厂粉煤灰、外掺 4%MgO 和使用二滩水电站坝区正长岩加工的人工砂石骨料成型混凝土自生体积变形试件，放置在 20℃、30℃、40℃、50℃的环境中养护，测得外掺 MgO 混凝土的自生体积变形结果如图 6-35 所示。

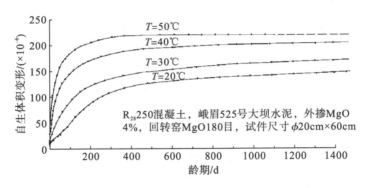

图 6-35 不同养护温度下 MgO 混凝土的自生体积变形

由图 6-35 可见，在相同条件下，MgO 混凝土的自生体积变形随养护温度的增大而增大，且高温下早期自生体积变形的膨胀速率比常温下大得多，后期比常温下衰减得快，变形稳定时间也较常温下早，即膨胀变形的收敛时间随着环境温度的增高而提前。在相同龄期（尤其是在 365d 前），不同试验温度的自生体积变形大小相差数倍。例如，在龄期 365d，在 50℃、40℃、30℃养护环境中的混凝土自生体积变形依次为 20℃养护环境的 1.87 倍、1.61 倍和 1.21 倍；温度每增减 10℃时，混凝土的膨胀量大概平均增减 $(30\sim35)\times10^{-6}$，在 50℃、40℃、30℃养护环境下最大增值的出现龄期分别为 20d、60d、90d；随着龄期的延长，混凝土因温升引起的膨胀量的增长率逐渐下降，尤其是在龄期 365d 后表现明显，高温下的增长率下降又比低温环境明显。出现这种现象的原因，可从张建峰等[96]利用 XRD、DSC-TG 和 SEM 对 MgO 在水泥砂浆中的膨胀特性的研究结果得以解释。张建峰等指出，养护温度的升高，加速了 MgO 水化后 Mg^{2+} 和 OH^- 的迁移速率，$Mg(OH)_2$ 晶体的形成速度加快，导致膨胀效应提前。

严格地讲，外掺 MgO 混凝土在环境温度升高情况下产生的宏观膨胀，其原因除 MgO 水化生成 $Mg(OH)_2$ 晶体时造成的体积增大外，还应包含由于环境温度升高引起的混凝土体积增长。

李承木[97]指出，MgO 混凝土试件从常温到高温，再从高温到常温，即使在接近 0℃的低温或气温骤降的情况下，其自生体积膨胀都是稳定的、不可逆的，它既不无限膨胀，也不回缩。这说明，MgO 的水化反应一旦完毕，膨胀变形即结束，并长期保持稳定状态。因为 MgO 的水化反应是渐近的一次性反应，其水化产物 $Mg(OH)_2$ 的溶解度不足 $Ca(OH)_2$ 的 1/200，稳定性极高。

6.9 超长龄期 MgO 混凝土自生体积变形的数学模型

在将 MgO 混凝土应用于水利水电工程之前，设计人员往往需要了解 MgO 混凝土的膨胀量，以便于分析坝体 MgO 混凝土的应力应变状况和进行温控设计。由于 MgO 混凝土变形的延迟微膨胀特性和试验条件的局限性，在实验室很难使 MgO 混凝土变形的观测时间无限长。因此，在基本摸清 MgO 混凝土的自生体积变形规律及其影响因素后，学者们企图使用短期的试验数据和已有的工程经验来构建 MgO 混凝土自生体积变形的数学模型，以预测 MgO 混凝土的膨胀历程和膨胀量。典型的数学模型有双曲线模型、动力学模型、双曲线改进模型、指数双曲线模型和反正切曲线模型。

6.9.1　双曲线模型

杨光华等[98]在 2004 年提出如式(6-1)所示的双曲线模型，用以计算 MgO 混凝土的自生体积变形随温度和龄期的变化。

$$\varepsilon = \frac{t}{a(T)+b(T)} \times 10^3 \tag{6-1}$$

式中，ε 为 MgO 混凝土的自生体积膨胀量$(\times 10^{-6})$；$a(T)=a_1 T_2^a$，$b(T)=b_1 T_2^b$；a_1、a_2、b_1、b_2 为参数；t 为龄期(d)；T 为环境温度(℃)。

杨光华等[98]根据某工程外掺 MgO 混凝土的室内试验结果，应用双曲线模型对其建模，再将使用该模型计算的拟合值同该工程混凝土 1a 龄期的自生体积变形试验值进行比较。同时，将依据坝体实测温度和利用该模型计算的大坝混凝土自生体积变形值同现场监测值进行比较。结果表明，使用双曲线模型计算的混凝土自生体积变形拟合值与室内试验值、现场监测值随龄期变化的规律总体上较吻合，但基本上在龄期 28d 以后，计算值比实验值、实测值偏大 5%～20%。

使用双曲线模型推算 MgO 混凝土的延迟膨胀量时，不仅需要 MgO 混凝土在龄期 28d 的自生体积膨胀量 ε_{28}，而且需要在事前根据试验资料和已有 MgO 混凝土的长期研究成果来确定不同恒温条件下 MgO 混凝土自生体积变形的最终膨胀量 ε_{max}，这样才能计算出参数 a_1、a_2、b_1、b_2。但是，在缺乏或者很少拥有类似 MgO 混凝土工程的长期观测资料的情况下，很难确定 MgO 混凝土自生体积变形的最终膨胀量，或者确定的最终膨胀量的准确度不高，这将直接影响到拟合值与室内外实测值的吻合度。朱伯芳院士指出[99]，为了在 1a 内得到混凝土的最终膨胀量，应提高混凝土自生体积变形试验的养护温度，因为即使在 50℃养护温度下，也需要 3a 左右才能得到混凝土的最终膨胀量。除此之外，双曲线模型除反映了龄期、温度对混凝土自生体积变形的影响外，其他影响因素都未涉及。

6.9.2　动力学模型

张国新等[100]在 2004 年从化学反应动力学的观点出发，按照化学反应的一般规律，即反应速率是温度和浓度的函数，在 Arrhenius 方程的基础上，引入反应级数来描述浓度对化学反应的影响，提出了如式(6-2)所示的 MgO 混凝土膨胀变形的动力学模型。

$$\frac{d\varepsilon(\tau)}{d\tau} = \alpha\varepsilon_0 \left[1-\frac{\varepsilon(\tau)}{\varepsilon_0}\right]^{(\beta_1+\beta_2 T+\beta_3 T^2)} e^{\frac{\gamma}{T+273}} \tag{6-2}$$

式(6-2)为一增量模型，对于一般问题难以求得解析解，某时刻的膨胀量可用式(6-3)递推求得。

$$\begin{cases} \varepsilon_g^0 = 0 \\ \varepsilon_g^n = \varepsilon_g^{n-1} + \Delta\varepsilon_g^n \\ \Delta\varepsilon_g^n = \alpha\varepsilon_0 \left[1 - \frac{\varepsilon_g^{n-1}}{\varepsilon_0} \right]^{(\beta_1 + \beta_2 T + \beta_3 T^2)} e^{\frac{\gamma}{T+273}} \Delta\tau \end{cases} \quad (6\text{-}3)$$

式中，$\varepsilon(\tau)$ 为 MgO 混凝土在龄期 τ 时的膨胀量，它随龄期 τ 的变化而变化；ε_g、ε_0 分别为 MgO 混凝土在某时刻的膨胀量和最终膨胀量；T 为温度，γ 为待定系数，α 为反应因子；β 为反应级数，它是温度 T 的函数。

张国新等使用李承木[97]的实验数据验证了该模型，证明动力学模型有较好的精度，满足工程计算的需要。另外，使用动力学模型计算的混凝土自生体积变形，不仅在温度升高时膨胀量增大，而且在温度降低时膨胀量依然增大，只是膨胀速率比温度升高时减小，避免了有些模型在温度降低时出现的混凝土膨胀变形减小的不合实际的现象。但是，动力学模型同样依赖于 MgO 混凝土自生体积变形的最终膨胀量和未能全面反映 MgO 混凝土自生体积变形的影响因素。

张国新等指出，动力学模型与文献[101]提出的考虑温度历程效应的 MgO 微膨胀混凝土仿真分析模型的基本假定和所反映的基本规律是相同的，但文献[101]的模型是用幂函数来描述温度对膨胀速率的影响，而动力学模型用的是指数函数，同时引入了反应级数的概念和温度对反应级数的影响，因此文献[101]的模型是动力学模型的一个特例，动力学模型是对文献[101]的模型的改进和发展。并且，动力学模型源自于化学反应的基本方程，更能反映 MgO 混凝土膨胀的本质。

6.9.3　双曲线改进模型

刘数华等[102]在 2006 年以李承木[89]使用夹江 425 中热水泥、铜头水电站的天然河砂和卵石、成都热电厂粉煤灰（掺量取 0、20%、25%、30%、40%）、外掺 MgO（掺量取 0、3%、4%、5%、6%）、水灰比取 0.65 拌制的混凝土自生体积变形试件分别养护在 20℃、30℃、40℃环境中观测 730d 的自生体积变形数据为基础，通过数学方程构建和回归分析，得到 MgO 混凝土自生体积变形的数学模型为

$$G(t) = c \cdot k_1 \cdot k_2 \cdot k_3 \cdot G_0(t) \quad (6\text{-}4)$$

式中，$G_0(t)$ 为以双曲线表达的 MgO 混凝土自生体积变形，按照 $G(t)_0 = \dfrac{t}{88.4 + 10t} \times 10^3$ 计算，其中，t 为混凝土龄期（d）；k_1 为 MgO 掺量对混凝土自生体积变形的影响系数，按照 $k_1 = 1545.5M - 14.417$ 计算，其中 M 为氧化镁掺量（%）；k_2 为粉煤灰掺量对混凝土自生体积变形的影响系数，按照 $k_2 = -340F^2 + 144.6F + 72.74$ 计算，其中 F 为粉煤灰掺量（%）；k_3 为环境温度对混凝土自生体积变形的影响系数，20℃时，k_3 取 0.58，30℃时，k_3 取 1.00，40℃时，k_3 取 1.21；c 为常数，其值等于 0.00023。

式（6-4）反映了影响混凝土自生体积变形的四大主要因素，即龄期、MgO 掺量、粉煤灰掺量和环境温度，系数 c 和 k_1、k_2、k_3 是根据混凝土自生体积变形的实验结果回归而得。

由于不同工程混凝土使用的水泥、粉煤灰、砂石料等原材料的品质和掺量差异大，因此式(6-4)中的系数 c 和 k_1、k_2、k_3 的普适性需要进一步研究。

6.9.4 指数双曲线模型

许朴等[103]于 2008 年在水化度概念和基于 Arrhenius 函数的等效龄期成熟度函数的基础上，选用指数双曲线模型［式(6-5)］来描述 MgO 混凝土的膨胀变形，即

$$\begin{cases} \varepsilon_g\left[a_g(t_e)\right] = \varepsilon_{gu} a_g(t_e) \\ a_g(t_e) = \left[\dfrac{t_e^m}{n + t_e^m}\right] \end{cases} \tag{6-5}$$

式中，$\varepsilon_g\left[a_g(t_e)\right]$ 为基于水化度的 MgO 混凝土自生体积变形；t_e 为相对于参考温度的混凝土等效龄期成熟度；ε_{gu} 为 MgO 混凝土的最终变形量；$a_g(t_e)$ 为基于等效龄期的 MgO 在混凝土中的水化度；m、n 为计算常数。

该模型采用指数式的积分形式来表述等效龄期，不仅保证了 MgO 混凝土的自生体积变形随龄期延长所反映的单调递增规律，而且避免了有些模型在温度降低时出现的混凝土膨胀变形减小的不合实际现象。许朴等同样使用李承木[97]的实验数据验证了该模型，证明拟合曲线与试验结果吻合得很好。同时，与双曲线模型和动力学模型一样，使用指数双曲线模型计算混凝土的自生体积变形时，需要事先预测混凝土的最终变形量 ε_{gu}，存在预测的准确性问题。只有在将来有更多的长龄期 MgO 混凝土的自生体积变形资料公之于世时，最终变形量的预测才会变得方便和准确。另外，指数双曲线模型除反映龄期、温度对混凝土自生体积变形的影响外，其他影响因素同样没有涉及。

6.9.5 反正切曲线模型

1. 反正切曲线模型的提出与改进

2008 年，陈昌礼等[104]基于国内外首次主动将外掺 MgO 混凝土应用于主体工程的贵州东风水电站拱坝基础混凝土的室内自生体积变形试验成果(图 6-36)和长达将近 10 年的现场原型观测成果[19](图 6-37)，提出如式(6-6)所示的反正切曲线模型，用以表达在不同环境温度下 MgO 混凝土的膨胀变形特性。

$$\varepsilon = aT \cdot \arctan(bD) \tag{6-6}$$

$$a = \frac{2\varepsilon_{max}}{T\pi} \tag{6-7}$$

式中，ε 表示 MgO 混凝土的自生体积膨胀量($\times 10^{-6}$)；ε_{max} 表示 MgO 混凝土自生体积变形的极限膨胀量($\times 10^{-6}$)；T 表示混凝土所处的环境温度(℃)；D 表示混凝土的龄期(d)。

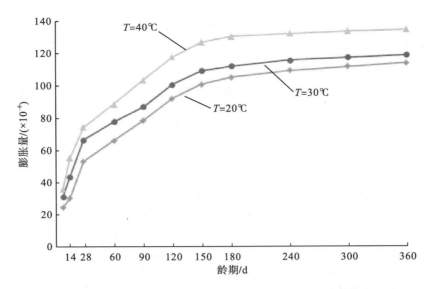

图 6-36　东风拱坝基础深槽 MgO 混凝土的室内试验结果（MgO 外掺 3.5%）

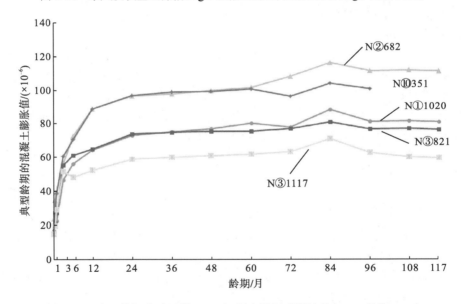

图 6-37　东风拱坝基础深槽 MgO 混凝土原型观测结果（MgO 外掺 3.5%）

　　对于参数 b，在 2008 年首次提出该模型时，基于当时的试验研究资料，认为 MgO 混凝土的主要膨胀量发生在龄期 7～90d，所以当时选取混凝土在龄期 90d 的自生体积膨胀量 ε_{90} 作为特征值来计算 b。此时，参数 b 的计算式为

$$b=\frac{1}{90}\tan\frac{\pi\varepsilon_{90}}{2\varepsilon_{max}} \tag{6-8}$$

　　后来，根据大量长龄期 MgO 混凝土的试验研究结果和应用 MgO 混凝土的工程资料分析，MgO 混凝土的自生体积膨胀量主要发生在龄期 7～180d，且 180d 前的自生体积变形往往是有试验值的，即不需要推算 180d 前的变形值，需要推算的多是混凝土在龄期 180d

后的自生体积变形值。因此，利用式(6-6)来推算 MgO 混凝土的自生体积膨胀量时，宜以混凝土在龄期 180d 的自生体积膨胀量 ε_{180} 作为特征值来计算 b。即

$$\varepsilon_{180}=\frac{2\varepsilon_{\max}}{\pi}\arctan(180b) \tag{6-9}$$

$$则 \quad b=\frac{1}{180}\tan\frac{\pi\varepsilon_{180}}{2\varepsilon_{\max}} \tag{6-10}$$

由式(6-7)、式(6-10)可见，在某一恒定的环境温度下，a、b 均为常数，且 a 与极限膨胀量 $\varepsilon_{\max}$ 成正比。

2. 反正切曲线模型的应用

案例一：东风拱坝基础 MgO 混凝土超长龄期膨胀变形值的推算。

与图 6-36 对应的各典型龄期混凝土的膨胀变形试验结果见表 6-13。

表 6-13　不同养护温度下 MgO 混凝土的自生体积变形值($\times10^{-6}$)

养护温度	混凝土养护龄期										
	7d	14d	28d	60d	90d	120d	150d	180d	240d	300d	360d
20℃	23.7	29.7	52.9	65.7	78.4	91.8	100.3	104.8	108.8	111.3	113.4
30℃	30.4	43.2	66.3	77.5	86.8	100.5	108.7	111.8	115.2	116.9	118.3
40℃	35.2	54.9	74.2	88.4	103.3	117.4	126.6	130.2	131.9	133.3	134.2

利用式(6-7)、式(6-10)和表 6-13，计算出在 20℃、30℃、40℃环境温度下的三组参数为 $a_{20}=3.820\times10^{-6}$，$b_{20}=0.0276$；$a_{30}=2.653\times10^{-6}$，$b_{30}=0.0332$；$a_{40}=2.228\times10^{-6}$，$b_{40}=0.0503$。

将参数 a、b 的计算结果代入式(6-6)，得到 20℃、30℃、40℃环境温度下 MgO 混凝土自生体积变形的反正切曲线模型为

$$\varepsilon_{20}=76.40\times10^{-6}\arctan(0.0276D) \tag{6-11}$$

$$\varepsilon_{30}=79.59\times10^{-6}\arctan(0.0322D) \tag{6-12}$$

$$\varepsilon_{40}=89.12\times10^{-6}\arctan(0.0503D) \tag{6-13}$$

在式(6-11)~式(6-13)中，只有一个龄期变量。因此，利用式(6-11)~式(6-13)，即可根据室内 MgO 混凝土的实测膨胀量推算出不同龄期(尤其是长龄期)的 MgO 混凝土的膨胀变形值(即拟合值，见表 6-14)，并据此可绘制出 MgO 混凝土自生体积变形的数学拟合曲线。

表 6-14　东风 MgO 混凝土自生体积变形的试验值和数学拟合值($\times10^{-6}$)

温度	20℃			30℃			40℃		
龄期	试验值	拟合值	偏差/%	试验值	拟合值	偏差/%	试验值	拟合值	偏差/%
7d	23.7	14.6	-38.6	30.4	18.2	-40.3	35.2	30.2	-14.2
14d	29.7	28.1	-5.3	43.2	34.6	-19.9	54.9	54.7	-0.4
28d	52.9	50.2	-5.1	66.3	59.6	-10.1	74.2	85.0	14.5
60d	65.7	78.4	19.4	77.5	88.0	13.5	88.4	111.5	26.1
90d	78.4	90.7	15.7	86.8	99.3	14.4	103.3	120.6	16.8

温度	20℃			30℃			40℃		
龄期	试验值	拟合值	偏差/%	试验值	拟合值	偏差/%	试验值	拟合值	偏差/%
120d	91.8	97.6	6.3	100.5	105.4	4.9	117.4	125.4	6.8
150d	100.3	101.9	1.6	108.7	109.2	0.5	126.6	128.3	1.3
180d	104.8	104.8	0	111.8	111.8	0	130.2	130.2	0
240d	108.8	108.5	−0.2	115.2	115.1	−0.1	131.9	132.6	0.6
300d	111.3	110.8	−0.4	116.9	117.0	0.1	133.3	134.1	0.6
360d	113.4	112.3	−0.9	118.3	118.4	0.0	134.2	135.1	0.7
2a(730d)		116.2			121.7			137.6	
5a(1800d)		118.5			123.7			139.0	
10a(3600d)		119.2			124.3			139.5	
ε_{max}		120.0			125.0			140.0	

由表 6-14 可见，基于反正切曲线模型数学表达式(6-6)及其参数 a 的计算式(6-7)、参数 b 改进后的计算式(6-10)推算的 MgO 混凝土自生体积变形的拟合值同试验值很接近，其偏差比以 ε_{90} 为特征值的拟合偏差[104]小，尤其是在龄期 150d 以后，偏差多在 1% 以内。并且，以 ε_{180} 为特征值测算的极限膨胀量 ε_{max} 也比以 ε_{90} 为特征值测算的 ε_{max}[104]减小(4×10^{-6})~(7×10^{-6})。从东风水电站拱坝基础 MgO 混凝土长龄期自生体积变形的室内试验结果和室外原型观测结果看，该测算值同实际情况更稳合。

案例二：某工程 MgO 混凝土超长龄期膨胀变形的拟合值同实测值比较。

表 6-15 中列出了李承木使用渡口 525 硅酸盐水泥、河门口电厂粉煤灰(掺量为 30%)、辽宁海城 MgO 和某工地的砂石料拌制的 MgO 混凝土在实验室观测长达 10 年的自生体积变形值(养护温度为 20℃)[105]。利用反正切曲线模型式(6-6)及其参数 a 的计算式(6-7)、参数 b 改进后的计算式(6-10)，得到外掺 MgO 为 3.5%、5.5% 的混凝土在 20℃养护温度下自生体积变形的反正切曲线模型为

$$\varepsilon_{3.5}=78.30\times10^{-6}\arctan(0.0036D) \tag{6-14}$$
$$\varepsilon_{5.5}=141.96\times10^{-6}\arctan(0.0044D) \tag{6-15}$$

表 6-15 某工程 MgO 混凝土自生体积变形的试验值和数学拟合值($\times10^{-6}$)

MgO 掺量	3.5%				5.5%			
养护龄期	试验值	拟合值	偏差值	偏差/%	试验值	拟合值	偏差值	偏差/%
7d	7.5	2.0	−5.5	−73.6	18.7	4.4	−14.3	−76.5
14d	10.0	4.0	−6.0	−60.5	24.0	8.8	−15.2	−63.4
30d	11.4	8.4	−3.0	−25.9	31.5	18.7	−12.8	−40.6
60d	14.2	16.7	2.5	17.6	43.2	36.8	−6.4	−14.8
90d	21.8	24.6	2.8	12.8	58.0	53.7	−4.3	−7.3
180d	45.1	45.1	0.0	0.0	95.4	95.4	0.0	0.0
250d	58.6	57.5	−1.1	−1.9	122.0	118.6	−3.4	−2.8
1a(365d)	76.0	72.1	−3.9	−5.1	144.0	144.2	0.2	0.2

续表

MgO 掺量	3.5%				5.5%			
养护龄期	试验值	拟合值	偏差值	偏差/%	试验值	拟合值	偏差值	偏差/%
2a(730d)	90.2	94.6	4.4	4.9	176.4	180.3	3.9	2.2
3a(1095d)	97.0	103.6	6.6	6.8	187.6	194.1	6.5	3.4
4a(1460d)	100.0	108.3	8.3	8.3	192.0	201.2	9.2	4.8
5a(1825d)	104.5	111.2	6.7	6.4	199.3	205.5	6.2	3.1
6a(2190d)	109.4	113.1	3.7	3.4	209.5	208.4	−1.1	−0.5
7a(2555d)	118.1	114.5	−3.6	−3.0	218.0	210.5	−7.5	−3.5
8a(2920d)	121.0	115.6	−5.4	−4.5	221.1	212.0	−9.1	−4.1
9a(3285d)	123.0	116.4	−6.6	−5.4	222.8	213.2	−9.6	−4.3
10a(3650d)	124.5	117.1	−7.4	−6.0	224.0	214.2	−9.8	−4.4
ε_{max}		123.0				223.0		

同样地，式(6-14)和式(6-15)只有一个龄期变量。利用式(6-14)和式(6-15)，计算出 MgO 混凝土在不同龄期的膨胀变形值，列于表 6-15。由表 6-15 同样看出，基于式(6-6)、式(6-7)和式(6-10)计算出的 MgO 混凝土自生体积变形的拟合值与试验值的偏差小，尤其是在龄期 180d 以后，偏差一般在 4%～7%。

3. 反正切曲线模型的讨论

(1)案例一和案例二均说明，利用反正切曲线模型式(6-6)和参数 a 的计算式(6-7)、参数 b 改进后的计算式(6-10)来推算 MgO 混凝土长龄期的自生体积变形值，不仅简单方便，而且同文献[104]采用参数 b 的计算式(6-8)相比，在龄期 150d 以后的计算值同实测值更加接近，偏差一般在 2%～7%，甚至低于 1%，但使用式(6-10)计算的短龄期拟合值，与使用式(6-8)一样，都偏离实测值多在 10%以上。然而，工程实践表明，对于任何一个工程，为了决策 MgO 的掺量和混凝土的配合比，在实际使用 MgO 膨胀材料之前，必须进行短龄期的混凝土自生体积变形试验，技术人员主要希望利用该工程已有的短龄期试验资料，再借助某个经验公式事先估算 MgO 混凝土的延迟膨胀量，即长期变形情况。换句话说，混凝土在短龄期的自生体积变形量无须推算，可直接采用实验室测值。因此，即使混凝土在短龄期的自生体积变形计算结果同实测值的偏差较大，也不妨碍反正切曲线模型公式的推广应用；长龄期偏差率的大小才是决定相应的数学模型能否被应用的关键。

(2)在使用反正切曲线模型式(6-6)时，与使用双曲线模型、动力学模型和指数双曲线模型一样，需要事先估算出 ε_{max}，然后利用式(6-7)和式(6-10)计算参数 a 和 b。估算 ε_{max} 时，首先参照已有的 MgO 混凝土的长期研究成果，如李承木[105]在实验室对 MgO 混凝土的自生体积变形观测长达 10a 的成果、陈昌礼等[19]对贵州东风拱坝基础 MgO 混凝土自生体积变形观测将近 10a 的成果、袁明道等[20]对长沙拱坝 MgO 混凝土自生体积变形观测将近 8a 的成果、赵其兴[106]发表的三江拱坝 MgO 混凝土 8a 龄期的自生体积变形实测成果、贵州省水利水电勘测设计研究院等单位对沙老河拱坝 MgO 混凝土自生体积变形观测

13a 左右的成果[22]等进行假定；其次，根据经验假定的极限膨胀量 ε_{max} 和相应的反正切曲线模型公式推算的 MgO 混凝土的膨胀变形量，应基本同给定工程已有的短龄期(主要指龄期 120d 至已有的最大试验龄期段)的试验成果吻合，偏差一般控制在 10%以内，否则需要重新假定 ε_{max}，直到满足该要求为止。一般情况下，假定 ε_{max} 值不超过三次，即可找到满足要求的 ε_{max} 值，且试算过程简单、方便。随着 MgO 混凝土的深入研究和广泛应用，尤其是作为科研项目的少数工程的长期观测成果逐渐公之于世，ε_{max} 值的假定和估算将更方便、更准确。

(3)由于影响 MgO 混凝土膨胀变形量的因素较多，并且即使同样的 MgO 掺量，若制备 MgO 混凝土的条件或所处的工作环境不同，其膨胀量也是有明显差异的，因此，实际应用 MgO 混凝土前，务必结合混凝土工程需要补偿的收缩量、实际使用的原材料、MgO 膨胀剂质量、掺入方式等具体情况，在实验室进行必要的试验研究，且宜获得不低于 180d 龄期的混凝土膨胀变形结果，以确定合适的 MgO 膨胀剂掺量和混凝土配合比。一旦合适的 MgO 膨胀剂掺量和混凝土配合比确定后，即可根据实验室测得的 MgO 混凝土在有限龄期的膨胀变形量，利用反正切曲线模型的数学表达式(6-6)来推算 MgO 混凝土在超长龄期的自生体积变形值，为设计人员进行混凝土温控设计提供基础资料。

(4)反正切曲线模型的数学表达式(6-6)是建立在确定的 MgO 膨胀剂掺量和混凝土已具备短龄期自生体积变形试验资料(即已知 ε_{90} 或 ε_{180})的基础上，并仅考虑了影响 MgO 混凝土变形的两个主要因素，即养护龄期和环境温度。然而，如前所述，MgO 混凝土膨胀变形的影响因素较多，除 MgO 的掺量、养护龄期、环境温度外，还同水灰比、水泥品种、粉煤灰掺量、骨料级配等因素有关。因此，若能在式(6-6)中反映更多因素对 MgO 混凝土自生体积变形的影响，则该数学模型具有更广泛的适用性。

(5)相比 20℃的常温养护条件而言，高温环境将加快混凝土中 MgO 的水化反应使 MgO 混凝土膨胀变形趋于稳定的时间显著提前[96,97]。因此，为了提高 MgO 混凝土自生体积极限膨胀量假定值的准确度，减少拟合偏差，除开展常规 20℃养护环境的混凝土自生体积变形试验外，宜增加养护温度为 50℃左右的混凝土自生体积变形试验。当反映 MgO 混凝土膨胀变形受温度影响的试验资料非常丰富并揭示出量化规律后，在实验室可仅做某一养护温度下的混凝土自生体积变形试验，以节约时间和经费。然后，利用该温度下的自生体积变形结果，推算其他环境温度下的自生体积变形值。

6.9.6　数学模型综述

针对 MgO 混凝土自生体积变形提出的双曲线模型、动力学模型、双曲线改进模型、指数双曲线模型和反正切曲线模型，都是基于某种假设条件而得到。它们反映了 MgO 混凝土自生体积变形的基本规律，并至少反映了龄期和温度这两个因素，最多反映了龄期、温度、MgO 掺量、粉煤灰掺量四个因素对混凝土自生体积变形的影响，但都没有全面反映 MgO 混凝土自生体积变形的影响因素，如水灰比、水泥品种、骨料级配、试件尺寸等因素对混凝土自生体积变形的影响就未能在上述模型中反映出来。而且，除双曲线改进模型外，其余四个模型都需要事先参照室内试验资料和已有 MgO 混凝土工程的长期观测成果来预测 MgO 混凝土自生体积变形的最终膨胀量 ε_{max}。当缺乏或很少拥有类似 MgO 混凝土工程的长期观测成果时，很难预测最终膨胀量或预测的最终膨胀量准确度低。因此，以上模型都存在局限性，需要进一步研究和完善。

尽管如此，对于拟采用 MgO 混凝土筑坝技术的工程，在仅有短期试验资料或少量试验资料的情况下，甚至在没有试验资料的情况下，仍然可以选择其中一个或多个模型，事先估算 MgO 混凝土的长期变形情况。但是，在 MgO 混凝土应用于实际工程之前，一定要结合工程拟用的原材料、混凝土配合比进行压蒸试验和 MgO 混凝土自生体积变形试验，再依据试验结果确定混凝土的 MgO 安定掺量、测算 MgO 混凝土的长龄期自生体积变形量和进行坝体混凝土温控设计，绝不能仅仅依靠数学模型计算的自生体积膨胀量而为之。同时，除开展常规 20℃养护环境的混凝土自生体积变形试验外，宜增加环境温度为 50℃左右的混凝土自生体积变形试验，以提高 MgO 混凝土极限膨胀量假定值的准确度，降低拟合偏差。

6.10　超长龄期 MgO 混凝土的自生体积变形与水泥基材料的压蒸膨胀变形的关联性

为揭示超长龄期 MgO 混凝土的自生体积变形与水泥基材料的压蒸膨胀变形的关联性，在实验室同时采用压蒸实验、自生体积变形实验、压汞分析、扫描电镜、能谱分析等宏观和微观研究手段，对某水利水电工程挡水坝使用的三级配粉煤灰混凝土的自生体积变形进行 8a 的连续跟踪观测。试验所用的三级配粉煤灰混凝土的配合比见表 6-16。表中 MgO 的外掺量是按照占胶凝材料(水泥+粉煤灰)总量的比例计算的，混凝土拌和物的坍落度保持在 70～90mm。

表 6-16　试验所用三级配混凝土的配合比($W/C=0.55$)

编号	MgO 掺量/%	材料用量/(kg·m⁻³)						
		水	水泥	粉煤灰	砂	小石	中石	大石
CL42-5	5.0							
CL44-6	6.5	132	168	72	750	405	540	405
CL46-7	7.5							

在实验室除按表 6-16 成型了混凝土自生体积变形试件外，还成型了水泥砂浆、一级配混凝土压蒸试件。成型水泥砂浆和一级配混凝土的压蒸试件时，采用的原材料与拌制三级配粉煤灰混凝土自生体积变形试件所用的原材料相同，水胶比、胶砂比、粉煤灰掺量比例与三级配粉煤灰混凝土保持一致，砂、石以饱和面干状态为基准，MgO 掺量同样按占胶凝材料总量的比例计，试验时取 MgO 为 0、4%、5%、6%、7%、8%。水泥砂浆压蒸试件不掺外加剂，试件尺寸为 25mm×25mm×280mm；一级配混凝土压蒸试件掺入外加剂，掺量与三级配粉煤灰混凝土相同，试件尺寸为 55mm×55mm×280mm。

　　掺 30%粉煤灰的水泥砂浆和一级配混凝土压蒸试件的压蒸膨胀率随 MgO 掺量变化的曲线，见图 6-38[68]。从图 6-38 看出，两种试件的压蒸膨胀率均随着 MgO 掺量的增大而增大。对于试验所使用的水泥砂浆和一级配混凝土压蒸试件，按照曲线拐点判定的 MgO 极限掺量分别为 6.6%、7.0%，按照压蒸膨胀率为 0.5%判定的 MgO 极限掺量分别为 6.9%、7.2%。即以一级配混凝土作为压蒸试件判定的 MgO 极限掺量比水泥砂浆压蒸试件分别高出 0.4%和 0.3%。同时，对压蒸后的试件进行外观观测，发现当水泥砂浆和一级配混凝土的 MgO 掺量分别达到 7.0%和 7.5%时，压蒸后的试件已出现翘曲，压蒸安定性明显不合格。

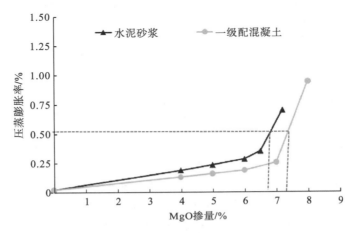

图 6-38　水泥基材料的压蒸膨胀率随 MgO 掺量的变化

　　对 MgO 外掺量为 5%、6.5%、7.5%的三级配粉煤灰混凝土自生体积变形试件进行了长达 8a 的观测，其自生体积膨胀变形结果（本处的自生体积膨胀变形量统一为外掺 MgO 混凝土的自生体积变形量减去对应的未掺 MgO 混凝土的自生体积变形量的差值）见图 6-39。从图 6-39 看出，外掺 MgO 混凝土的自生体积膨胀变形随着 MgO 掺量和龄期的增加而增大，但在 MgO 掺量超过以一级配混凝土为压蒸试件确定的极限掺量 7.2%后，直到 8a 龄期（即 2920d）时，三级配粉煤灰混凝土的自生体积膨胀变形也没有出现像水泥基材料压蒸膨胀变形那样急剧增大的现象（即无拐点）。

　　同时，每隔 1a，从混凝土自生体积变形试件中钻孔取芯进行压汞实验，以测试芯样的孔径分布、平均孔径、孔隙率等孔结构参数。连续 6a 的压汞检测结果如图 6-40、图 6-41[68]所示。从该图可以看出，随着龄期和 MgO 掺量的增长，外掺 MgO 混凝土的平均孔径、有害孔（孔径为 100～200nm）和多害孔（孔径大于 200nm）[70]逐年下降，说明混凝土的微观结构越来越好。并且，对龄期为 6a、MgO 外掺量为 7.5%的 CL46 混凝土的钻孔芯样进行了扫描电镜观测和能谱分析（结果见图 6-42），同样没有发现因 MgO 的水化产物 $Mg(OH)_2$ 晶体膨胀引起的混凝土微细裂纹。

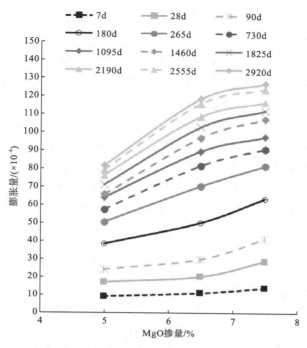

图 6-39　三级配混凝土的自生体积变形随 MgO 掺量和龄期的变化情况

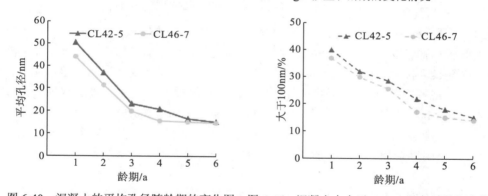

图 6-40　混凝土的平均孔径随龄期的变化图　图 6-41　混凝土中大于 100nm 孔径随龄期变化图

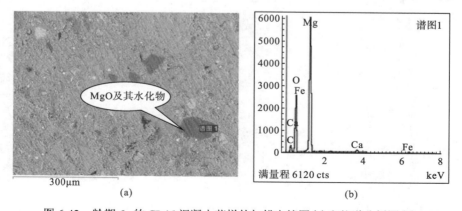

图 6-42　龄期 6a 的 CL46 混凝土芯样的扫描电镜图(a)和能谱分析图(b)

分析其原因，主要由以下两方面造成[68]。一方面，压蒸试验使 MgO 在高温高压环境中发生快速水化膨胀反应的同时，可能破坏了水泥砂浆压蒸试件和一级配混凝土压蒸试件的结构，削弱了水泥石和水泥石与骨料胶结界面的强度，降低了约束试件膨胀的黏结力，夸大了 MgO 快速水化生成 $Mg(OH)_2$ 晶体时的膨胀量，即当 MgO 掺量超过一定值后出现的压蒸试件翘曲现象，不完全是由于 MgO 水化膨胀造成的，还有可能包含由高温高压环境造成的试件内部颗粒之间的黏结力下降引起的试件"体积疏松"；另一方面，水泥砂浆和一级配混凝土压蒸试件虽比《水泥压蒸安定性试验方法（GB/T 750—1992）》规定的水泥净浆压蒸试件更接近混凝土，但都未完全包含混凝土中占比达 75%左右的粗骨料，所以 MgO 在水泥砂浆和一级配混凝土压蒸试件中分布的均匀性都比混凝土强。并且，由于外掺 MgO 混凝土的膨胀实质上是外掺 MgO 水泥浆体结石的膨胀，骨料本身不会因外掺 MgO 水化而膨胀，因此水泥砂浆和一级配混凝土压蒸试件对 MgO 水化引起的膨胀变形的敏感性比混凝土高。更关键的是，单位体积水泥砂浆和一级配混凝土压蒸试件的 MgO 含量都比混凝土多，造成外掺 MgO 的水泥砂浆和一级配混凝土的压蒸膨胀变形偏大，即未能反映外掺 MgO 混凝土膨胀变形的真实情况。

长达 8a 的试验研究表明，虽然超长龄期外掺 MgO 混凝土的自生体积膨胀变形随着 MgO 掺量和龄期的增加而增大，但并没有出现像水泥基材料压蒸膨胀变形那样急剧增大的现象，且在 MgO 外掺量达到 7.5%（该量已超过了以一级配混凝土为压蒸试件、以压蒸膨胀率 0.5%为判定标准确定的极限掺量 7.2%）时，虽然压蒸后的试件已明显翘曲，但 8a 期 MgO 混凝土的微观结构仍然良好，即混凝土的自生体积膨胀变形与水泥砂浆、一级配混凝土的压蒸膨胀变形没有关联性或对应性。换言之，广东省地方标准《外掺氧化镁混凝土不分横缝拱坝技术导则》（DB44/T 703—2010）和贵州省地方标准《全坝外掺氧化镁混凝土拱坝技术规范》（DB 52/T 720—2010）规定的以水泥砂浆试件或一级配混凝土试件的压蒸膨胀率随 MgO 掺量变化的曲线拐点或以压蒸膨胀率为 0.5%判定的大坝混凝土的 MgO 极限掺量，与外掺 MgO 混凝土膨胀变形的实际情况不对应。因此，现行的判定水工混凝土中 MgO 极限掺量的"水泥砂浆压蒸法"和"一级配混凝土压蒸法"，还需要进一步研究和创新。

第7章　氧化镁混凝土的典型应用案例

自从1990年4月外掺MgO微膨胀混凝土筑坝技术被应用于主体工程——贵州东风拱坝基础深槽并获得成功以来，MgO混凝土的应用部位被逐渐拓宽到碾压混凝土坝基础垫层、大坝基础填塘、导流洞和导流底孔封堵、混凝土防渗面板、基础与裂隙灌浆、大坝纵缝与拱坝横缝灌浆、高压管道外围回填和中小型拱坝全坝段，既有常态混凝土，也有碾压混凝土，坝型有重力坝、拱坝、面板堆石坝等[107]。本章介绍在MgO混凝土发展史上具有标志性意义的东风水电站拱坝基础深槽、沙老河水库拱坝、黄花寨水电站拱坝三个典型工程。

7.1　东风水电站拱坝基础深槽

7.1.1　东风工程概况

东风水电站位于贵州省清镇市、黔西县交界的鸭池河段上，水库正常蓄水位970m，总库容$10.25 \times 10^8 m^3$，总装机容量510MW，年均发电量$24.2 \times 10^8 kW \cdot h$，是乌江干流上的第二座梯级电站。大坝为不对称的抛物线型双曲混凝土薄拱坝，最大坝高162m，坝顶宽6m，拱冠底厚25m，厚高比为0.163。在拱坝基础河床左岸有一深槽(图7-1)[108]，底部开挖高程为816m，顶部(即拱坝基础面)高程为825m，底宽为20m，顶宽为52m，长为41m，共需回填混凝土$1.36 \times 10^4 m^3$。深槽混凝土和坝体混凝土一起构成东风水电站的主体工程，见东风水电站鸟瞰图(图7-2)。

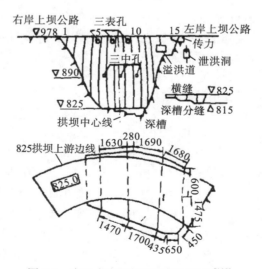

图7-1　东风水电站坝基深槽示意图[108]

图 7-2　东风水电站鸟瞰图

东风坝基深槽底部采用不留保护层、水平预裂、一次开挖到建基面的方案，开挖后建基面平整，岩面坚硬；深槽上下游部分和左右岸均采用垂直预裂爆破开挖，壁面平整。因此，整个深槽均嵌固在基岩中，形成五面约束(含建基面)，约束条件良好，但混凝土散热条件差，易发生裂缝，在一定程度上将影响拱坝的整体性和寿命。因此，必须解决好深槽混凝土的温控问题。然而，当时东风工地施工条件差，大坝混凝土拌和系统和缆机运输系统都不完备，采用诸如埋设冷却水管、加冰拌和等常规温控措施浇筑混凝土均不具备条件。并且，坝基开挖于 1990 年 1 月 10 日才基本结束，根据进度要求，深槽混凝土必须在 1990 年 4 月底前浇筑完毕，以确保当年安全度汛，否则将严重拖延两坝肩开挖和大坝混凝土浇筑，造成工期损失一年，时间紧迫。为此，设计、科研人员根据外掺 MgO 混凝土室内试验资料和东风拱坝下游重力围堰深槽 MgO 混凝土现场试验成果，对东风拱坝基础深槽外掺 MgO 混凝土和不掺 MgO 常态混凝土进行了详细的分析论证，并专门召开专家咨询会议，听取专家意见，决定采用 MgO 微膨胀混凝土回填东风拱坝基础深槽，以便在不具备常规温控的条件下，短期内浇筑完 $1.36 \times 10^4 \, \text{m}^3$ 混凝土[19]。

7.1.2　东风氧化镁混凝土的配合比设计

东风坝基深槽混凝土技术性能的设计要求见表 7-1。据此，结合东风工地原材料和施工条件等实际情况，经过多次室内试验比较和分析，提出用于深槽混凝土施工的实验室配合比，见表 7-2[19]。采用的原材料为：贵州 525 硅酸盐水泥(熟料中 MgO 含量为 2.0%～2.4%，本身具有延迟微膨胀性能，混凝土在 90d 龄期的膨胀量约为 30×10^{-6})；清镇电厂二电场的Ⅲ级粉煤灰，其细度为 14.6%，烧失量为 10.1%，需水量比为 112%；东风工地机制的合格灰岩砂石料(石子级配为四级配)；辽宁海城镁矿生产的细度为 180 目的轻烧 MgO 膨胀剂，其纯度为 91.42%，活性指数为 229s，烧失量为 2.28%。至于 MgO 的外掺量 3.5%，当时是依据水泥净浆压蒸法的实验结果确定的，见 4.1 节。

表 7-1　东风坝基深槽混凝土的技术要求

水胶比	90d 抗压强度/MPa	28d 抗拉强度/MPa	28d 极限拉伸值/10⁻⁴	28d 抗渗等级	抗冻等级	保证率/%	离差系数
0.5	30	1.92	0.85	>W8	>F50	90	<0.15

表 7-2　东风坝基深槽混凝土施工使用的实验室配合比

水胶比	砂率/%	混凝土原材料用量/(kg·m⁻³)					外加剂掺量/%			
		水	水泥	粉煤灰	砂子	石子	木钙	DH₄B	DH₉	MgO
0.5	22	92	129	55	474	1680	0.25	0.5	0.003	3.5

注：石子级配为特大石：大石：中石：小石=30：30：20：20。

在混凝土拌和楼出料口取样检验的统计结果和施工实践表明，用表 7-2 所列实验室配合比拌制的混凝土，和易性良好；混凝土超强较多，90d 龄期的平均抗压强度达到 37.8MPa，离差系数为 0.113，保证率达到 96.5%；28d 龄期混凝土的抗拉强度、极限拉伸值分别达到 2.78 MPa 和 91×10⁻⁶，同样超过设计期望值；抗渗等级和抗冻等级满足设计要求。

7.1.3　东风氧化镁混凝土的施工

1. MgO 混凝土的拌制与均匀性检测

东风水电站工程采用郑州水工机械厂制造的拌和楼生产坝基 MgO 混凝土。该拌和楼装有两台双锥型倾倒式混凝土搅拌机，设计拌和容量为 1.5m³，实际按 1m³ 配料。拌和混凝土前，按照当时的《水工混凝土施工规范》(SDJ 207—82)的要求，先检测砂石骨料的含水量，再将表 7-2 所列的混凝土实验室配合比换算为施工配合比。然后，继续按照规范《水工混凝土施工规范》(SDJ 207—82)的要求称料、加料、拌和、下料。同时，由于东风拱坝基础深槽是第一个将外掺 MgO 混凝土筑坝技术应用于主体的工程，缺乏 MgO 膨胀剂加料的经验，因此，当时将每次拌和混凝土所需的 MgO 按照"一机一袋"的原则，在仓库单独称量 MgO 并包装、密封，再在拌和楼的称料层将袋装 MgO 经人工拆封后从中石料斗中直接投放(每拌和一次混凝土、人工投放一袋 MgO)，MgO 随中石进入搅拌机同水泥、粉煤灰、砂石骨料、外加剂和水一起搅拌，未改变混凝土的正常生产流程。但是，为了保证 MgO 在混凝土中分布的均匀性，混凝土的拌和时间被延长至 120~180s。

由于 MgO 膨胀剂在混凝土中的掺入量很少，膨胀变形时间又很长，因此，如果 MgO 在混凝土中分布不均匀，过分集中的 MgO 在水泥水化过程中产生的延迟膨胀，有可能引起混凝土膨胀量的显著差异，增大混凝土的局部拉应力，造成混凝土力学性能的下降，影响大坝的使用寿命，甚至导致坝体开裂，危及工程安全。所以，东风坝基混凝土在采用机口外掺 MgO 膨胀剂时，增加了检测 MgO 在混凝土中分布均匀性的工作内容。后来编制的《暂行规定》(见附录Ⅱ)、贵州省地方标准《全坝外掺氧化镁混凝土拱坝技术规范(DB52/T 720—2010)》(见附录Ⅲ)和广东省地方标准《外掺氧化镁混凝土不分横缝拱坝技术导则(DB44/T 703—2010)》(见附录Ⅳ)都规定应检测混凝土拌和物中外掺 MgO 的分布均匀性。

外掺 MgO 在混凝土中的分布均匀性，包括 MgO 在同时搅拌而成的混凝土拌和物中的分布均匀性和在非同时搅拌而成的混凝土拌和物中的分布均匀性，即同盘混凝土的均匀性和异盘混凝土的均匀性两方面。东风拱坝基础深槽在检测外掺 MgO 混凝土的均匀性时，同时使用了物理法和化学法。

所谓物理法，实质上是长度比较法。它是先使用砂浆（通过 1.25mm 标准筛）制成 10mm×10mm×40mm 的试件（以三个试件为一组），再经过特定的三级养生（静态养生→过渡性养生→快速养生），分别测出每次养生后的长度值，然后计算因 MgO 水化膨胀产生的变形值。最后，通过对长度测值进行统计分析，判断外掺 MgO 混凝土的均匀性。

所谓化学法，是先将砂浆试样（通过 5mm 标准筛）烘干、粉碎，接着在高温下将砂浆分解，之后用 EDTA 标准溶液进行络合滴定，再计算样品中外掺的 MgO 含量。最后，通过对 MgO 测值进行统计分析，判断外掺 MgO 混凝土的均匀性。

混凝土中 MgO 膨胀剂的外掺量是按外掺的 MgO 量占混凝土中胶凝材料总量的比例来计算的。即 MgO 混凝土试样实测的外掺 MgO 量（%）=（外掺 MgO 混凝土试样的实测 MgO 含量-未掺 MgO 混凝土试样的实测 MgO 含量）/外掺 MgO 混凝土试样中的胶凝材料总量×100%。

其中，未掺 MgO 混凝土的 MgO 含量，由于变化极小，一般是在实验室利用相同配合比、相同原材料而不掺 MgO 拌制的混凝土测出；外掺 MgO 混凝土中的胶凝材料总量，是指水泥和其他掺合料的总和。外掺入混凝土中的 MgO 量不计入胶凝材料总量中。

评价东风坝基工程 MgO 混凝土的均匀性时，考虑到检测混凝土的抗压强度是混凝土质量控制的必做工作，且混凝土中 MgO 含量的波动同混凝土强度的波动均呈正态曲线分布，所以当时采用与混凝土生产质量控制水平相同的评价指标——离差系数值来评价 MgO 在混凝土中分布的均匀性（表 7-3）。这同样被后来的《暂行规定》所采纳。东风工程检测 MgO 混凝土的均匀性时，在拌和楼出料口和仓面浇筑层同时取样，但以出料口的随机检测结果的离差系数值为控制值，仓面浇筑层的检测结果的离差系数值仅作为验证性指标。后来，多个外掺 MgO 混凝土工程的均匀性检测结果表明，仓面浇筑层的检测结果与出料口的检测结果的差别很小。虽然如此，但从工程运行的安全角度考虑，对于大型工程和重要工程，不宜取消在仓面浇筑层进行的 MgO 混凝土的均匀性检验，并应选择均匀性指标满足要求的拌和时间作为外掺 MgO 混凝土的拌和时间控制标准。

表 7-3　MgO 混凝土的均匀性评价指标——离差系数值

混凝土强度等级	均匀性等级			
	优秀	良好	一般	较差
$<C_{90}20$	<0.15	0.15~0.18	0.18~0.22	>0.22
$\geqslant C_{90}20$	<0.11	0.11~0.14	0.14~0.18	>0.18

东风坝基工程同盘 MgO 混凝土的均匀性检测样品，是从同一次拌和而成的混凝土料堆的不同方位（至少 3 个）采集，检测结果见表 7-4；异盘 MgO 混凝土的均匀性检测样品是按照混凝土浇筑块的先后顺序取样，先浇的块号先取，后浇的块号后取，每块混凝土至

少随机取样 4 次，混凝土块体积越大，取样次数越多，每次只在混凝土料堆的某个方位随机取样，相邻两次取样的间隔时间为 4～8h，检测结果见表 7-5、表 7-6。

表 7-4　东风拱坝基础同盘外掺 MgO 混凝土的均匀性检测结果（物理法）

抽检次数	同盘混凝土在不同方位的试样因 MgO 水化引起的膨胀/mm	样品数量	单盘均值/mm	极差/mm	均方差/mm	离差系数	均匀性评价
1	0.061，0.067，0.058；0.062，0.060，0.066；0.057，0.057，0.060；0.059，0.057，0.055。	12	0.059	0.012	0.004	0.06	优秀
2	0.081，0.089，0.084；0.070，0.070，0.069；0.079，0.080，0.076。	9	0.078	0.020	0.007	0.09	优秀
3	0.099，0.086，0.084；0.090，0.092，0.091；0.087，0.083，0.081。	9	0.088	0.018	0.006	0.06	优秀
4	0.074，0.075，0.071；0.068，0.067，0.077；0.074，0.068，0.079。	9	0.073	0.011	0.007	0.09	优秀

表 7-5　东风拱坝基础异盘外掺 MgO 混凝土的均匀性检测结果（化学法）

混凝土块号	实测混凝土中 MgO 掺量/%	样品数量	块内均值/%	极差/%	均方差/%	离差系数	均匀性评价
1	3.42，3.55，3.23，3.23，3.55	5	3.40	0.32	0.16	0.05	优秀
2	3.46，3.88，3.55，3.23，3.68	5	3.56	0.65	0.24	0.07	优秀
3	3.27，3.53，3.53，3.50，3.41，3.41	6	3.44	0.26	0.10	0.03	优秀
5	3.23，3.85，3.54，3.23，3.88，3.68	6	3.57	0.65	0.29	0.08	优秀
6	3.23，3.23，3.23，3.88，3.23	5	3.36	0.65	0.29	0.09	优秀
7	3.75，3.23，3.23，3.23，3.88	5	3.46	0.65	0.32	0.09	优秀
8	3.55，3.55，3.55，3.68，3.55，3.55	6	3.57	0.13	0.05	0.01	优秀
9	3.36，3.55，3.42，3.63，3.55，3.68，3.23，3.55	9	3.47	0.45	0.17	0.05	优秀
10	3.23，3.55，3.55，3.36，3.55，3.55	6	3.47	0.32	0.14	0.04	优秀
12	3.23，3.85，3.54，3.54，3.85	5	3.60	0.62	0.26	0.07	优秀

注：最后浇筑的 4 号和 11 号混凝土块，因混凝土体积小等原因未采集化学法检测样品。

表 7-6　化学法检测东风拱坝基础深槽 MgO 混凝土均匀性的统计结果[109]

样品总数量	最大测值/%	最小测值/%	极差/%	总体均值/%	均方差/%	离差系数	均匀性评价
58	3.88	3.23	0.65	3.49	0.21	0.06	优秀

根据表 7-4～表 7-6 分析，得到如下结论。

（1）化学法和物理法都可以检验外掺 MgO 膨胀剂在混凝土中分布的均匀性情况，且结果一致，具有足够的精度和可靠性。但相对而言，化学法的干扰因素少，简单易行。夏传芳等[110]在使用化学法分析纯 MgO 试剂、测定 MgO 的回收率和水泥净浆的 MgO 含量后也指出，化学法准确可靠，完全能满足测试混凝土中外掺 MgO 均匀性的要求。所以，后来在《暂行规定》、贵州省地方标准 DB52/T720—2010 和广东省地方标准 DB44/T703—2010 中都推荐了检测 MgO 混凝土均匀性的湿筛小样品化学法。

(2)拌制 MgO 混凝土时，在混凝土生产系统正常工作的前提下，只需延长混凝土的搅拌时间 30～60s，就可以做到 MgO 膨胀剂在混凝土中均匀分布也不影响混凝土的正常生产流程。因此，对于同盘 MgO 混凝土，可不检测其均匀性。但是，由于水工大体积混凝土的浇筑时间长，在生产过程中受人的工作质量、设备工况、原材料供应等因素的影响较大，可能造成异盘混凝土的 MgO 含量波动，因此，异盘 MgO 混凝土的均匀性是检测的重点。

由于延长混凝土的搅拌时间将造成混凝土的拌和能力下降，在后来推广应用外掺 MgO 混凝土时，工程技术人员就如何既不降低拌和能力且能保证 MgO 在混凝土中均匀分布这一问题展开研究。广东省水电集团有限公司在建设云南马堵山水电站重力坝期间，提出了首先利用 MgO 和部分水、减水剂制备 MgO 悬浮液，再利用多点分散器，采用多点分散法将 MgO 悬浮液加入由粗细骨料、水泥、掺合料、外加剂、水组成的混凝土拌和物中，通过搅拌机搅拌，最终制成外掺 MgO 碾压混凝土和常态混凝土。实践证明，采用这种方法，使用容积为 $4m^3$ 的双卧轴强制式搅拌机分别搅拌 75s 和 55s，即可生产出均匀性优良的外掺 MgO 碾压混凝土和外掺 MgO 常态混凝土，实现了混凝土产量不降低和均匀性优良的愿望[111]。

2. MgO 混凝土的分块浇筑与保温

东风坝基深槽采用外掺 MgO 混凝土回填后，原设计的 5 条横缝修改为 3 条，并取消了纵缝。修改后，深槽混凝土由原设计的 36 个浇筑块减为 12 个浇筑块，见图 7-3。混凝土浇筑时，首先浇筑了右岸 12#块，浇好后不拆除模板，顶面堆放石渣保护，以满足混凝土运输需要。其余为先浇中间块，后浇左右侧的浇筑块，以尽快形成每一层浇筑块的约束条件，有利于膨胀变形挤压缝面。具体的浇筑顺序为 12#块→5#块→6#块→1#块、9#块→7#块→2#块、10#块→8#块→3#块→11#块→4#块[19]。

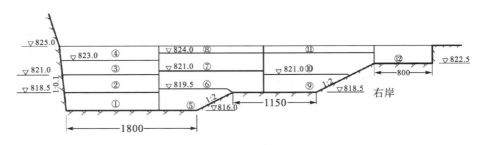

图 7-3   东风坝基深槽 MgO 混凝土浇筑分缝分块图

混凝土浇筑前，先对横缝缝面和水平施工缝面进行冲毛处理。浇筑混凝土时，采用自卸汽车运输，由位于深槽下游的一台 10 吨门机起吊卧罐入仓，平仓机平仓和人工振捣；

铺料层厚度约 0.5m，最大仓面约 700m²；浇筑块厚度为 2.5～3m，间歇期为 5～7d；顶面 8#、11# 浇筑块的厚度为 1m，以满足散热和方便敷设顶面钢筋网的要求。

东风拱坝深槽混凝土浇筑期为 1990 年 1 月 27 日至当年 3 月 27 日，该时段气温较低（7～22℃）。为防止低气温对混凝土的破坏和促进 MgO 混凝土延迟微膨胀特性的发挥，深槽混凝土的水平施工缝和横缝均采用气垫薄膜保护，保温保湿效果良好，实测横缝模板内部温度与外界气温相差 8～10℃，水平方向气垫薄膜内温度与大气温度相差 4～6℃。并且，为防止混凝土散热过快和汛期受过水冷击的影响，对坝基深槽已浇完的 MgO 混凝土在当年进行度汛保护，包括覆盖 60mm 厚的 B 型复合材料、堆放袋装石渣等。深槽 MgO 混凝土的全面保护工作完成后，即开始两岸坝肩的开挖。

东风拱坝基础深槽 MgO 混凝土在经历了两个汛期的考验后，在 1991 年浇筑坝体混凝土之前，经清渣后全面检查，未发现裂缝，横缝缝面和混凝土与两侧基岩的胶合面结合紧密[108]。电站投入运行至今已近 30 年，坝体工况良好。

7.1.4 东风氧化镁混凝土的观测成果

无应力计是观测混凝土自生体积变形的主要仪器。在浇筑东风坝基深槽混凝土时，按照设计要求共埋设无应力计 10 支，并有 26 支应变计与其对应观测。其中，在 1# 块、5# 块、6# 块各埋 1 支无应力计，在 2# 块、10# 块各埋 2 支无应力计，在 3# 块埋 3 支无应力计。全部仪器（含温度计、测缝计、压应力计、渗压计、岩石变位计、多点位移计等）引出的电缆线均集中在 4# 块，并使用钢管保护，再沿左岸岩壁水平方向引至出渣洞内，以保证汛期不间断观测。6.9.5 节的图 6-37 展示了东风拱坝基础深槽 MgO 混凝土自仪器埋设以来接近 10 年的原型观测成果。根据该图，可以看到以下结果。

（1）外掺 MgO 混凝土具有良好的延迟微膨胀特性，其膨胀变形的基本趋势是随着混凝土龄期的增长而增加，主要的膨胀量（约 75%）发生在龄期 7～180d，且早期膨胀速率大，后期小，至 1 年后，膨胀变形趋于稳定，每年的膨胀量平均增加 $(0.1～1.5) \times 10^{-6}$，且增长速率逐渐趋于零，没有无限膨胀趋势。这种变化规律同室内研究结果总体相符[47]。

（2）深槽 MgO 混凝土在 180d 龄期的膨胀量为 $(48 \times 10^{-6})～(103 \times 10^{-6})$，平均膨胀量为 72×10^{-6}，低于设计期望值 110×10^{-6}，主要是以下三方面的原因造成。①原设计要求掺入混凝土中的粉煤灰的细度不得超过 25%（过 45μm 方孔筛）、烧失量不得超过 12%。然而，在混凝土浇筑期间，因工期所迫和灰源所限等原因，使用了距东风工地较近的贵州清镇电厂二电场的原状粉煤灰。经现场抽检，该粉煤灰的细度和烧失量的平均值分别达到 39.3% 和 15.4%，灰质较差。试验研究表明，粉煤灰品质下降抑制 MgO 混凝土的膨胀[112]。②室内研究表明，外掺 MgO 混凝土的膨胀量随着养护温度的增高而增大，反之则减少[97]。浇筑东风深槽 MgO 混凝土时，气温为 7～22℃，降低了 MgO 的水化速度，推迟了 MgO 的水化反应。而到后期，混凝土的弹性模量增大了，MgO 水化膨胀受到的约束作用比早期增大，MgO 混凝土的膨胀变形将受到抑制。③外掺的 MgO 量偏少。东风坝基深槽混凝土的 MgO 外掺量（3.5%）是依据水泥净浆压蒸法的实验结果确定的。正如 4.1 节所述，水泥净浆压蒸试件的水灰比一般为 0.26～0.28，这明显小于东风坝基深槽混凝土的水灰比 0.50。

水灰比较大的混凝土,其孔隙率比水灰比较小的水泥净浆试件高,能够吸收部分膨胀变形,允许的 MgO 掺量应比水泥净浆多。因此,采用水泥净浆压蒸法判定的混凝土中 MgO 极限掺量自然偏少。或者说,水泥净浆试件的压蒸安定性合格,MgO 混凝土肯定安定,而水泥净浆试件的压蒸安定性不合格,MgO 混凝土未必不安定。

7.1.5 东风工程应用氧化镁混凝土的效益与意义

东风拱基础深槽混凝土于 1990 年 1 月 27 日开始浇筑,到当年 3 月 27 日结束,历时两个月,共浇筑 MgO 混凝土 $1.36×10^4 m^3$。采用 MgO 混凝土后,深槽混凝土由原设计的 36 个浇筑块减少为 12 个,减少了分缝分块,简化了温控工艺,并省去了加冰拌和、水管冷却等常规温控措施,后来又取消了接缝灌浆,当时节省温控费和灌浆费约 25 万元。另外,采用 MgO 混凝土技术后,深槽混凝土比预计工期提前 45d 浇完,两岸坝肩的开挖得以提前进行,保证了坝体混凝土的施工工期,避免了一年的工期损失,提前发电产生的经济效益更为显著。1992 年 3 月,"东风薄拱坝基础深槽外掺 MgO 混凝土技术"在贵阳通过了当时国家能源部科技司组织的技术鉴定,成果被鉴定为国际领先水平。

东风坝基深槽采用外掺 MgO 微膨胀混凝土回填,可以说是由当时的施工工期和施工条件逼出来的。但这一"逼",开创了将 MgO 微膨胀混凝土主动应用于主体工程的先河,具有里程碑意义。它的成功,不仅突破了学术界仅把 MgO 当作有害物质对待的传统认识,而且用事实证明了 MgO 这种物质的工程利用价值,为快速浇筑水工大坝探索了一条崭新的途径,彰显了外掺 MgO 混凝土筑坝技术的技术效益、经济效益和应用前景,也为后来国家能源部、水利部水利水电规划设计总院于 1994 年 8 月发布的《水利水电工程轻烧氧化镁材料品质技术要求(试行)》(见附录Ⅰ)和电力工业部水电水利规划设计总院、水利部水利水电规划设计总院于 1995 年 5 月发布的《暂行规定》(见附录Ⅱ)提供了宝贵的工程技术资料,大大增强了工程界应用 MgO 混凝土的自信心。

7.2 沙老河水库拱坝

7.2.1 沙老河工程概况

沙老河水库为不完全多年调节中型水库,距贵阳市区 14.5km,是贵阳市北郊水厂的主要水源。水库总库容为 $1577×10^4 m^3$,年城市供水量为 $2523×10^4 m^3$,供水保证率为 95%。水库枢纽由大坝、溢洪道、取水口、底孔等组成。大坝为不对称的三圆心双曲混凝土拱坝,坝顶高程 1238.2m,坝顶弧长 184.81m,坝顶宽度 4m,坝底厚度 12.8m,最大坝高 61.7m,厚高比 0.2,混凝土体积为 $5.5×10^4 m^3$。该项目于 2000 年 12 月开工建设,2002 年 5 月竣工。建成后的沙老河水库见图 7-4。

图 7-4　沙老河水库鸟瞰图

　　该工程采用设计单位总承包模式进行建设，总承包合同于 2000 年 10 月签订。该合同要求沙老河水库在 2001 年底前具备试通水条件，2002 年 5 月竣工，工期非常紧迫。按照最初的常态混凝土拱坝设计方案，坝体混凝土需分块浇筑，每隔 15～20m 设一道横缝，待坝体混凝土温度冷却至设计封拱温度时进行接缝灌浆，以使大坝形成整体，并在灌浆结束一段时间后方可蓄水。由于合同要求 2001 年 12 月 31 日前具备试通水条件，按照当年底坝前蓄水高于死水位 2.5m 来计算工期，则封拱灌浆应最迟于 2001 年 10 月完成，坝体混凝土相应地应在 2001 年 8 月底浇完。然而，坝基开挖最快也要在 2001 年 3 月初才能完成，这样，大坝混凝土浇筑只有 5 个月左右的时间。由于工程场地的限制，若坝体混凝土采用传统的分缝分块浇筑方式，则要实现合同目标非常困难。另外，若封拱灌浆不在低温季节进行，则封拱温度将比原设计高 5℃ 以上，坝体拉应力将超过 1.5MPa。也就是说，若采用常态混凝土浇筑沙老河拱坝，则按照合同约定的工期目标完成建设任务难以实现。在调研长沙外掺 MgO 混凝土拱坝工程后，设计单位决定在沙老河拱坝采用全坝外掺 MgO 混凝土筑坝技术。

7.2.2　沙老河氧化镁混凝土的配合比设计

　　设计要求混凝土在 90d 龄期的抗压强度等级为 C20、抗渗等级为不低于 W6、设计容重为 2400kg·m^{-3}。据此，技术人员结合工地原材料和施工条件等实际情况，经过大量室内试验，向现场推荐了用于施工的 9 个混凝土配合比，见表 7-7[22]。坝体混凝土采用的原材料为：贵州水泥厂生产的 P.O 52.5 普通硅酸盐中低热水泥，其 C_3A 为 5.05%；贵阳发电厂生产的粉煤灰，其质量满足《水工混凝土掺用粉煤灰技术规范》（DL/T 5055—1996）规定的 II 级灰要求；辽宁海城东方滑镁公司生产的轻烧 MgO，其纯度为 91%、细度为 200 目、活性指数为 242s、烧失量为 1.97%；坝区料场生产的白云岩机制砂石料，其各项指标满足《水工混凝土施工规范》（SDJ 207—82）的要求。由于沙老河拱坝是贵州省第一座全坝采用外掺 MgO 混凝土技术进行施工的大坝，工程经验欠缺，且对 MgO 混凝土存在顾虑，因此，结合外掺 MgO 水泥净浆压蒸法、水泥砂浆压蒸法的大量实验成果，将沙老河拱坝混凝土的 MgO 掺量限定在胶凝材料总用量的 5% 以内。

表 7-7   用于沙老河拱坝施工的 MgO 混凝土推荐配合比

使用部位 (高程)/m	水胶比	水 /(kg·m⁻³)	水泥 /(kg·m⁻³)	粉煤灰		外加剂 /(kg·m⁻³)	氧化镁		砂(kg·m⁻³) /砂率(%)	粗骨料/(kg·m⁻³)		
				用量 /(kg·m⁻³)	掺率 /%		用量 /(kg·m⁻³)	掺率 /%		小石	中石	大石
垫层	0.53	95	126	54/30		1.26	7.2/4.0		508/22	357	357	1072
1177.00~1179.50	0.53	95	125	54/30		1.25	7.2/4.0		544/24	341	341	1022
1179.50~1182.00	0.54	95	123	53/30		1.23	8.3/4.7		548/24	343	343	1030
1182.00~1209.50	0.55	95	121	52/30		1.21	8.1/4.7		549/24	344	344	1031
1209.50~1212.00	0.55	95	112	61/35		1.21	8.1/4.7		548/24	343	343	1030
1212.00~1214.50	0.55	95	104	69/40		1.21	8.1/4.7		524/23	347	347	1042
1214.50~1217.00	0.55	95	104	69/30		1.21	8.1/4.7		524/23	347	347	1042
1217.00~1219.50	0.55	95	104	69/40		1.21	7.8/4.5		524/23	347	347	1042
1219.50~1238.00	0.55	95	104	69/40		1.21	6.9/4.0		524/23	347	347	1042

在施工过程中，及时对混凝土各浇筑层的原型观测资料进行分析。结果表明，混凝土的自生体积变形小于设计预期。分析原因后，参照仿真计算结果，适当提高坝体上部部分拱圈的氧化镁掺量，最大掺量达到 5.5%。

7.2.3   沙老河氧化镁混凝土的施工

沙老河拱坝的混凝土由拌和楼采用微机控制生产，原材料采用电子称量，以保证每次拌和投料的准确性。并且，为保证 MgO 在混凝土中均匀分布，在坝体混凝土正式生产前，通过在现场进行生产性拌和试验，确定混凝土的搅拌时间为 4min。同时规定，每次换班都需进行外掺 MgO 的均匀性检查。根据在拌和楼出料口取样对 MgO 混凝土拌和物进行均匀性检验的结果分析，除 1184.5m 高程以下坝底 7m 范围属合格外（离差系数为 0.189），其余各浇筑层都达到优秀标准 [离差系数为 (0.061~0.114)<0.15]，见表 7-8。

表 7-8   沙老河拱坝外掺 MgO 混凝土均匀性检测结果[22]

取样部位(高程)/m	组数/组	MgO 掺量/%				极差/%	标准差/%	离差 系数值
		设计值	最大值	最小值	平均值			
垫层混凝土	14	3.5	4.9	2.6	3.9	2.3	0.62	0.16
1177.0~1179.5	28	4.0	5.8	3.3	4.3	2.5	0.57	0.13
1179.5~1182.0	28	4.7	6.0	3.9	4.8	2.1	0.52	0.11
1182.0~1197.0	368	4.7	6.5	2.6	4.7	4.0	0.54	0.11
1197.0~1202.0	124	4.7	6.0	3.2	4.8	2.8	0.39	0.08
1202.0~1222.0	228	4.9	7.1	2.7	4.9	4.9	0.74	0.15
1222.0~1224.5	6	4.7	5.7	4.5	5.1	1.2	0.53	0.10
1224.5~1227.0	16	4.5	6.1	4.4	5.1	1.7	0.61	0.12
1227.0~1229.5	30	5.0	5.4	4.4	4.9	1.0	0.28	0.06
1229.5~1238.0	112	5.5	6.7	4.5	5.3	2.2	0.46	0.09

　　沙老河拱坝从 2001 年 3 月 13 日开始浇筑垫层混凝土，到 10 月 19 日封顶，在整个夏天高温季节都连续进行混凝土施工。在高程 1194.5m 以下采用自卸汽车入仓，中部和上部采用门机入仓；上部在门机覆盖不到的部位，采用手推车转运。仓内混凝土施工采用分层、通仓、全断面连续台阶法浇筑，即在一个浇筑层的模板架立完成后，从一个拱端开始，不间断地进行混凝土浇筑，直至到达另一个拱端为止。混凝土分层厚度一般为 2.5m，每层分 5 个台阶，每个台阶的高度按 0.5m 控制。并且，上层混凝土必须在下层混凝土未失去塑性之前浇筑，以利于连续成拱。另外，为满足混凝土台阶法施工的需要，混凝土坍落度按 20～50mm 配制。

　　由于在进行大坝混凝土温控设计时是以外掺 MgO 混凝土的延迟性微膨胀作为补偿坝体温降收缩的主要措施，因此，坝体既没有设置横缝，也没有埋设冷却水管和采用其他专门的温控措施，但要求对已浇筑的混凝土采取覆盖和保水养护措施。实际进行坝体混凝土浇筑时，对上下游坝面采用保温板（双面为涂塑编织布，中间为 2.5mm 厚的聚苯乙烯泡沫）进行保温。保温板用纵横条压实贴紧坝面，压条横竖间距分别为 4m 和 2m。所有板缝均用高性能封口胶胶合对接。在确定采用保温板前，曾经在下游坝面进行过喷涂保温材料试验，但由于数次喷涂效果都不理想，所以后来决定采用保温板。因此，保温板不是紧随坝体上升进行安装，而是在坝体混凝土基本浇筑结束后，于 2001 年 11 月才开始实施的。

7.2.4　沙老河氧化镁混凝土的观测成果

　　沙老河拱坝除按常规混凝土拱坝埋设监测仪器外，还在高程 1177.50m、1189.50m、1202.00m、1212.00m、1222.00m 拱圈中心线的拱冠、左右坝端距基岩面 3.0m 处及高程 1227.00m 拱圈中心线的左坝端距基岩面 3.0m 位置和距溢流堰右边墩 3.0m 处各布置了 1 套无应力计，用来观测坝体混凝土的自生体积变形情况，总共布置了 17 套无应力计；在高程 1177.50m、1192.00m、1207.00m、1222.00m 拱冠位置，按照等间距原则各布置了 3 支温度计，用来观测坝体混凝土的温度变化，共布置了 12 支温度计。图 7-5 为坝体氧化镁混凝土自生体积变形的观测成果[22]。

　　沙老河拱坝从 2001 年 3 月第一批仪器埋设后便开始进行观测。伴随大坝混凝土的浇筑，逐步埋入的所有无应力计均按规范进行不间断观测。图 7-5 的观测历时长达 13 年左右。从图 7-5 可见，外掺 MgO 混凝土的自生体积变形随时间呈延迟性微膨胀状态，且是不可逆的；在混凝土设计龄期 90d，无应力计观测到的膨胀量相对较小，为 (50×10^{-6}) ～ (90×10^{-6})，小于设计预期值；在混凝土初期温度大幅下降阶段，MgO 混凝土产生的微膨胀呈现快速增长，在 1 年左右达到 (95×10^{-6}) ～ (110×10^{-6})，在 2 年左右基本收敛，其后虽有一些发展，但数量较小；在 5～6 年之后，微膨胀现象基本消失。

　　2012 年暑假，即在距离沙老河拱坝建成接近 11 年之际，南京工业大学在距沙老河拱坝坝顶 5m 和 10m 深处钻取 MgO 混凝土芯样，并对芯样进行了微观分析。图 7-6 为使用光学显微镜观察到的微观结构，图 7-7 为使用扫描电子显微镜观测到的背散射电子图像及 MgO 颗粒的能谱分析结果[22]。

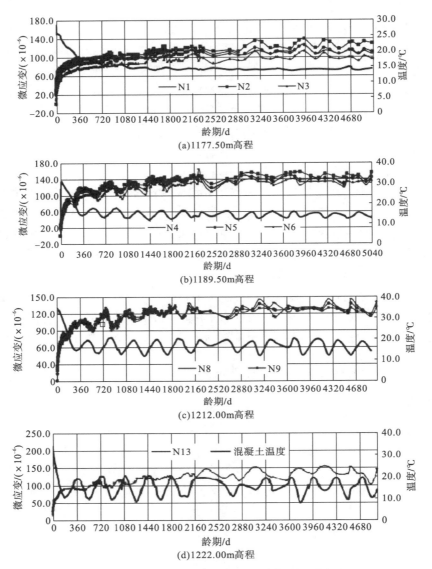

(a)1177.50m高程

(b)1189.50m高程

(c)1212.00m高程

(d)1222.00m高程

图 7-5　坝体氧化镁混凝土自生体积变形观测成果

(a) 5m深处混凝土

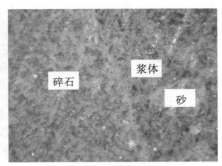

(b) 10m深处混凝土

图 7-6　沙老河拱坝 MgO 混凝土芯样的微观结构

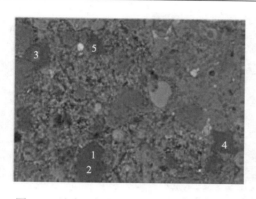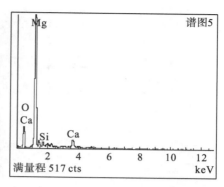

图 7-7　沙老河拱坝距坝顶 5m 深处 MgO 混凝土芯样的背散射电子图像及能谱分析结果

从图 7-6 可以看出，混凝土结构致密，整体完好，未显见微裂缝，说明混凝土中 MgO 水化产生的微膨胀未对混凝土的微观结构产生不利影响；从图 7-7 可以看出，在距坝顶 5m 深处的混凝土芯样中，方镁石主要由 Mg 和 O 组成，原子数比（Mg：O）接近 1：2，高于 MgO 的 1：1，与 Mg(OH)$_2$ 的原子数比 1：2 接近，说明在历时 10 年后，混凝土中的 MgO 已基本水化成了水镁石；MgO 颗粒周围未见裂纹，说明 MgO 在完全水化生成 Mg(OH)$_2$ 后未引起混凝土开裂，混凝土结构安定。

7.2.5　沙老河拱坝的裂缝及其成因分析

沙老河拱坝在施工过程中，曾多次对坝面进行检查，未发现裂缝。但在坝体上部混凝土于 2001 年 10 月 19 日浇筑完毕后，在开始铺贴坝面保温板时，于 2001 年 11 月 6 日～11 月 27 日，在坝体左拱端发现了 1 号、2 号贯穿性裂缝，在右拱端发现了 3 号贯穿性裂缝。2002 年 3 月，对这 3 条裂缝进行了接缝灌浆。此时，在右拱端又发现了 4 号裂缝（该缝上下游未贯穿），并同时对其进行了接缝灌浆。当时对裂缝进行灌浆处理时，在浆液中掺入了 4% 的 MgO。

在这 4 条裂缝处理完毕后，因水库库区古树移栽纠纷等问题，导致大坝在 2002 年空库过冬。并且，因坝面保温泡沫板已破坏，致使大坝完全暴露于空气中。在经历 2002 年冬季的多次寒潮袭击后（当年冬季气温偏低，最低达到-7℃），不仅坝上原已灌浆处理的 4 条裂缝再次张开，而且在右拱端距 4 号裂缝约 25m 处，又新增了第 5 条裂缝。所有裂缝的宽度大多为 1～3mm，3 号裂缝宽度最终发展到 4～5mm。从裂缝分布图（图 7-8）可以看出，裂缝发生在两岸坝段，相邻裂缝之间的间距为 11～25m，说明靠近两坝肩的混凝土的拉应力超标；中间长约 110m 的坝段未出现类似裂缝，坝块保持完整，说明在混凝土中外掺 MgO 后产生的微膨胀对补偿坝体混凝土的温降收缩变形的效果仍然是明显的。

分析裂缝产生的外因主要有两个：一是坝体混凝土未分缝，在高温季节连续浇筑混凝土且未采用常规的温控措施；二是在大坝空库过冬时，坝面铺贴的泡沫板的保温效果不理想。裂缝产生的内因主要有两个：一是按照水泥净浆压蒸法和水泥砂浆压蒸法确定的 MgO 掺量偏于保守；二是在坝体混凝土施工时实际使用的 MgO 纯度不到 85%，低于

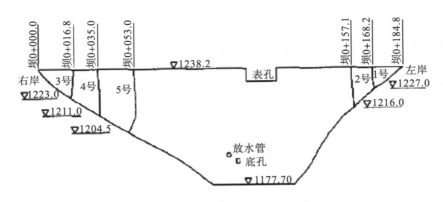

图 7-8   沙老河拱坝裂缝分布[113]

设计要求的不低于 90%，导致 MgO 混凝土的膨胀量低于设计期望值，不能满足补偿坝体混凝土温降收缩的要求。利用仿真手段进行的反演分析的结果表明[114,115]，岸坡坝段受坝基岩体约束强烈，两岸靠近拱端部位的最大拉应力超过 2.5MPa，拱冠接近 2.0MPa，都超过混凝土的抗拉强度。即坝体出现过大拉应力是裂缝产生的主要原因。2003 年 3 月再次对裂缝进行了灌浆处理。从坝体混凝土自生体积变形过程图（图 7-5）看出，在对裂缝进行灌浆处理后，MgO 混凝土产生的微膨胀能够补偿坝体混凝土的温降收缩裂缝。后经检查，各条裂缝均未出现重新张开现象。沙老河拱坝从 2003 年投入运行至今，已有十余年的历史，其间还经历了 2008 年贵州省冬季极端低温凝冻天气的考验，大坝再未发现裂缝。

7.2.6   沙老河工程应用氧化镁混凝土的效益与意义

采用全坝外掺 MgO 混凝土筑坝技术浇筑沙老河拱坝，与东风拱坝基础深槽一样，是被施工工期和施工条件"逼"出来的。沙老河拱坝采用全坝外掺 MgO 混凝土筑坝技术后，全坝段省去了预冷骨料、加冰拌和混凝土、坝体分缝分块、坝内预埋冷却水管等传统的温控措施，并在夏天高温季节保持全天候连续施工，实现了采用传统拱坝混凝土浇筑方式很难实现的合同目标，达到了节省工期、节约投资的目的，体现了 MgO 混凝土筑坝技术应用于全坝段的可行性和优越性。此外，长达 13 年左右的坝体混凝土自生体积变形原型观测成果和拱坝建成接近 11 年的坝体混凝土芯样微观分析成果均表明，掺入适量 MgO 后的坝体混凝土长期变形稳定，微观结构完好，这有助于解除工程技术人员对 MgO 混凝土长期膨胀变形情况的担忧。同时，沙老河拱坝的工程实践证明，在按照现行规范不能突破 MgO 掺量的情况下，使用全坝外掺 MgO 混凝土筑坝技术具有局限性，即很难实现全坝不分缝浇筑混凝土。或者说，沙老河拱坝的工程实践为 MgO 混凝土筑坝技术的研究提出了新的课题，包括如何科学合理地突破混凝土中 MgO 掺量不得超过 6%的限制、如何改进 MgO 混凝土坝的温控设计和施工工艺等。

建设沙老河全坝外掺 MgO 混凝土拱坝获得的宝贵经验和教训，给予后来建设 MgO 混凝土拱坝以深刻的启迪。为解决仅靠 MgO 混凝土的延迟微膨胀不能完全补偿坝体混凝土因温降收缩引起的拉应力问题,从 2002 年开始建设的贵州省第二座全坝外掺 MgO 混凝土拱坝——三江拱坝[116]起,设计单位在设计外掺 MgO 混凝土拱坝时,均在事前进行仿真分析,并在坝体上部、靠近坝肩两端、最可能产生裂缝的横截面预先设置 2~4 条诱导缝[22],以释放因 MgO 混凝土的延迟微膨胀不足以补偿拱坝温度应力时造成的超标拉应力,并引导缝开裂和控制缝的扩展方向。诱导缝采取先在仓面外预制混凝土板,再到仓面拼装成缝的施工方法。三江拱坝和后来的工程实践表明,在坝体上部设置诱导缝后,除用于生产 MgO 混凝土的骨料可不事先预冷、坝体混凝土可不埋设冷却水管外,还能通仓连续(或短间歇)浇筑混凝土和全天候施工(表现为连续成拱),以及可简化甚至取消封拱灌浆,从而简化施工工艺、加快施工进度。但是,因每座坝体的边界条件、施工环境、所用材料等的差异,坝体应力分布不同,诱导缝间距不同。河床坝段的缝距较大,一般为 50~130m;岸坡坝段的缝距较小,一般为 10~40m。

在经过沙老河、三江两座全坝外掺 MgO 混凝土拱坝的建设后,贵州省的设计理念从最初的单纯依靠外掺 MgO 混凝土的延迟微膨胀来解决拱坝温度裂缝,转变为同时利用 MgO 混凝土的延迟微膨胀和设置诱导缝两项措施来综合解决混凝土拱坝的温度裂缝,形成了一套独特的、行之有效的贵州外掺 MgO 混凝土拱坝的设计与施工方法[117],为后来制定贵州省地方标准《全坝外掺氧化镁混凝土拱坝技术规范》(DB52/T 720—2010)(见附件Ⅲ)提供了丰富的工程资料。

7.3　黄家寨水电站拱坝

7.3.1　黄家寨工程概况

黄家寨水电站位于贵州省水城县猴场乡古牛河上,距县城 85km,距猴场乡 30km。该电站集水面积 542.63km^2,多年平均流量 12.4m^3/s,水库总库容 532×10^{4}m^3,正常蓄水位 851m,对应库容 455×10^{4}m^3,电站装机容量 10MW,年发电量 4078×10^{4}kW·h,年利用小时数 4078h。该电站为Ⅳ等小(1)型工程,主要任务为发电,枢纽建筑物主要包括挡水建筑物、坝顶溢洪道、冲沙放空孔、发电取水口、有压引水隧洞、压力钢管、发电厂房、变电站八部分,永久性主要建筑物按 4 级设计,永久性次要建筑物按 5 级设计。该电站挡水建筑物为抛物线双曲拱坝,最大坝高为 69m,坝顶中心弧长 88.503m,拱冠梁处顶厚为 4.0m,底厚为 12.0m,顶拱中心角 76°,拱坝厚高比为 0.174,大坝混凝土体积为 4.375×10^{4}m^3。

黄家寨拱坝混凝土于 2014 年 4 月 14 日开工,2016 年 3 月 30 日浇完。其间因移民干扰等问题造成很长时间的停工。工程实际总投资 1.1 亿元。建成后的黄家寨拱坝见图 7-9。

图 7-9　黄家寨水电站拱坝泄洪远眺

7.3.2　黄家寨氧化镁混凝土的配合比设计

设计要求黄家寨拱坝采用三级配外掺 MgO 常态混凝土，其 90d 龄期的抗压强度等级为 C20、抗渗等级为 W6、极限拉伸值不低于 $85×10^{-6}$、强度保证率不低于 85%、混凝土拌和物的坍落度控制值为 20~50mm。据此，技术人员结合工地原材料、施工条件等实际情况，经过大量室内试验，向黄家寨拱坝推荐了两个用于坝体混凝土施工的实验室配合比，见表 7-9。所用原材料为：贵州水城拉法基 P·O 42.5 水泥、水城野马寨发电厂生产的 II 级粉煤灰、辽宁海城东方滑镁公司生产的轻烧 MgO、重庆三圣建材公司生产的奈系高效减水剂、黄家寨坝区料场生产的石灰岩机制砂石料。至于 MgO 膨胀剂的外掺量，是依据模拟净浆压蒸法的实验结果(4.4 节)确定的，掺量为占胶凝材总用量的 6.5%，突破了混凝土中 MgO 最大掺量 6%的限制。

表 7-9　用于黄家寨拱坝生产 MgO 混凝土的实验室推荐配合比

编号	水胶比	混凝土的原材料用量/$(kg·m^{-3})$								
		水	水泥	粉煤灰	砂子	小石	中石	大石	MgO	外加剂
1#	0.57	114	140	60	770.76	411.07	411.07	548.10	13.00	1.80~2.00
2#	0.57	131	138	92	702.44	409.07	409.07	545.42	14.95	2.07

7.3.3　黄家寨氧化镁混凝土的施工[23]

黄家寨工地生产高掺 MgO 混凝土时，采用 1# 配合比配制和强制式搅拌机搅拌。添加 MgO 时，是先将称量好的 MgO 和减水剂混合，再将其与混凝土的其他原材料共同搅拌。混凝土搅拌时间为 120~150s，比搅拌未掺 MgO 的混凝土增加了 30s，目的是保证 MgO 在混凝土中均匀分布。除此之外，混凝土的生产流程与未掺 MgO 的混凝土完全相同。搅拌后的 MgO 混凝土采用自卸汽车运输到大坝。在高程 810.0m 以下，采用自卸汽车直接将混凝土运入仓内；在高程 810.0m 以上，先将混凝土用自卸汽车运至位于左岸高程 855.0m 的榴槽口处卸料，再通过榴槽将混凝土输送到位于仓内的自卸汽车中，接着由自卸汽车将混凝土运至仓内指定地点卸料。混凝土入仓后，采用反铲平仓、振捣棒振实。浇筑大坝混凝土时，全坝未设纵缝，仅在高程 835.0m 以上的左右两坝肩各设置 1 道竖向诱导缝，在高程 835.0m 以下未设横缝，通仓浇筑。诱导缝是先在仓面外用混凝土预制成 L 型板，再到仓面拼装成缝。仓内混凝土铺料层厚度为 0.5m，分层厚度为 2.2m，浇筑层间歇期为 7d，上下混凝土浇筑层间采用 20mm 厚的同强度等级砂浆搭接。

黄家寨拱坝采用全坝高掺 MgO 混凝土并在坝体上部设置两条诱导缝技术后，实际浇筑大坝混凝土时，即使在高温季节也未停止，仅采取了一些简易的温控措施。例如，在高温季节，在砂石料场搭设遮阳棚遮盖砂石骨料，从源头上控制混凝土的拌和温度；在自卸汽车上覆盖一个简易的遮阳棚，避免混凝土在运输过程中因太阳暴晒而造成温度升高；在混凝土上坝后，在仓面采取喷雾方式降低混凝土的浇筑温度，并对已浇筑并终凝的混凝土进行洒水养护等。除此之外，未采用预冷骨料、加冰拌和混凝土、坝体内部埋设冷却水管、分块浇筑混凝土等传统的温控措施。并且，生产混凝土时，除搅拌时间延长 30s 外，其他生产流程、运输设备、浇筑工序、原型观测仪器埋设等与不掺 MgO 的混凝土完全一样。

在坝体混凝土施工期间，试验方对所用原材料进行了抽样检测。结果为：拉法基 P·O 42.5 水泥的 MgO 含量为 2.04%～3.44%，（均值为 2.71%）、比表面积为 268～334m²/kg（均值为 305m²/kg）、标准稠度用水量为 24.7%～26.3%（均值为 25.8%），质量符合国家标准《通用硅酸盐水泥》（GB 175—2007）；野马寨粉煤灰的细度为 6.9%～21.0%（均值为 15.77%）、烧失量为 3.57%～6.58%（均值为 5.31%）、需水量比为 90.4%～102.9%（均值为 94.14%），质量满足《水工混凝土掺用粉煤灰技术规范》（DL/T 5055—2007）规定的 II 级灰要求；从工地仓库取样检验的 MgO 的纯度为 82.87%～93.36%（均值为 87.64%）、细度为 200 目、活性指数为 210～250s、烧失量为 2.0%～5.0%，MgO 除平均纯度值未达到 90%的低限值外，其余指标均符合贵州省地方标准《全坝外掺 MgO 混凝土拱坝技术规范》（DB52/T 720—2010）；机制砂石料的主要技术指标满足《水工混凝土施工规范》（DL/T 5151—2001）的要求。

7.3.4 黄家寨氧化镁混凝土的观测成果

在浇筑黄家寨拱坝 MgO 混凝土时，按照设计文件，共埋设无应力计 13 支、温度计 16 支、测缝计 8 支。根据大坝施工期的观测，在大坝混凝土浇筑后 3～21d，混凝土的温度上升至最大值，最高温度达到 43.6℃，最高温升值为 19.1℃，然后开始缓慢下降。至 2016 年 3 月 25 日，大坝 826.0m 高程以下的混凝土温度已降至环境温度，并随外界温度变化而变化。从截至 2016 年 7 月 25 日的观测结果看，黄家寨大坝监测仪器的完好率为 96.8%，无应力计测点的龄期已达 415～825d，坝体混凝土的最大膨胀变形为（51.77×10⁻⁶）～（131.78×10⁻⁶）；在龄期 90d、180d、360d 和 730d，坝体混凝土的自生体积膨胀变形为（18.90×10⁻⁶）～（58.51×10⁻⁶）、（26.03×10⁻⁶）～（73.66×10⁻⁶）、（32.05×10⁻⁶）～（101.97×10⁻⁶）和

(35.23×10^{-6})～(103.65×10^{-6})，平均值为 41.38×10^{-6}、51.55×10^{-6}、62.46×10^{-6} 和 64.52×10^{-6}；测缝计的实测结果表明，大坝 $1^{\#}$诱导缝表现为闭合状态(图 7-10)，$2^{\#}$诱导缝缝隙无明显变化(图 7-11)；挠度观测表明，坝体垂线位移主要向下游和左岸位移，位移量分别为 0.96mm 和 1.50mm，位移量相对较小。总之，坝体内部观测仪器工作正常、测值稳定，观测精度满足规范要求。结合现场多次巡视检查的情况分析，坝体混凝土观测成果无突变及明显异常变化，大坝运行工况正常。

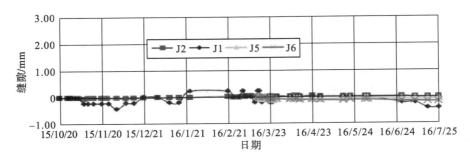

图 7-10   黄家寨大坝 $1^{\#}$诱导缝变化过程线

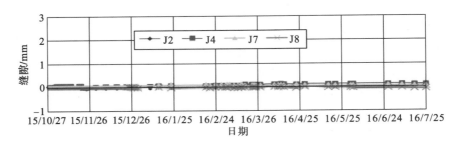

图 7-11   黄家寨大坝 $2^{\#}$诱导缝变化过程线

7.4.5   黄家寨工程应用氧化镁混凝土的效益与意义

从黄家寨水电站现场对混凝土抽样检测的统计结果看，外掺 MgO 混凝土的坍落度、90d 龄期的抗压强度、抗渗等级、极限拉伸变形等满足设计要求；从原型观测结果看，坝体 MgO 混凝土的自生体积变形测值、最高温升值同室内测值基本吻合，最大开度 (0.24mm) 及其发生位置与设计按照提高 MgO 掺量后计算的坝体应力场基本一致；从经济效益看，黄家寨拱坝采用全坝高掺 MgO 混凝土并在坝体上部设置 2 条诱导缝技术后，节省温控费用 120×10^4 万元，提前 90 天发电，增加发电收入 275.27×10^4 万元，共计创造经济效益 395.27×10^4 万元。黄家寨拱坝自 2016 年 3 月 28 日蓄水发电以来，已经历了多次洪水考验，大坝混凝土没有发现贯穿性裂缝，电站运行正常。

黄家寨拱坝全坝高掺 MgO 混凝土的生产实践表明，依据压蒸原理，采用模拟净浆压蒸法，制作水泥-粉煤灰-石粉混合浆体试件进行压蒸实验，不仅能使混凝土的 MgO 掺量科学合理地适当提高，而且混凝土的物理力学性能满足设计要求，坝体混凝土的自生体积膨胀变形、最高温升、坝体最大开裂度均在可控范围内，达到了进一步提高混凝土自身的抗裂能力、简化水工大体积混凝土的温控措施、加快施工进度、节省工程投资的目的。

同时，黄家寨拱坝作为国内外第一座全坝混凝土突破最大 MgO 掺量 6%限制的工程，用事实证明了适当提高 MgO 掺量的必要性、科学性和可行性，使高掺 MgO 混凝土理论得到实践的检验，是高掺 MgO 混凝土理论的重大进展，对未来科学合理地适当提高水工混凝土的 MgO 掺量、推动高掺 MgO 混凝土的应用和进一步发挥 MgO 混凝土快速筑坝的优越性，实现更好、更快、更省地建设水利水电工程，具有重要的示范意义和借鉴价值。

附录 I 水利水电工程轻烧氧化镁
材料品质技术要求（试行）[①]

1 总 则

1.1 氧化镁微膨胀混凝土是我国水利水电系统研究发展起来的创新技术。应用特制的轻烧氧化镁材料配制混凝土，以其膨胀的性能补偿混凝土收缩所生的拉应力，达到防裂、抗渗、简化温控措施、降低工程成本、加快工程建设的目的。

1.2 为保证氧化镁微膨胀混凝土能取得预期成效，并避免产生有害影响，必须掺入合格的轻烧氧化镁。为此，对轻烧氧化镁材料品质的物理化学指标和生产质量控制提出技术要求。

1.3 本技术要求是在总结氧化镁微膨胀混凝土实践经验与试验研究成果的基础上制定的。它适用于水利水电工程外掺轻烧氧化镁混凝土。

1.4 为确保轻烧氧化镁材料的质量，水工专用氧化镁应由氧化镁定点生产单位专门生产。

2 氧化镁材料品质的物理化学控制指标

2.1 MgO 含量（纯度）≥90%

2.2 活性指标 240s±40s

2.3 CaO 含量<2%

2.4 细度 180 孔目／英寸（0.077mm 标准筛）

2.5 筛余量≤3%

2.6 烧失量≤4%

2.7 SiO_2 含量<4%

3 氧化镁材料生产质量控制

3.1 物理化学指标关键是活性指标，对此必须严格控制。为控制产品稳定性，以 60t 为单位（批量小于 60t 的以批为单位）抽样 30 个，进行活性检验，要求离差系数 Cv≤0.1。Cv>0.1 为不合格产品，不能使用。除活性指标外，其余各项指标均应每批测定一次。

---

① 本技术要求由国家能源部、水利部水利水电规划设计总院于 1994 年 8 月颁发。

3.2　产品出厂时，厂家提供各项指标的物理化学分析单。

3.3　菱镁矿石料直径应控制在 50～150mm，煅烧出窑后要进行查验，对个别未烧透的块体应予剔除。

3.4　煅烧是轻烧氧化镁生产工艺的重要环节，要求煅烧温度稳定控制在 1050℃±50℃。煅烧温度要求保温 0.5h。

3.5　轻烧氧化镁成品易吸湿结块，包装要求密封防潮，便于运输及储存。自出厂日起算，保存期为 6 个月。超期应重新检验。

附录Ⅱ MgO 微膨胀混凝土筑坝技术
暂行规定(试行)及编制说明[①]

一、内　容

1. 总则

1.0.1　利用氧化镁在水泥水化过程中的变形特性,使混凝土产生延迟性微膨胀体积变形,在特定约束条件下产生预压应力,补偿混凝土坝等大体积混凝土降温收缩的拉应力,防止产生裂缝的技术,被称为氧化镁微膨胀混凝土筑坝技术(以下简称 MgO 混凝土筑坝技术)。

MgO 混凝土筑坝技术包括两方面:①在基础约束区浇筑一定厚度的 MgO 混凝土,防止基础贯穿性裂缝;②在混凝土表面进行保温,防止表面裂缝,适当简化温控措施。

1.0.2　本"暂行规定"所指的"MgO 混凝土"限定为"外掺 MgO 混凝土",即将经一定温度煅烧、磨细的轻烧 MgO 粉适量掺入混凝土中。以下未加特殊说明者均指外掺 MgO 混凝土。

1.0.3　本规定适用岩石基础常态混凝土坝、碾压混凝土坝垫层部分以及其他水工大体积混凝土。

1.0.4　应用 MgO 混凝土筑坝时,必须符合相应的《混凝土重力坝设计规范》(SDJ 21—1978)、《混凝土拱坝设计规范》(SD 145—1985)以及《水工混凝土施工规范》(SDJ 207—1982)的要求。

1.0.5　MgO 混凝土筑坝应进行温度应力补偿设计,计算分析坝体温度场、温度应力和补偿应力,确定 MgO 混凝土的补偿效果,并进行经济分析,确定采用 MgO 混凝土的经济效益。

1.0.6　应进行 MgO 混凝土原型观测,以验证温度应力补偿的实际效果,并监测 MgO 混凝土的附加应力和变形。

2. MgO 原材料质量标准和检验

2.0.1　凡应用 MgO 混凝土筑坝的工程,其 MgO 材料品质必须符合《水利水电工程轻烧 MgO 材料品质技术要求》规定的控制指标。其中活性指标测定方法见【附 A】。

2.0.2　MgO 原材料到达工地必须按照《水利水电工程轻烧 MgO 材料品质技术要求》

[①] 本规定由国家电力部水电水利规划设计总院、水利部水利水电规划设计总院于 1995 年 5 月颁发。

进行分批复检，合格方能验收，每批抽样 10kg，分为二等份。一份作检验用，测定控制指标；另一份保存在密闭容器中，以备补充试验，必要时作仲裁试验用。

2.0.3　施工时应加强 MgO 原材料的管理，MgO 应分批编号存放，各批不得混淆，库存应注意防雨和防潮。必须建立 MgO 原材料技术档案，详细登记各批 MgO 在坝上使用的部位。

3. 胶凝材料试验和 MgO 安定掺量的确定

3.0.1　MgO 混凝土所用的水泥及混合材的物理、力学、化学性能检验，应根据《水工混凝土试验规程》(SD 105—1982)进行，重点检验胶凝材料(水泥+混合材)的安定性及混合材对安定性的影响。

3.0.2　混合材应进行化学成分检验，混合材中的 MgO 含量不计入胶凝材料的 MgO 含量之内。

3.0.3　外掺 MgO 水泥的物理、力学性能试验，其 MgO 含量(%)按式(3-1)确定：

$$MgO含量 = \frac{MgO含量}{水泥重量 + 混合材重量} \times 100\% \qquad (3\text{-}1)$$

式中，MgO 重量应包括水泥中 MgO 重量和外掺 MgO 重量(水泥中 MgO 含量低于 1.5 % 者，MgO 重量不计)，室内试验 MgO 外掺率可取 0、2%、4%、6%、8%五级进行。

3.0.4　水泥(包括混合材)安定性试验，应按《水泥压蒸安定性试验方法》(GB 750)的规定进行。水泥压蒸膨胀率，普通水泥不超过 0.5%、矿渣水泥不超过 0.8%为合格，但须检验试件有无翘曲、弯曲、微裂缝。

3.0.5　MgO 安定掺量，应根据各种 MgO 掺量和压蒸膨胀率的关系曲线确定，当超过某一掺量，试件压蒸膨胀率突然增大时(即关系曲线上的拐点)，应将此掺量乘以 0.8～0.95 的安全系数，作为安定掺量的上限。

4. MgO 混凝土性能试验

4.0.1　MgO 混凝土物理、力学、变形等性能试验，其内容、要求应和补偿设计时各结构部位的要求相一致。试验方法应和常规水工混凝土一样，按《水工混凝土试验规程》执行。

4.0.2　MgO 混凝土性能试验应按实施的混凝土配合比进行，所用的水泥品种、混合材、骨料、外加剂等应和相应部位混凝土材料一致。

4.0.3　MgO 混凝土自生体积变形试验必须确保试件恒温、绝湿，试验所用的 MgO 掺量可根据本规定 3.0.5 条确定的安定掺量，并增加±2%和 0 掺量，共 4 级进行。试件环境温度应根据设计要求确定两种温度，试件应置于恒温水箱内，观测时间不少于一年，变形趋于稳定后(年变化率 $\Delta\varepsilon_g \leqslant 2\times10^{-6}$)才能停止观测。

4.0.4　MgO 混凝土自生体积变形试验成型混凝土所用的"湿筛"标准，应和坝内无应力计筒内混凝土"湿筛"标准一致，以保证二者"含浆率"相同。

4.0.5　MgO 混凝土所在的结构部位如果有抗冲磨、抗化学腐蚀、抗冻等要求时，应按规程进行相应的试验。

5. MgO 混凝土筑坝的温度应力补偿设计

5.0.1　MgO 混凝土筑坝应进行大坝温度场、温度应力和温度应力补偿计算，作为混凝土温控设计的一部分。

5.0.2　MgO 混凝土温度应力补偿主要在基础约束区，根据温度场、温度应力、补偿应力计算和 MgO 安定掺量，通过方案比较，最终确定 MgO 混凝土的浇筑范围及简化温控措施。

5.0.3　混凝土坝温度应力补偿设计，应充分利用 MgO 混凝土筑坝技术的快速施工优势，尽量不设或少设纵缝，高块浇筑或滑升模板连续浇筑。

5.0.4　大中型工程坝体温度场、温度应力和补偿应力的分析，宜采用有限单元法进行仿真计算，要求根据施工进度安排，选择典型坝段自基岩面开始，向上延续到浇筑块高度超出约束区以外，逐时段逐层计算，并使浇筑块温度降至大坝稳定温度，最终得出最不利的温度应力分布和过程。

5.0.5　老混凝土约束区浇筑 MgO 混凝土，其温度应力补偿和基础混凝土相近，可参照基础混凝土的要求执行。

5.0.6　MgO 混凝土筑坝技术应进行保温设计，严格实施保温措施。

5.0.7　不得在坝体内部浇筑 MgO 混凝土，表层浇筑常态混凝土。

6. MgO 混凝土的施工检测

6.0.1　外掺 MgO 混凝土施工，必须严格控制其安定性和均匀性。

MgO 混凝土施工现场安定性检验，应按本规定 3.0.4 条执行。大型工程每批 MgO 原材料(60t)进行一组试验，按照设计 MgO 掺量进行压蒸安定性检验，压蒸不合格的 MgO 不得使用。

6.0.2　外掺 MgO 混凝土施工前，拌和系统应进行全面检验，包括对进料漏斗、称量设备、拌和机等的性能试拌测定。对称量系统，每天至少校验一次，误差不得大于 1%。

6.0.3　拌和机口外掺时，应严格执行规定的混凝土拌和工艺流程、投料顺序和搅拌时间，应严格控制 MgO 的投放量，确保掺量的准确性，误差不得超过 MgO 含量的±1%，不符合上述要求的，应及时采取包括挖除在内的补救措施，以免发生事故。

大型工程不宜采用人工投放 MgO，严禁用体积法称量 MgO。

6.0.4　为保证 MgO 拌和均匀，外掺 MgO 混凝土的拌和时间宜较常态混凝土适当延长。

6.0.5　混凝土中的 MgO 含量宜采用化学法检验，测定胶凝材料(水泥+混合材)中 MgO 的含量，其计算公式见本规定的 3.0.3 条。

6.0.6　评定施工中 MgO 含量均匀性，应以拌和机口随机检验为准，随机抽样时间每次间隔不大于 8 小时，每次抽样样品数不得少于 3 个，取湿筛砂浆试样，每个试样重量少于 2g，据以测定 MgO 含量。

根据抽样结果编制质量控制图表，对 MgO 混凝土拌和均匀性进行实时控制，分析、判断、评定 MgO 混凝土浇筑质量。

MgO 含量施工均匀性指标如表 6-1 所示。

表 6-1　MgO 含量施工均匀性指标 C_v

混凝土标号	等级			
	优秀	良好	一般	较差
<200 号	<0.15	0.15～0.18	0.18～0.22	>0.22
≥200 号	<0.11	0.11～0.14	0.14～0.18	>0.18

6.0.7　拌和机单罐 MgO 均匀性检验及坝体 MgO 均匀性检验应根据工程实际情况确定是否进行，但应根据随机取样记录，确定坝上相应混凝土浇筑部位的 MgO 含量，进行分段统计、分析。

单罐 MgO 均匀性评定，其标准见【附 B】。

7. MgO 混凝土筑坝原型观测

7.0.1　MgO 混凝土筑坝应埋设观测仪器进行原型观测，原型观测的主要任务为：①监测施工期和运行期大坝的温度场和 MgO 混凝土自生体积变形；②核定大坝温度应力补偿效果。

7.0.2　MgO 混凝土筑坝原型观测应作为永久观测项目，按《混凝土大坝安全监测技术规范》（SDJ 336—1989)关于仪器率定、埋设、观测和资料整理的规定执行。

7.0.3　仪器布置应符合以下要求：

(1)在基础约束区的温度计、应变计、无应力计等仪器应布置在坝块中央断面的铅垂线上。

(2)仪器在垂线上的布置，要求在基础附近密一些，上部适当稀一些，在 MgO 混凝土和常态混凝土接触面上下一定范围内也应埋设一定数量仪器。

(3)仪器应尽量埋设在浇筑层厚度的中间及温度、应力突变的地方，但不宜距浇筑层顶面太近，以避免层面干扰。

(4)基础约束区应变计轴线应平行坝块长边方向，无应力计轴线应垂直等温线，在基础块中部应呈铅直方向布置。每组仪器都应成双埋设，互为备用。

(5)原型观测典型断面应和应力补偿设计中的计算典型断面一致，以便验证。典型断面应选择形状简单、基础平整、基础约束应力最大、具有代表性的坝块。

(6)原型观测典型断面的 MgO 混凝土宜选择在浇筑温度较高的坝块以保证测得结果有代表性。

7.0.4　无应力计筒内回填的混凝土应严格"湿筛"。"湿筛"方法和标准应和本规定 4.0.4 条室内自生体积变形试验的混凝土"湿筛"一致，以保证坝上和室内所测成果的可比性。

7.0.5　在坝上关键部位埋设无应力计的同时，宜取该部位的 MgO 混凝土，成型一定数量的自生体积变形试件，在室内模拟养生，进行观测，以资相互校验。

7.0.6　原型观测过程应连续进行，直到坝体达到稳定温度之后。施工及运行期应及时检验观测数据，经常掌握坝内温度应力和补偿应力发展趋势，整理以下观测资料：

(1) 不同时期的温度、温度应力及补偿应力分布状态。

(2) 重要部位的温度、自生体积变形、温度应力及补偿应力过程线。

7.0.7　在分析原型观测资料基础上提出观测分析总结报告。

【附 A】MgO 膨胀剂的活性指标测定方法

称取试样 1.7g，放在烧杯中，加 100mL 中性(pH=7)水，再加 100mL 柠檬酸溶液(溶液中溶有 2.6g 柠檬酸)放在磁力搅拌器上搅拌并加热，使溶液维持在 30～35℃，加入 1～2 滴酚酞指示剂，同时记下从开始搅拌到溶液出现微红色的时间。

【附 B】MgO 含量均匀性单罐检验标准

MgO 含量均匀性单罐检验标准

项目	等级			
	优秀	良好	一般	较差
均方差	<0.0020	0.0020～0.0025	0.0025～0.0030	>0.0030
级差	<0.008	0.008～0.010	0.010～0.012	>0.012
离差系数 C_v	<0.0500	0.0500～0.0625	0.0625～0.0750	>0.0750
保证率/%	>95	>95	>95	>95

二、编 制 说 明

前言

氧化镁微膨胀混凝土(以下简称 MgO 混凝土)筑坝技术的研究与推广，自 1973 年白山重力拱坝温控设计开始算起，至今已有 20 年历史了。我国使用此项技术修建了多项工程，其中有东北高寒地区的白山重力拱坝(吉林，1975～1982 年，坝高 149.5m)，红石重力坝(吉林，1982～1986 年)，这两项工程全部采用抚顺水泥(内含 MgO 4.5%)，前者未能实施设计要求的降温措施，后者取消了降温措施，基础混凝土温差达 40℃以上，超过规范一倍，没有产生贯穿性裂缝。此外还有安康水电站坝后厂房基础填塘混凝土，也使用了这种抚顺水泥，防裂效果很好。20 世纪 90 年代初华南亚热带地区修建了青溪水电站重力坝(广东大埔，1990～1993 年，坝高 52m)及水口水电站重力坝(福建闽清，1990～1993 年，高 101m，7～15 号坝段中 5 个坝段)，应用了外掺 MgO 泥凝土筑坝技术；石塘水电站下游护坦混凝土、铜子街水电站厂坝接缝混凝土、东风拱坝基础填塘混凝土($1.5 \times 10^4 m^3$)都应用了外掺 MgO 混凝土筑坝技术，取得了成功。初步统计，迄今为止我国应用 MgO 混凝土筑坝技术共浇筑了水泥内含 MgO 混凝土超过 200 万 m^3，外掺 MgO 混凝土约 $46.0 \times 10^4 m^3$(坝体混凝土)。还有许多工程正在应用或准备应用此项技术。可以预见，MgO 混凝土筑坝技术今后将有一个较大的发展。

MgO 混凝土筑坝的技术优势在于 MgO 独具的延迟性微膨胀特性，其膨胀变形的量及过程与大体积混凝土降温收缩变形大体上协调，因而具有很好的温度应力补偿效果。MgO 混凝土筑坝可以简化传统的温度控制，采用通仓、连续、全天候浇筑，取代或少用薄层、长间歇、预冷骨料、水管冷却等降温措施，配以表面保温可以避免坝体混凝土开裂，从而简化了施工，大大地加快了水电建设速度。

MgO 混凝土筑坝是一项多学科的技术，它包括混凝土坝温度应力补偿理论和补偿设计、水泥化学机理、混凝土材料性能和变形规律、MgO 混凝土筑坝施工控制以及原型观测五方面的内容。尽管 MgO 混凝土筑坝技术简化了温度控制，工艺简单，但是技术要求比较严格，这主要是因为：MgO 材料本身质量不合格，或掺量过多，将造成混凝土不安定；MgO 混凝土在坝上浇筑部位处置不当，或膨胀时间不相宜，将不能满足补偿变形的需要，达不到防裂的目的，甚至在某些结构部位形成附加拉应力，MgO 在混凝土内部分布不均匀，造成局部差膨胀，产生内部约束拉应力反而助长了混凝土开裂。

所有这些，如果疏于控制，严重的就有可能造成工程危害，因此制定此"暂行规定"，希望在积极推广 MgO 混凝土筑坝技术，充分发挥其快速性和经济性等优势的同时，严肃认真地做好此项工作。

本"暂行规定"是国内外首次提出的 MgO 混凝土筑坝技术规定，总结了设计、施工与科学试验的经验，比较全面地概括了 MgO 混凝土筑坝的理论和实践，对于推动我国MgO 混凝土筑坝技术的发展是十分有益的。

1. 总则

1.0.1 MgO 混凝土是一种适用于大体积水工建筑物的温度应力补偿混凝土，它和其他类型膨胀混凝土的区别在于其膨胀过程的延迟性，膨胀的发生期间在龄期 7d 以后，并控制在半年到 1 年时间结束。应用 MgO 混凝土筑坝技术不仅是由于晚龄期混凝土弹性模量高、单位膨胀变形可以得到较大的预压应力，晚龄期混凝土徐变度小，所获得的补偿应力被松弛较少，更重要的是由于 MgO 延迟性膨胀变形适应大体积混凝土散热慢、收缩变形发生得比较迟的特点，补偿更有效。因此将此项技术定名为"氧化镁微膨胀混凝土筑坝技术"，简称"MgO 混凝土筑坝技术"。

MgO 膨胀变形和温度收缩变形一样，同属体积变形(即非受力变形)，产生应力的条件是要求物体有边界约束或物体变形不均匀产生内部约束，根据理论分析，混凝土坝内温度变形主要有基础约束(包括老混凝土约束)和内表约束两种，产生的裂缝也主要是两种类型裂缝，即基础贯穿裂缝和表层裂缝。用补偿混凝土防裂主要在于基础约束区，当然也可将 MgO 混凝土浇在坝的表层，形成差膨胀，进行防裂，但经验表明分区浇筑混凝土容易造成干扰，不如表面保温更有效。因此本规定提出 MgO 筑坝技术包括两方面：①在大坝基础约束区浇筑一定厚度的 MgO 混凝土，防止基础贯穿性裂缝；②在大坝表面进行保温，防止表面裂缝，适当简化温控。

这里需说明：①采用 MgO 混凝土技术，并不要求全坝自下而上浇筑 MgO 混凝土，因为约束区外补偿作用很小，只需要基础约束区采用 MgO 混凝土；②MgO 混凝土形成约束应力主要靠基础对混凝土的约束作用。

1.0.2   MgO 混凝土的制备方式有内含和外掺两种：①凡是符合《矿渣硅酸盐水泥、火山灰质硅酸盐水泥及粉煤灰硅酸盐水泥》(GB 1344—1992)的要求，熟料中的 MgO 含量不超过 6%、不少于 1.5%的水泥，利用其 MgO 的延迟性、膨胀性拌制的混凝土称"内含 MgO 混凝土"；②凡经一定温度煅烧、磨细的轻烧 MgO 粉，适量掺入混凝土中称"外掺 MgO 混凝土"。这两种 MgO 混凝土的优缺点如下。

内含 MgO 混凝土，某些水泥中含较多 MgO，如白山等工程使用的抚顺水泥及本溪水泥，都是经过国家标准检验的正规产品，安定性可靠，MgO 在水泥中的含量较稳定，能够保证制备的混凝土中 MgO 的均匀性，因此易被人们所接受。另外在施工中与外掺 MgO 混凝土不同，其不必经常检验混凝土的安定性和均匀性，所以工艺简单。用这种内含 MgO 水泥已经建成 2～3 座大坝，累积混凝土量 200 万 m^3 以上。

内含 MgO 压蒸安定性试验符合国标，20 世纪 50 年代我国一批水利工程和港口工程用此种水泥(如本溪水泥)已近 40 多年，证明安定性是没有问题的，MgO 颗粒较细，尽管煅烧温度较高，但水化膨胀过程一般在一年左右已趋稳定，抚顺水泥现已有近 20 年资料证明这一点。对内含 MgO 的抚顺水泥，在 1984 年原水电总局就有肯定意见。

内含 MgO 混凝土不能调整 MgO 含量，对于施工中不同的混凝土温度和浇筑部位，适应性较差。

外掺 MgO 混凝土是 1985 年以来研究和推广的重点，其优点首先是制备 MgO 和制备水泥分开。可以单独调整 MgO 的煅烧温度、颗粒细度等工艺参数，使之更接近理想的延迟膨胀曲线，提供更有效的应力补偿效应。其次是 MgO 的掺量可以根据补偿的需要调节。此外，外掺 MgO 可以和任何品种水泥相掺混，可利用当地合格水泥制备 MgO 混凝土，较内含 MgO 有更大适应性。实践证明拌和机口外掺工艺很简单，只要投料准确，在适当延长拌和时间和不改变混凝土配比的情况下，不论人工投料还是机械投料都可以使 MgO 掺量均匀。

对于外掺 MgO 混凝土，原材料的质量很关键，特别是轻烧 MgO 材料的煅烧温度，其影响着混凝土的安定性和膨胀特性，因此要求严格加强管理和提高工艺水平，使煅烧温度能够达到长期稳定。此外要求经常进行施工检验，确保掺量均匀，避免超掺或漏掺。

广东青溪水电站采用外掺 MgO 混凝土取得成功。虽然该工程采用人工外掺 MgO 工艺，MgO 混凝土的均匀性指标仍能达到良好水平，但人工投料操作环境较差，宜尽量采用机械化自动投料。

本规定主要针对外掺 MgO 混凝土，除第 2 章"MgO 原材料质量标准和检验"，第 3 章"胶凝材料试验和 MgO 安定掺量的确定"中"MgO 安定掺量的确定"部分，以及第

6 章 "MgO 混凝土的施工检验"等章节外，其余条款均适用于内含 MgO 的混凝土。

1.0.3　大体积混凝土是指各向尺寸较大、内部水化热积蓄较多、天然散热短时间难以散尽的混凝土块体，如混凝土重力坝、拱坝、碾压混凝土坝基础垫层、船闸底板、闸墩等，它们都可以用 MgO 混凝土进行温度应力补偿防裂。过去 MgO 混凝土推广多用于重力坝、重力拱坝、填塘等工程，对于薄拱坝等超静结构，在用 MgO 混凝土时，须考虑成拱后残余膨胀变形形成的附加应力，对此尚无经验，须进一步研究。

1.0.4　MgO 混凝土筑坝技术，不仅是对材料而言，而且是一种筑坝技术，除应遵循水泥混凝土方面的现行规范和标准外，尚须遵循各种混凝土坝有关设计和施工方面的规范，不允许不做设计就进行施工。

1.0.5　MgO 混凝土温度应力补偿和温度控制一样，涉及混凝土坝分缝、分层分块、施工导流、工程进度、温控措施等一系列坝工和施工设计问题，因此本规定强调应在这些方面做必要的分析、计算。

1.0.6　考虑到 MgO 混凝土筑坝技术目前尚处在推广的初期，需要及时掌握温度应力补偿的效果，因此本规定强调原型观测工作。

2. MgO 原材料质量标准和检验

2.0.1　MgO 原材料的质量是外掺 MgO 混凝土筑坝质量的根本，它关系着 MgO 混凝土筑坝技术的成败，因此要求采用水工专用 MgO 作为原材料。

根据以往的工程经验，辽宁海城地区所产的 MgO 品位最高，适合作水工补偿混凝土，但煅烧时窑温控制全凭经验，尚没有理想的测温手段，用活性指标测量间接判断煅烧程度。在过去检测中发现各批 MgO 的活性指标有一定差别，个别的相差较大，所以在施工供料时一定要严加注意，尽量做到活性指标长期稳定。为此建议施工单位驻厂监制，签发合格证办法加以控制。

2.0.2　水工专用 MgO 技术指标规定的内容一般都可达到长期稳定，唯有颗粒细度和活性指标有一定波动。这两项决定 MgO 混凝土膨胀特性的指标，制备时受制备工艺的影响较大，而活性指标的量测受操作人员素质、环境温度、搅拌时间等因素影响。相同材料、不同量测人员，测值之间相差较大，因此必须严格检验和复检。

MgO 原材料容易吸湿受潮而失去活性，受潮严重则不能使用。MgO 出厂后往往需要长途运输和转运，因此包装材料和包装方式非常重要，应寻找更好的装运材料，避免 MgO 受潮。

2.0.3　大规模使用 MgO 混凝土施工时，必须注意加强 MgO 原材料的管理，建立检验、存放、使用等技术档案，使工程建成以后能够随时查找到坝上各部位所用的 MgO 技术指标。

3. 胶凝材料试验和 MgO 安定掺量的确定

3.0.1　外掺 MgO 水泥和混合材的物理、力学试验和常规方法相同。经验表明，质量合格的外掺 MgO 对水泥的性能基本没有影响。

3.0.2 硅酸盐化学表明混合材中 MgO 呈化合态存在，不以游离方镁石状态参与水化作用，因此不计入混合材的 MgO 含量。

3.0.3 《矿渣硅酸盐水泥是、火山灰质硅酸盐水泥及粉煤灰硅酸盐水泥》（GB 1344—1992）规定水泥中的 MgO 含量是以水泥熟料中的 MgO 含量为准，而外掺 MgO 水泥中的 MgO 含量和国标不同，是根据水泥安定性的基本含义和水工混凝土的贫水泥特点规定 MgO 含量是以胶凝材料为准，即 MgO 重量占水泥加混合材重量的比例，MgO 重量包括水泥内含的和外掺的两部分。当水泥中 MgO 含量小于 1.5%时，MgO 呈固溶体不产生膨胀，此部分 MgO 不计入 MgO 重量之内。

3.0.4 国标规定水泥压蒸安定性试验方法，是国际上普遍认定为相当苛刻的检验方法，要求在 20atm316℃条件下，试件压蒸 3h，膨胀率小于 0.5%为合格。实际表明不合格试件未必不安定，这样限制了大体积混凝土的 MgO 掺量，补偿所需的膨胀量受到限制，应该对此标准做必要改进，在没有新标准之前，仍然执行现行国标。

4. MgO 混凝土性能试验

4.0.1 工程实践表明，外掺 MgO 混凝土的物理力学性能和相应不掺 MgO 的混凝土相差不大，与混凝土的耐久性相关的抗冻、抗渗等性能相比还略有提高，因此外掺 MgO 混凝土的物理力学试验实际是校核性的。

4.0.2 MgO 混凝土自生体积变形 $G(t)$ 或 ε_g，是大体积混凝土温度应力补偿设计的主要资料，因此混凝土自生体积变形试验要求试件严格恒温、绝湿。混凝土非外力体积变形包括温度变形、湿度变形和化学变形(即自生体积变形)，因此试件必须严格排除温度、湿度变形的干扰才能准确测定出自生体积变形，恒温水箱目前稳定在 1℃左右的波动范围，自动控制，可以保证试件恒温。混凝土在表层 20cm 之内湿度变化是很敏感的，而且干缩值可达 $500×10^{-6}$ 以上，因此为做到绝湿，试件的绝湿铁皮一定要焊接严密。

MgO 混凝土自生体积变形受环境温度影响很大，40℃的 $G(t)$ 相当 20℃的 2 倍以上，因此设计应根据夏季浇筑混凝土最高温度，提出两种试验环境温度。

MgO 混凝土膨胀变形的延迟性主要取决于 MgO 原材料的性质，可能几年甚至几十年才能稳定。根据多年研究，现在可以做到轻烧 MgO 混凝土在一年左右龄期趋于稳定($\Delta\varepsilon_g$ $\leqslant 2×10^{-6}$/年)，因此试验观测时间可按 1 年掌握。

4.0.3 MgO 混凝土自生体积试验成果和坝上原型观测的自生体积变形应该一致，但实际二者出入较大，影响因素较多，混凝土"湿筛"标准不一致是其中影响因素之一，因此必须特别注意。

5. MgO 混凝土筑坝温度应力补偿设计

5.0.1 MgO 混凝土筑坝温度应力补偿是坝工设计内容的一部分，它涉及大坝纵横缝的设置、温度应力等坝工内容，也涉及温控防裂措施、通仓连续浇筑，以及工程进度、浇筑速度、施工设备及能力等施工技术问题，因此 MgO 混凝土筑坝一定要纳入坝工设计。

5.0.2 如前所述，混凝土温控设计的重点部位之一是基础约束区，因此 MgO 混凝土温度应力补偿设计的重点也是基础约束区，在此部位分别考虑几种方案，如"骨料预冷+冷却水管+薄层"等全部温控降温措施，或部分采用降温措施，并配合浇筑 MgO 混凝土，或全部采用 MgO 混凝土等方案。每种措施改变几种技术参数，进行计算分析、技术经济比较，最后结合工程具体情况确定采用的方案。

5.0.3 经 MgO 混凝土补偿之后，混凝土坝温度应力将有所降低，因而简化了温控降温措施，使不设或少设纵缝高块连续浇筑成为可能，因此设计应改变"不能在高温季节浇筑常态混凝土、没有预冷就不能通仓浇筑混凝土"的观念，适应 MgO 混凝土快速施工特点，加大混凝土的拌和、运输、浇筑能力，快速施工。

5.0.4 混凝土坝温度场、温度应力、补偿应力有限元仿真计算，可选 1～2 个有代表性坝段，在最不利的环境温度条件(比如 7 月浇筑混凝土)进行仿真，其余坝段和温度条件好的季节浇筑的混凝土可用相关推算，不必每个坝段每个月份都进行反复的计算。当计算浇筑层高度超过基础约束区厚度以后，可不必再逐层向上计算，只需将浇筑顶面假定绝热边界，加大计算时间步长，直到大坝达到稳定温度。

由于温度和温度应力均符合线性叠加原理，可将各种温度因素和自生体积变形分别计算，求得单位温差应力或单位微应变应力，然后再根据不同条件加以组合，这样可节省计算工作量。

混凝土坝温度场通常属于不稳定场，各点温度均随时间不停地变化，因此必须考虑各种参数和时间效应，原始资料应尽量满足此要求。

5.0.5 老混凝土通常是指浇筑层间歇时间超过一个月者，再浇新混凝土的下层混凝土作"老"混凝土处理，新、老混凝土约束应力较大，要求在老混凝土强约束区(自老混凝土面算起相当于 1/5～1/10 的块长)，亦须浇筑 MgO 混凝土。一般新、老混凝土的约束应力较基础约束应力小，故不要求进行计算，参照基础混凝土要求即可。

5.0.6 根据近年来工程实践和理论分析，混凝土表层裂缝可发展成贯穿，其成因主要是气温下降造成混凝土内外降温幅度不一致，并已得出普遍的认识，即保持混凝土外温(即表层温度)较降低内温更有效，更易被施工单位掌握。因此从北方寒冷地区到华南亚热带地区的施工单位已逐渐采用保温防裂的做法。在混凝土坝设计规范中已对保温作详尽规定，保温材料和方式各地已较成熟，因此 MgO 混凝土筑坝技术和这些规范是一致的。要求进行坝面保温设计和严格执行保温措施。

5.0.7 超出基础约束区，坝体温度应力计算模式为"自由墙"。因为自由墙内 MgO 混凝土属均匀变形，在理论上不产生补偿应力，不能防止表面裂缝。为避免施工干扰和在坝内产生附加拉应力，不要求在表层浇 MgO 混凝土、内部浇常态混凝土，尤其不得在内部浇膨胀混凝土、表层浇常态混凝土，以免将坝胀裂。

6. MgO 混凝土的施工检测

6.0.1 实践表明，MgO 原材料运抵工地各批之间技术指标有一定差异，为保证 MgO 各项指标的准确，要求对进场的每批 MgO 重新检验，其中最重要的是活性指标和压蒸试验。

6.0.2　外掺 MgO 混凝土施工的关键是控制 MgO 在混凝土中掺混均匀，其中重要的一点是拌和系统的称量，必须做到水泥、混合材和 MgO 称量准确，冒秤、欠秤都会造成 MgO 掺率的波动，因此本规定提出拌和楼的设备校验的要求。

6.0.3　投料准确是外掺 MgO 均匀性的另一质量关键。青溪水电站是人工投料，水口水电站后期是机械化自动投料。人工投料应按每次投 MgO 的重量事先称好，装在特制袋中，一次投一袋，避免超掺或漏掺，下料和中央控制台要配合好，有联系设施，互相监督，下料漏斗容积宜制成正好一次的投料量，可不致超掺。机械投料的关键在于设备的精度和自动化水平，管理得好，机械化投料对减少工人劳动强度和避免粉尘污染都有好处。有的工程用铁锹或铁桶"体积法"投料，这是不允许的。

6.0.4　工程经验表明，按常规不增加拌和时间，MgO 在混凝土是能够拌均匀的。为避免出意外，本规定提出拌和时间较常规适当延长。

6.0.5　在青溪水电站、水口水电站两项工程推广时，其 MgO 均匀性检验的要求是严格而详细的，分三级检验，即单机单罐检验、拌和楼随机检验、坝上检验，累积 1000 多组试件，进行统计分析，从而掌握了均匀性的一般规律，并得出如下认识：①单罐检验结果证明，运转正常的拌和机在 120s 左右的拌和时间内完全有把握将 MgO 搅拌均匀，今后可以不进行此项检验；②拌和楼随机检验是在生产过程中进行的，由于水泥、骨料上料等人为因素造成 MgO 均匀性变化，大致相当于混凝土强度变化，因此随机检验是外掺 MgO 均匀性检验主要手段，检验时间本规定由原定的 4h 一次改为 8h 一次，进行实时控制；③坝上均匀性检验是外掺 MgO 混凝土均匀性的主要凭证。原来是坝上取样，按坝段分析，判断各坝段质量。考虑取样工作量较大，与拌和楼随机取样重复，本规定不做坝上取样，但应根据拌和楼随机取样结果，相对应坝上浇筑部位进行分坝段分层地统计分析。如有条件，施工单位可根据情况进行单罐检验和坝上实测检验，以提高质量管理水平。

7. MgO 混凝土筑坝原型观测

7.0.1　MgO 混凝土筑坝和常态混凝土一样，应做必要的原型观测，尤其在 MgO 混凝土推广初期，必须针对温度应力补偿的需要和特点，观测温度、自生体积变形和补偿应力。

7.0.2　本规定强调 MgO 混凝土原型观测是永久性观测，要避免施工观测的随意性，要按规范要求率定仪器，严格埋设和观测要求，不能草率。

7.0.3　本规定针对温度应力补偿特点、规定了仪器布置要求。

(1)MgO 混凝土在基础约束区的温度应力和补偿应力都发生在坝块中央断面上，方向水平，大致平行等温线。因此仪器布置在一条铅垂线上并和应力分布相对应。

(2)通常坝工设计观测仪器要求布置在离岩石面较远的地方(距岩面 3～5m)，以避开基础附近局部应力影响，保证大坝运行期整体应力测量的准确性。而温度应力补偿的原型观测主要是为观测基础约束区应力，所以近基岩面处要求密些，上部约束应力逐渐减小，仪器布置则要稀一些。

(3)仪器布置在浇筑层中间部位，主要考虑该处温度梯度较小，应力变化平缓。不考虑在浇筑层表面布置仪器，因层面打毛处理时容易被破坏。另外，此处温度及应力变化非常急剧，测值容易失真，故不宜布置仪器。

(4)平面为矩形的筑块，其约束应力在长边方向最大，故要求仪器轴线平行长边方向布置，无应力计内不允许出现温度应力，而温度应力方向一般平行等温线方向，因此要求无应力计轴线和等温线垂直。

(5)典型观测断面要求形状简单、基础平整，是为了避免因为边界条件复杂产生附加应力而使观测和分析工作复杂，并使观测和设计典型断面一致，便于复核。

(6)原型观测典型断面要求选择在高温季节浇筑的混凝土坝段。取不利的温度作控制条件，以使 MgO 混凝土筑坝的温度应力补偿观测成果更具有代表性。

附录Ⅲ 贵州省地方标准全坝外掺氧化镁混凝土拱坝技术规范(DB52/T 720—2010)

1 范 围

本规范针对氧化镁混凝土拱坝的体形和分缝设计、材料试验、温控和防裂、安全监测、施工控制等项内容做出规定。

本规范适用于贵州省中小型水利水电工程的混凝土拱坝,大型工程可作参考。

2 规范性引用文件

下列文件对于本文件的应用是必不可少的。凡是注日期的引用文件,仅所注日期的版本适用于本文件。凡是不注日期的引用文件,其最新版本(包括所有的修改单)适用于本文件。

GB/T 176 水泥化学分析方法

GB/T 1346 水泥标准稠度用水量、凝结时间、安定性检验方法

GB/T 17671 水泥胶砂强度检验方法(ISO 法)

DL/T 5112 水工碾压混凝土施工规范(附条文说明)

DL/T 5144 水工混凝土施工规范(附条文说明)

DL/T 5148 水工建筑物水泥灌浆施工技术规范(附条文说明)

DL/T 5178 混凝土坝安全监测技术规程(附条文说明)

JC/T 603 水泥胶砂干缩试验方法

SL 282 混凝土拱坝设计规范(附条文说明)

SL 352 水工混凝土试验规程(附条文说明)

3 术语和定义

下列术语和定义适用于本文件。

3.1 氧化镁混凝土拱坝 MgO-admixed concrete arch dam

利用氧化镁混凝土的延迟性微膨胀特性,作为主要的温降收缩补偿措施,在全坝外掺氧化镁筑成的混凝土拱坝。

3.2　氧化镁掺量　MgO concrete

氧化镁质量占胶材总量(不含氧化镁)的比例。

3.3　自生体积变形　Autogenous volume deformation

胶凝材料的水化作用引起混凝土的体积变形。

3.4　诱导缝　Induced joint

为释放坝体混凝土拉应力而专门设置的一种结构弱面。

3.5　仿真分析　Simulation analysis

模拟坝体混凝土在施工和运行全过程中的温度场、应力场,分析拱坝结构应力的计算方法。

4　总　　则

4.1　为促进外掺氧化镁微膨胀混凝土筑拱坝技术的应用,提高氧化镁微膨胀混凝土拱坝的技术水平,保证工程质量,特制订本规范。

4.2　本规范未涉及的部分,应按相关技术标准执行。

5　枢纽布置

5.1　拱坝布置参照 SL 282 的有关规定执行。

5.2　宜将混凝土拱坝与引(输)水建筑物分开布置,利于连续、快速施工。

5.3　在坝上布置泄水建筑物时,宜优先采用溢流表孔。

5.4　采用坝后式厂房时,应研究引(输)水管道布置,方便混凝土快速施工。

5.5　施工导流宜采用隧洞导流。

6　坝　体　设　计

6.1　拱坝体型选择及断面设计按照 SL 282 的有关规定执行。

6.2　作用在坝体上的荷载及其组合、应力控制标准按照 SL 282 的规定执行。

6.3　拱坝的应力分析除采用拱梁分载法计算外,中、高坝还应采用三维有限元法计算。

6.4　拱座稳定分析计算方法和控制标准应符合 SL 282 的有关规定。

6.5　应根据氧化镁混凝土自生体积变形及其他试验资料,模拟施工、蓄水过程进行温度场和应力场仿真分析,计算坝体应力,为确定分缝方案和温控措施提供依据。

6.6　仿真分析时可采用室内试验成果,如实际工程在混凝土级配、胶材用量、环境条件有变化时,应进行复核。

7　坝　体　构　造

7.1　坝体分缝

7.1.1　坝体不设纵缝,可设置少量诱导缝或横缝。在年温差不大的地区,坝体混凝土浇筑在一个低温季节完成时，宜分析全坝不设缝的可行性。

7.1.2 诱导缝或横缝的位置和间距，根据仿真分析计算确定，当施工工期或材料性能发生变化时，应进行调整。

7.1.3 诱导缝或横缝宜采用径向或近径向布置，底部缝面与基岩宜正交。

7.1.4 诱导缝或横缝结构宜采用预制混凝土模板成对组装形成，以适应坝体混凝土的快速浇筑。

7.1.5 诱导缝或横缝均应设置重复灌浆系统，待缝张开后进行灌浆。

7.1.6 诱导缝或横缝上、下游面应设置止水、止浆片。

7.1.7 接缝灌浆应按 DL/T 5148 的规定执行。

7.2 坝内廊道

7.2.1 坝内如设廊道，廊道的设置要求按照 SL 282 的有关规定执行。

7.2.2 廊道宜在同一高程布置，以减少施工干扰。

7.2.3 为快速浇筑坝体混凝土，廊道以混凝土预制构件拼装为宜。

8 坝体混凝土及温控

8.1 坝体混凝土

8.1.1 坝体混凝土性能应按照 SL 282 的要求执行。

8.1.2 常态混凝土拱坝直接用坝体防渗，中小型拱坝坝体混凝土不宜分区。碾压混凝土拱坝的材料分区参照有关规范执行。

8.1.3 在研究氧化镁混凝土配合比时，应优选原材料，使混凝土在满足热力学指标、耐久性的同时具有更好的微膨胀特性。

8.1.4 混凝土中氧化镁的比例应根据设计需要的膨胀量和混凝土安定性确定。

8.1.5 常态微膨胀混凝土中掺合料的比例不宜大于 35%。

8.1.6 常态混凝土配合比设计应控制其坍落度不宜过大，一般 2cm～5cm，以利于仓面混凝土作台阶式连续浇筑。

8.1.7 碾压混凝土拌和物的 VC 值现场宜为 4s～10s。机口 VC 值应根据施工现场气候条件变化，动态选用和控制，宜为 2s～8s。

8.2 温度控制

8.2.1 应根据坝址气象水文条件，混凝土性能、施工计划等在仿真分析的基础上进行温度控制设计。

8.2.2 在温控设计时应充分利用氧化镁混凝土自生体积膨胀变形的补偿作用，当补偿不足时，应优先采用分缝措施。

8.2.3 基础温差和内外温差的控制标准，可根据温度、应力仿真分析的结果和混凝土的抗裂性能确定。

8.2.4 如坝址区存在温度骤降影响时，宜采用混凝土表面的保温、保湿措施。

8.2.5 应充分利用低温季节浇筑混凝土。尤其是坝体强约束区混凝土，在不具备温控条件或未考虑其他温控措施时，不宜在高温季节浇筑。

8.2.6 根据仿真分析结果，当仅靠氧化镁膨胀、少量分缝、保温等措施拉应力仍然不能满足设计要求时，应进一步采取其他温控措施。

8.2.7 一般的温控措施可参照 DL/T 5144 的有关规定执行。

9 试验研究

9.1 应根据设计需要的混凝土性能进行原材料及混凝土配合比试验研究。

9.2 当混凝土胶凝材料中氧化镁总量超过 5%时，应按照【附 A】进行压蒸安定性试验。

9.3 应进行不同养护温度下氧化镁混凝土的自生体积变形试验，提出混凝土的膨胀曲线，作为仿真计算的基本资料。

9.4 氧化镁混凝土应进行绝热温升、弹性模量、极限拉伸等试验。高坝宜进行徐变试验。

10 安全监测

10.1 设置必要的监测设施，监控拱坝在施工期、蓄水期及运行期的工作状态和安全，指导施工，验证设计，积累研究资料。

10.2 氧化镁混凝土拱坝安全监测设计应满足 SL 282 的有关要求。还应结合氧化镁混凝土拱坝的特点增设自生体积变形观测、缝(横缝、诱导缝)的开合度监测等。

10.3 监测仪器的布置除符合 DL/T 5178 的有关规定外，还应结合拱坝温度场仿真计算要求进行布置，应符合以下规定：

a)温度计布置能反映大坝整体的温度分布和变化；

b)诱导缝或横缝内布置测缝计能反映全缝的开合度。

10.4 有条件时应设置自动化监测系统，同时具备人工测读条件。

10.5 仪器安装埋设应按照 DL/T 5178 和仪器安装要求进行。

10.6 应加强施工期监测和资料的及时整理分析及反馈。

10.7 混凝土自生体积变形应长期监测。

11 施工控制

11.1 原材料

11.1.1 氧化镁混凝土的材料选用除按照 DL/T 5144 的有关规定执行外，还应满足【附 B】要求。

11.1.2 常态混凝土细骨料的石粉含量宜控制在(15±2)%，碾压混凝土细骨料的石粉含量宜控制在(18±2)%。当石粉含量低时，可用粉煤灰代替，但水泥用量不得减少。

11.1.3   材料存放的数量应满足连续施工的要求。

11.1.4   混凝土中使用掺合料、外加剂的品种和掺量，应通过试验确定。

11.2   混凝土拌和

11.2.1   应根据氧化镁的掺入形式确定拌和设备。氧化镁在现场外掺时，需延长拌和时间，应采用可以调节搅拌时间的搅拌机。当氧化镁在水泥厂与水泥共磨时，可采用连续式搅拌机。

11.2.2   混凝土组成材料的配料量均以质量计，拌和投料应采用计算机控制，其骨料的称量允许偏差为±2%，其余材料的称量允许偏差为±1%。

11.2.3   应按照试验部门签发并经审核的混凝土配料单进行生产性拌和试验。

11.2.4   应检测混凝土拌和物外掺氧化镁施工均匀性，按照【附C】的方法进行。

11.2.5   混凝土拌和的其他要求按照 DL/T 5144 的有关规定执行。

11.3   混凝土运输

11.3.1   选择的混凝土运输设备及运输能力，应与拌和、浇筑能力、仓面施工条件相适应。

11.3.2   混凝土的入仓方式应适应通仓连续浇筑的需要。

11.3.3   混凝土运输的其他要求按照 DL/T 5144 的有关规定执行。

11.4   混凝土浇筑

11.4.1   坝体混凝土采用通仓连续式浇筑方法。常态混凝土每一浇筑层采用台阶法施工，台阶高度宜为 50cm。

11.4.2   混凝土振捣应采用适应低坍落度的振捣器。

11.4.3   基岩面和新老混凝土施工缝面在浇筑混凝土前宜铺 1cm～1.5cm 厚的水泥砂浆。

11.4.4   混凝土浇筑的其他要求应参照 DL/T 5144 的有关规定执行。

11.4.5   碾压混凝土施工按照 DL/T 5112 的要求执行。

11.5   混凝土养护

11.5.1   混凝土浇筑完毕后，应及时进行洒水养护，使混凝土表面保持湿润。

11.5.2   混凝土拆模后宜涂刷养护剂，其涂刷遍数不少于 2 次。

11.5.3   坝体混凝土若需做保温措施时，应及时进行。

11.5.4   雨季施工、低温季节施工应按照 DL/T 5144 的有关规定执行，高温季节施工可参照【附D】的要求施工。

11.6   混凝土质量检测

11.6.1   混凝土施工质量控制与检查均应按照 DL/T 5144 的相关规定执行。

11.6.2   采取现场外掺氧化镁拌和混凝土时，其均匀性应进行现场检测；对在水泥厂共磨掺和时，可不进行现场检测。

【附A】　外掺氧化镁水泥砂浆和混凝土压蒸安定性试验方法

A.1　适用范围

本方法适用于测定各种外掺氧化镁水泥因方镁石水化不均匀性致使水泥砂浆或混凝土的体积的变化。压蒸膨胀值通常可用来评估氧化镁的极限膨胀能力，并据此确定外掺氧化镁在混凝土中允许的最大安全极限掺量。

A.2　仪器

A.2.1　试模

——砂浆试模尺寸：30mm×30mm×280mm；

——混凝土试模尺寸：一级配 C_1=55mm×55mm×280mm。

A.2.2　钉头、捣棒和比长仪符合 JC/T 603 的要求。

A.2.3　搅拌机：采用 GB/T 17671 中使用的胶砂搅拌机。

A.2.4　沸煮箱：按 GB/T 1346 的规定要求执行。

A.2.5　压蒸釜：为高压水蒸气容器，装有压力表及压力自动控制装置、安全阀、放气阀和电热器。压蒸釜应在 45min～75min 内，使水蒸气压升至表压 2.0MPa。恒压 3h 以上时控制不使蒸气排出，釜内压力自动控制在 (2.0±0.05)MPa［相当于釜内温度(215.7±1.3)℃］。在停止加热后 90min，釜内压力能从 2.0MPa 降至 0.1MPa 以下。放气阀用于加热初期排除锅内空气和在冷却期终放出锅内剩余水蒸气。压力表的最大量程为 4.0MPa，最小分度值不大于 0.05MPa。压蒸釜盖上还应备有温度测量孔，便于量测釜内温度。

A.3　材料

A.3.1　水泥试样应通过 0.9mm 的方孔筛，砂和石试样也应通过相应标准筛，符合相应标准的要求。

A.3.2　水泥、粉煤灰、外加剂、氧化镁、砂石材料，经检验均应符合相应的规程规范的要求。

A.4　试验条件

A.4.1　在试验前1天，应将所用的全部原材料试样及试模等保持在试验室，控制温度范围为 (20±3)℃。拌和水和养护水的温度为 (20±2)℃。

A.4.2　养护箱温度为 (20±3)℃，相对湿度应保持在 95% 以上。

A.4.3　试件长度测量，应在 (20±0.5)℃恒定温度的试验室里进行。测长仪器应与试验室温度一致。预测试件应在该恒温室内静置宜 1h 以上。

A.4.4　压蒸试验室应单独设置，并备有通风设备和自来水水源。

A.5　试件成型

A.5.1　试模的准备

试验前在试模内涂上薄层机油，并将钉头装入模槽两端圆孔内，钉头外露部分不得沾染机油。

A.5.2　水泥砂浆试样制备

水泥砂浆所用原材料,应与工程混凝土所用材料相同。砂为饱和面干状态,灰砂比应与混凝土保持一致。外加剂、氧化镁掺量均按混凝土中胶凝材料的总质量计,砂浆试样可以不掺外加剂。

根据工程规模需要,每种混凝土的砂浆试样由不少于 5 种以上氧化镁掺量的试样组成。其参考掺量见表 A.1。

表 A.1　氧化镁掺量参考表

胶凝材料(%)		氧化镁膨胀剂掺量(%)	胶凝材料(%)		氧化镁膨胀剂掺量(%)
水泥	粉煤灰		水泥	粉煤灰	
100	0	0、3、4、5、6、7	70	30	0、4、5、6、7、8
80	20	0、3、4、5、6、7	60	40	0、5、6、7、8、9、10

A.5.3　水泥砂浆拌和

每组水泥砂浆试样成型两条试件,按试件体积实际需用量称取各组成材料,再按掺量称取氧化镁。按 GB/T 17671 所述方法倒入搅拌锅内,开动搅拌机干拌 60s 后徐徐加水,在 30s 内加完,自开动机器搅拌(240±5)s 后停车。将粘在叶片上的砂浆刮下,取下搅拌锅。

A.5.4　水泥砂浆试体成型

将已拌和均匀的水泥砂浆体,分两层装入准备好的试模内。第一层浆体装入高度约为试模高度的三分之二,先以小刀划实,钉头两侧应多插几次,然后用捣棒由钉头内侧开始,即在两钉头尾部之间,往返捣压各 10 次,再用缺口捣棒在钉头两侧各捣压 2 次。然后再装入第二层浆体,浆体装满试模后,再用捣棒在浆体上顺序往返捣压各 12 次。捣压时应先将捣棒接触浆体表面,再用力捣压,捣压完毕将剩余浆体装入模上,用刀抹使浆体面与模型边平齐。进行编号后,放入湿气养护箱中养护 24h 后脱模成型。

A.5.5　一级配混凝土试体成型

采用干筛法计算出一级配混凝土的单方胶材、砂率和容重。一般设一级配混凝土胶凝材料为 260kg/m^3~280kg/m^3,砂率 Sr=40%~38%。氧化镁按表 A.1 的掺量分别取用。

A.5.6　混凝土的拌和

每组混凝土试样应成型两条试件,按试件体积实际需用量称取各组成材料,再按掺率称取氧化镁用量。其拌和方法分两步:第一步先制作混凝土中的水泥砂浆,这与水泥砂浆的拌和方法相同。第二步在水泥砂浆中加入小石,用人工方法拌和混凝土使之均匀。

A.5.7　混凝土试件的成型

按 SL 352 所述方法执行。在振动台上振捣时,应在试件上盖上压板才能振捣密实,不让石子乱跳。

A.6　试件的沸煮与养护

A.6.1　初长的测量

试件脱模后即测其初长。测量前要用校正杆校正比长仪百分表零读数,测量完毕也要核对零读数,如有变动,试件应重新测量。

试件在测长前应将钉头擦干净，为减少误差，试件在比长仪中的上下位置在每次测量时应保持一致，读数前应左右旋转，待百分表指针稳定时读数，结果记录至 0.001mm。

A.6.2 沸煮试验

测完初长的试件平放在沸煮箱的试架上，按 GB/T 1346 沸煮安定性试验的制度进行 3h 沸煮。沸煮后的试件在第 2 天压蒸前进行测长。

A.6.3 试件养护

试件在加盖沸煮完后，立即切断电源，试件继续留在沸煮箱里的热水中养护到压蒸前，养护时间一般应在 20h 以上。

A.7 试件的压蒸

A.7.1 煮后的试件应在四天内完成压蒸试验。压蒸前将试件放在试件支架上，试件间应留有间隙。为了保证压蒸时压蒸釜内始终保持饱和水蒸气压，必须加入足量的蒸馏水，加入量为锅容积的 7%～10%(不少于 900mL)，试件不应接触水面。

A.7.2 在加热初期应打开放汽阀，让釜内空气排出直至看见有蒸汽放出后关闭，接着提高釜内温度，使其从加热开始经 45min～75min 达到表压(2.0±0.05)MPa。在该压力下保持 3h 后切断电源，让压蒸釜在 90min 内冷却至釜内压力低于 0.1MPa，然后微开放汽阀排出釜内剩余蒸汽。

A.7.3 打开压蒸釜，取出试件立即置于 90℃以上的热水中，然后在热水中均匀地注入冷水，在 15min 内使水温降至室温，注入水时不要直接冲向试件表面，再经 15min 取出试件擦净，进行测长。如试件弯曲、过长、龟裂等应做记录，试件取出后，直接放入恒温测量室自然冷却 1h～2h 后测长。

A.8 试件压蒸后的强度测定

经压蒸和测长后的砂浆或混凝土试件，可进行试件的抗折和抗压强度测试。

A.9 试验结果计算与评定

A.9.1 试验结果计算：水泥砂浆和混凝土试件的膨胀率以百分数表示，取两条试件的平均值，其结果计算记录至 0.001mm。当试件的膨胀率与平均值相差超过 ±10%时，应重做试验。

A.9.2 试件压蒸膨胀率按式(A.1)计算：

$$\lambda = \frac{L_1 - L_0}{L} \times 100 \qquad (A.1)$$

式中，λ——试件压蒸膨胀率(%)；

L——试件的有效长度，250mm；

L_0——试件脱模后的初长读数，mm；

L_1——试件压蒸后的长度读数，mm。

A.9.3 试件的抗折和抗压强度计算

抗折强度按式(A.2)计算：

$$R_L = \frac{3PL}{2bh^2} \qquad (A.2)$$

式中，R_L——抗折强度，MPa；

    P——破坏荷载，N；

    L——支撑圆柱中心距即 10mm（注意不同试件的中心距变动）；

    b、h——试件断面宽和高，mm（注意不同试件的尺寸变化）。

当杠杆比为 1：50 时，式（A.2）右侧须乘以 50。

抗压强度按式（A.3）计算：

$$R_c = \frac{P}{S} \tag{A.3}$$

式中，R_C——抗压强度，MPa；

    P——破坏荷载，N；

    S——受压面积即 30mm×83.4mm=2502mm^2（注意不同试件的受压面变化）。

    A.10 试验结果评定

本试验方法以水泥砂浆或混凝土压蒸后其试体的强度不降低为依据，以相应砂浆或混凝土的压蒸膨胀率不超过 0.5%作为标准。可将不同氧化镁掺量的试件，对应各自的压蒸膨胀值绘制成关系曲线图，曲线中的拐点（突变点）对应的氧化镁掺量，即是该水泥砂浆或混凝土试体压蒸安定性的最大掺量，将最大掺量乘以 0.85～0.90 的系数，即为使用的最大安全掺量。

【附 B】 水利水电工程轻烧氧化镁材料品质技术要求

    氧化镁微膨胀混凝土是我国水利水电系统研究发展起来的创新技术。应用特制的轻烧氧化镁材料配制混凝土，以其膨胀的性能补偿混凝土收缩所产生的拉应力，达到防裂抗渗、简化温控措施、降低工程成本、加快工程建设的目的。

    B.1 总体要求

    B.1.1 为保证氧化镁微膨胀混凝土能取得预期成效，并避免产生有害影响，必须掺入合格的轻烧氧化镁，为此，对轻烧氧化镁材料品质的物化指标和生产质量控制提出技术要求。

    B.1.2 本技术要求是在总结氧化镁微膨胀混凝土实践经验与试验研究成果的基础上制定的。它适用于水利水电工程外掺轻烧氧化镁混凝土。

    B.1.3 为确保轻烧氧化镁材料的质量，水工专用氧化镁应由定点氧化镁生产单位专门生产。

    B.2 氧化镁材料品质的物化控制指标

    B.2.1 MgO 含量（纯度）≥90%。

    B.2.2 活性指标（240±40）s。

    B.2.3 CaO 含量<2%。

    B.2.4 细度 180 孔目／英寸（0.08mm 标准筛），筛余量≤3%。

    B.2.5 烧失量≤4%。

    B.2.6 SiO$_2$ 含量<4%。

    B.3 氧化镁材料生产质量控制

B.3.1　物化指标关键是活性指标，对此必须严格控制。为控制产品稳定性，以 60t 为单位(批量小于 60t 的以批为单位)抽样 30 个，进行活性检验，要求离差系数 Cv≤0.1。Cv＞0.1 为不合格产品，不能使用。除活性指标外，其余各项指标均应每批测定一次。

B.3.2　产品出厂时，厂家需提出各项指标的物化分析单。

B.3.3　菱镁矿石料直径应控制在 50mm～150mm，煅烧出窑后要进行查验，对个别未烧透的块休应予剔除。

B.3.4　煅烧是轻烧氧化镁生产工艺中的重要环节。要求煅烧温度稳定控制在 (1050±50)℃，最高温度时应保持 0.5h。

B.3.5　轻烧氧化镁成品易吸湿结块，包装要求密封防潮，便于运输及储存。自出厂日起算，保存期为 3 个月，超期应重新检验。

【附 C】　络合滴定法测定混凝土中氧化镁分布均匀性

本方法适用于硅酸盐水泥、普通硅酸水泥、矿渣硅酸盐水泥、火山灰硅酸盐水泥、粉煤灰硅酸盐水泥以及制备上述水泥的熟料和适合采用本标准方法的其他水泥的化学成分分析。

C.1　总则

C.1.1　本标准凡并列有 A、B 测定方法的，均可根据实际情况任选。在有争议时，以 A 法为准。

C.1.2　送检的试样，应是具有代表性的均匀样品，并全部通过孔径为 0.08mm 的筛，数量不得少于 50g。试样应装入带有磨口塞的瓶中，瓶口须密封。

C.1.3　所用分析天平不应低于四级，天平与砝码应定期检定。

C.1.4　称取试样时应准确至 0.0002g。试剂的用量与分析步骤应严格按照本标准方法的规定进行。

C.1.5　化学分析用的水应是蒸馏水或去离子水；所用试剂应为分析纯或优级纯试剂；用于标定的试剂，除另有说明外应为基准试剂。对于蒸馏水或去离子水以及试剂如有怀疑时应进行检验。所用酸或氨水，凡未注浓度者均为浓酸或浓氨水。

C.1.6　所用滴定管、容量瓶、移液管应进行校正。

C.1.7　在进行化学分析时，除另有说明外，必须同时做烧失量的测定；其他各项测定应同时进行空白试验，并对所测结果加以校正。

C.1.8　各项分析结果(%)的数值，经修约后应保留至小数点后第二位。

C.1.9　附录 C 中(1∶x)为用体积比表示试剂稀释程度，例如：盐酸(1∶1)表示 1 份体积的浓盐酸与 1 份体积的水相混合。

C.2　试剂配制

C.2.1　普通试剂的配制：

a)氟化钾(KF·2H₂O)溶液[2%(W/V)]：将 2g 氟化钾(KF·2H₂O)溶于 100mL 水中，贮存在塑料瓶中；

　　b)CMP混合指示剂(钙黄绿素－甲基百里香酚蓝－酚酞混合指示剂):准确称取 1.000g 钙黄绿素，1.000g 甲基百里香酚蓝，0.200g 酚酞与 50g 已在 105℃～110℃烘干过的硝酸钾混合研细，保存在磨口瓶中备用;

　　c) 酸性铬蓝 K-萘酚绿 B(1∶2.5)混合指示剂:称取 1.000g 酸性铬蓝 K[$C_{16}H_7$ $(OH)_3(NaSO_3)_2N$]与 2.500g 萘酚绿B和50g 已在 105℃～110℃烘干过的硝酸钾混合研细，贮存于磨口瓶中;

　　d)溴酚蓝指示剂 { [0.2%(W/V)]乙醇溶液 }:将 0.2g 溴酚蓝溶于 100mL 20%乙醇中;

　　e)氨水-氯化铵缓冲溶液(PH10):将 67.500g 氯化铵溶于水中，加 570mL 氨水，然后用水稀释至 1L;

　　f)氢氧化钾溶液:将 200g 氢氧化钾(KOH)溶于水中，加水稀释至 1L，贮存于塑料瓶中。

　　C.2.2　标准溶液的配制与标定:

　　a)碳酸钙标准溶液[$c(CaCO_3)$=0.024mol/L]:准确称取约 0.600g 已在 105℃～110℃烘过 2h 的碳酸钙(高纯基准试剂)，置于 400mL 烧杯中，加入约 100mL 水，盖上表面皿，沿杯口慢滴加入 5mL～10mL 盐酸(1∶1)，搅拌至碳酸钙全部溶解后，加热煮沸并微沸 1min～2min。将溶液冷却至室温，移入 250mL 容量瓶中，用水稀释至标线，摇匀;

　　b)EDTA 标准滴定溶液[$c(EDTA)$=0.015mol/L]:称取 5.6gEDTA(乙二胺四乙酸二钠)置于烧杯中，加约 200mL 水，加热溶解，过滤，用水稀释至 1L，摇匀;

　　c)EDTA 标准滴定溶液浓度的标定方法:吸取 25.00mL 碳酸钙标准溶液放入 300mL 烧杯中，用水稀释至约 200mL，加入适量的 CMP 混合指示剂，在搅拌下滴加氢氧化钾溶液[20%(W/V)]至出现绿色荧光后再过量 2mL～3mL，用 EDTA 标准滴定溶液滴定至绿色荧光消失并呈现红色;

　　d)EDTA 标准滴定溶液的浓度按式(C.1)计算:

$$c(EDTA)=\frac{m_1 \times 25 \times 1000}{250 \times V_4 \times 100.09}=\frac{m_1}{V_4 \times 1.0009} \tag{C.1}$$

式中，$c(EDTA)$——EDTA 标准滴定溶液的浓度，mol/L;

　　　　m_1——按 C.2.2 项 a)配制碳酸钙标准溶液的碳酸钙的质量，g;

　　　　V_4——滴定时消耗 EDTA 标准滴定溶液的体积，mL;

　　　　100.09——$CaCO_3$ 的摩尔质量，g/mol。

　　C.2.3　EDTA 标准滴定溶液对各氧化物的滴定度的计算:

　　EDTA 标准滴定溶液对三氧化二铁、三氧化二铝、氧化钙、氧化镁的滴定度分别按式(C.2)～式(C.5)计算:

$$T_{Fe_2O_3}=c(EDTA) \times 79.84 \tag{C.2}$$

$$T_{Al_2O_3}=c(EDTA) \times 50.98 \tag{C.3}$$

$$T_{CaO}=c(EDTA) \times 56.08 \tag{C.4}$$

$$T_{MgO}=c(EDTA) \times 40.31 \tag{C.5}$$

式中，$T_{Fe_2O_3}$、$T_{Al_2O_3}$、T_{CaO}、T_{MgO}——EDTA 标准滴定溶液分别对三氧化二铁、三氧化二

铝、氧化钙、氧化镁的滴定度，mg/mL；

c(EDTA)——EDTA 标准滴定溶液的浓度，mol/L；

79.84、50.98、56.08、40.31——(1/2Fe$_2$O$_3$)、(1/2Al$_2$O$_3$)、CaO、MgO 的摩尔质量，g/mol。

C.2.4　氧化镁标准溶液配制：

a) 氧化镁标准溶液 A 的配制：准确称取 1.0000g 已于 (950±25)℃灼烧过 60min 的氧化镁，置于 250mL 烧杯中，加入 50mL 水，再缓缓加入 20mL 盐酸(1∶1)，低温加热至全部溶解，冷却至室温后，移入 1000mL 容量瓶中，用水稀释至标线，摇匀。此标准溶液为每 1mL 含有 1mg 氧化镁。

b) 氧化镁标准溶液 B 的配制：准确吸取 25.00mL 氧化镁标准溶液 A，放入 500mL 容量瓶中，用水稀释至标线，摇匀。此标准溶液为每 1mL 含有 0.05mg 氧化镁。

c) 按照 GB/T 176 相关要求测得的吸光度作为相对应的氧化镁含量的函数，绘制标准的工作曲线图。

C.3　氧化钙的测定

C.3.1　方法提要

在 PH13 以上的强碱性溶液中，以三乙醇胺为掩蔽剂，用钙黄绿素－甲基百里香酚蓝-酚酞(简写为 CMP) 混合指示剂，以 EDTA 标准滴定溶液直接滴定钙。

在不分离硅的条件下进行钙的滴定时，预先在酸性溶液中加入适量的氟化钾，以抑制硅酸的干扰。

C.3.2　试剂

C.3.2.1　氟化钾溶液。

C.3.2.2　三乙醇胺(1∶2)。

C.3.2.3　CMP 混合指示剂。

C.3.2.4　氢氧化钾溶液[20%(W/V)]，即将 20g K(OH)溶于 80mL 水中。

C.3.2.5　EDTA 标准滴定溶液。

C.3.3　分析步骤

C.3.3.1　吸取 25.00mL 已制备好的待检测试样溶液(C.7.1 或 C.7.3)，放入 300mL 烧杯中，用水稀释至约 200mL。加 5mL 三乙醇胺(1∶2)及适量分 CMP 混合指示剂。在搅拌下加入氢氧化钾溶液[20%(W/V)]10mL，至出现绿色荧光后再过量 5mL～8mL(此时溶液的 PH 在 13 以上)，用 EDTA 标准滴定溶液滴定至绿色荧光完全消失并呈现红色。

C.3.3.2　吸取 25.00mL 已制备好的待检测试样溶液(C.7.1 或 C.7.3)，放入 300mL 烧杯中，加入 7mL 氟化钾溶液[2%(W/V)]，搅拌并放置 2min 以上。然后用水稀释至约 200mL。加 5mL 三乙醇胺(1∶2)及适量的 CMP 混合指示剂。在搅拌下加入氢氧化钾溶液[20%(W/V)]10mL，至出现绿色荧光后再过量 5mL～8mL。(此时溶液的 PH 在 13 以上)，用 EDTA 标准滴定溶液滴定至绿色荧光完全消失并呈现红色。

C.3.4　氧化钙的百分含量计算

氧化钙百分含量 X_1 按式(C.6)计算：

$$X_1 = \frac{T_{CaO} \cdot V \times 10}{G \times 1000} \times 100 = \frac{T_{CaO} \times V}{G} \qquad (C.6)$$

式中，X_1——氧化钙的百分含量，%；

T_{CaO}——EDTA 标准滴定溶液对氧化钙的滴定度，mg/mL；

V——滴定时消耗 EDTA 标准滴定溶液的体积，mL；

10——全部试样溶液与所分取试样溶液的体积比；G 为试样的质量，g。

C.4 络合滴定法（差减法）测定氧化镁

C.4.1 方法提要

在 PH10 的溶液中，以三乙醇胺、酒石酸钾钠为掩蔽剂，用酸性铬蓝 K-萘酚绿 B 混合指示剂，用 EDTA 标准滴定溶液滴定钙、镁总量，扣除按 C.3.3.1 或 C.3.3.2 分析步骤中滴定钙时消耗 EDTA 标准滴定溶液的毫升数后，计算氧化镁的含量。

C.4.2 试剂

C.4.2.1 酒石酸钾钠溶液[10%（W/V）]：将 10g 酒石酸钾钠溶于 90mL 水中。

C.4.2.2 三乙醇胺（1∶2）。

C.4.2.3 氢氧化铵（氨水）（1∶1）。

C.4.2.4 酸性铬蓝 K-萘酚绿 B 混合指示剂。

C.4.2.5 氨水-氯化铵缓冲溶液（PH10）。

C.4.2.6 EDTA 标准滴定溶液。

C.4.3 分析步骤

吸取 25.00mL 待检测试样溶液（C.7.1 或 C.7.3）放入 300mL 烧杯中，加水稀释至约 200mL，加 1mL 酒石酸钾钠溶液[10%（W/V）]并搅拌，然后加入 5mL 三乙醇胺（1∶2），搅拌。加入 25mL 氢氧化铵－氯化铵缓冲溶液（PH10）及适量的酸性铬蓝 K-萘酚绿 B 混合指示剂，用 EDTA 标准滴定溶液滴定，近终点时应缓慢滴定至纯蓝色。

C.4.4 氧化镁的质量百分含量计算

氧化镁的质量百分含量 X_2 按式（C.7）计算：

$$X_2 = \frac{T_{MgO} \cdot (V_2 - V_1) \times 10}{G \times 1000} \times 100 = \frac{T_{MgO} \times (V_2 - V_1)}{G} \qquad (C.7)$$

式中，X_2——氧化镁的质量百分含量，%；

T_{MgO}——EDTA 标准滴定溶液对氧化镁的滴定度，mg/L；

V_2——滴定钙、镁总量时消耗 EDTA 标准滴定溶液的体积，mL；

V_1——按 C.3.3.1 或 C.3.3.2 测定氧化钙时消耗 EDTA 标准滴定溶液的体积，mL；

G——试样的质量，g；

10——全部试样溶液与所分取试样溶液的体积比。

C.5 氧化镁的快速测定

C.5.1 试剂

C.5.1.1 氢氧化铵-氯化铵缓冲溶液（PH10）。

C.5.1.2 三乙醇胺溶液（1∶2）。

C.5.1.3 酒石酸钾钠溶液（10%）。

C.5.1.4　K、B 指示剂(酸性铬蓝 K-萘酚绿 B 混合指示剂)。

C.5.1.5　2%氟化钾溶液。

C.5.1.6　EDTA 标准滴定溶液。

C.5.2　分析步骤

吸取 25.00mL 待检测试样溶液于 300mL 烧杯中，加入 2%氟化钾溶液 15mL，搅拌并放置 2min 以上，加水稀释至 150mL，加入酒石酸钾钠溶液 1mL，三乙醇胺溶液 5mL，搅拌后加入 25mL 氢氧化铵－氯化铵缓冲溶液及适量 K、B 指示剂，用 EDTA 标准滴定溶液滴定至溶液呈纯蓝色为终点。

C.5.3　氧化镁的百分含量计算

氧化镁的百分含量按式(C.8)计算：

$$MgO\% = \frac{T_{MgO} \times (V_2 - V_1) \times 倍数}{G} \times 100 \qquad (C.8)$$

式中，T_{MgO}——EDTA 标准滴定溶液对氧化镁的滴定度，mg/mL；

$\qquad V_2$——滴定钙、镁总含量时消耗 EDTA 标准滴定溶液的体积，mL；

$\qquad V_1$——测定氧化钙时消耗 EDTA 标准滴定溶液的体积，mL；

$\qquad G$——试样的质量，g。

C.6　氧化镁含量采用湿筛小样品化学法测定

C.6.1　试样的处理

取湿筛砂浆试样 2.0000g 用 HCl 分解后，用氨水沉淀法使 $Fe(OH)_3$、$Al(OH)_3$ 和 Ca^{2+}、Mg^{2+} 分离，试样分解完全后，加适量水溶解可溶性盐进行过滤，取滤液待用。

C.6.2　氧化钙、氧化镁总含量的测定

取 25mL 滤液，稀释至 250mL，加 10%的酒石酸钾钠和三乙醇胺溶液(1∶2)，再加 15mL～20mL PH=10 的 NH_3-NH_4CL 缓冲溶液，2 滴～3 滴 K、B 指示剂，用 EDTA 标准滴定溶液滴定至溶液变色即为终点，记下 EDTA 滴定氧化钙、氧化镁的总含量。

C.6.3　氧化钙含量的测定

取 25mL 滤液，稀释到 250mL，加适量 2%的氟化钾，2mL～3mL 三乙醇胺溶液(1∶2)和 20%氢氧化钾溶液 10mL，加适量的钙指示剂，用 EDTA 标准滴定溶液滴定至溶液变色即为终点，记下 EDTA 滴定 Ca^{2+} 含量的用量，计算出试样中的氧化钙的含量。

C.6.4　氧化镁含量的计算

根据试样中的氧化钙、氧化镁的总含量和求得的氧化钙含量，用差减法即可求得氧化镁的含量(减去水泥和粉煤灰中氧化镁的含量，即得到氧化镁的外掺量。各取样点氧化镁绝对含量测值接近表示混凝土拌和均匀性好)。

氧化镁混凝土单罐均匀性检测，通常做 3 组以上的对比试验，拌和机性能不一致时，须分机试验。取样方法是在拌和机的前、中、后部位各取 10 个共 30 个试样为一组，分别测定其氧化镁含量，统计分析均匀性指标，并与单罐均匀性指标进行对比，选择均匀性指标较好的拌和时间为拌和工艺控制标准。

C.7　试样制备方法

C.7.1　现场均匀性检测(流态)试样的制备

a) 根据均匀布置、多点取样原则，一般可在仓面(或出机口)抽取湿筛水泥(胶材)砂浆 50g～100g，装入已编号的小塑料瓶中，拧紧瓶盖待送试验室检验。

b) 将瓶中水泥砂浆倒出，稍加混合，用四分法缩减至 3g～5g，再用水一边冲洗，一边通过 0.08mm 筛，通过筛试样溶液宜在 20mL 内，并将筛液装入带有磨口塞的瓶中备用。

c) 将筛液试样全部放入 400mL 烧杯中，并缓慢滴入 5mL 盐酸(1∶1)分解后，再用 10mL 氨水沉淀法使铁、铝和钙、镁分离，试样充分分解完全后，再加适量水(约 100mL)溶解可溶性盐，并用中速定量滤纸过滤后，将试样溶液装入带有磨口塞的瓶中待滴定。

d) 按 C.4 或 C.5 所述方法测定氧化镁含量。用烘干法测出试样含水量并扣除。每个试样可直接滴定两次，取两次直接测定结果的平均值作为该抽样测点的氧化镁的代表值。

C.7.2　现场均匀性检测(固态)试样的制备

如果抽取试样已终凝成了，干硬的水泥砂浆试体(固态状)。将其破小，粉碎成粉末状颗粒，试样质量不得少于 100g。检验时将试样混合均匀，以四分法缩减至 10g，然后放在玛瑙乳钵中研磨至全部通过孔径为 0.08mm 的筛。再将试样混合均匀，取试样 2g～3g 放入 400mL 烧杯中，并缓慢滴入 30mL～40mL 盐酸(1∶1)及 3 滴～5 滴硝酸，稍加热使试样充分溶解，冷却后可反复加微热，并摇动烧杯，使试样完全溶解。以下制备方法与 C.7.1 中项 c)相同。

C.7.3　用于滴定的检测试样的制备方法

称取约 2g 试样(C.7.2)，精确至 0.0001g，置于银坩埚中，加入 6g～7g 氢氧化钠，盖上坩埚盖(留有缝隙)，放入高温炉中，从低温升起，在 650℃～700℃的高温下熔融 20min，期间取出摇动 1 次。取出冷却，将坩埚放入已盛有约 100mL 沸水的 300mL 烧杯中，盖上表面皿，在电炉上适当加热，待熔块完全浸出后，取出坩埚，用水冲洗坩埚和盖。在搅拌下一次加入 25mL～30mL 盐酸，再加入 1mL 硝酸，用热盐酸(1∶5)洗净坩埚和盖。将溶液加热煮沸，冷却至室温后，移入 250mL 容量瓶中，用水稀释至标线，摇匀。此溶液可供测定氧化钙、氧化镁、三氧化二铁等各氧化物之用(注：若在水泥厂测定时，只需称取 0.5g 试样即可)。

【附 D】　高温季节施工的重要措施与方法

D.1　优选混凝土原材料和配合比

D.1.1　优选水化热较低、自生体积膨胀的水泥，不宜采用收缩性大的水泥。

D.1.2　采用优质掺和料(如粉煤灰或矿渣等)以降低混凝土的绝热温升值。

D.1.3　选用线膨胀系数小的骨料(如石灰岩和某些花岗岩)。

D.1.4　优选高效缓凝减水剂。

D.1.5　优选混凝土配合比，配制低弹高强、极限拉伸变形大和徐变度大而干缩小的混凝土。

D.2　原材料降温措施

D.2.1　为降低料仓骨料温度，应在堆料仓上搭盖凉棚，拌和用水的蓄水池也应搭遮阳棚。

D.2.2 在堆料仓喷洒水雾。

D.2.3 有条件时采用地井罐储料，通过地笼取料。

D.2.4 水泥罐和粉煤灰罐上搭盖凉棚，避免阴光直晒，或采取罐外洒水降温措施。

D.2.5 骨料到拌和楼过程中，应采取隔热措施，在运送料皮带机上应搭盖凉棚，避免太阳直晒。

D.3 降低混凝土的入仓温度

D.3.1 应尽量缩短混凝土运输及等待卸料时间，入仓后及时进行平仓、振捣。加快覆盖速度，缩短混凝土暴露时间。

D.3.2 混凝土运输工具应有隔热遮阳措施。

D.3.3 混凝土平仓振捣后，采用隔热材料(保温被)及时覆盖。

D.3.4 仓面喷雾，形成仓面低温小气候。

D.4 保湿养护措施

D.4.1 上下游面和浇筑层面即振捣后仓面应长期洒水，做好保湿养护工作。混凝土收仓后 6h～18h 开始洒水养护，要求均匀连续，不应出现干湿交替和表面发白现象。

D.4.2 保持仓面喷雾，要求在 11:00～16:00 每隔 0.5h，喷雾降温 0.5h。每隔 2h 检查一次养护情况，并做好记录。

D.4.3 避免阳光直晒仓面，可以在混凝土仓面采用隔热保湿措施。

D.5 温度测量

D.5.1 在混凝土施工过程中，应每 4h 测量一次混凝土原材料的温度(可采用红外线测温仪测温度)、机口混凝土的温度、拌和水的温度和气温，并做好记录。

D.5.2 混凝土浇筑温度的测量，即入仓温度测量。平仓振捣后的温度，每 100m² 仓面不应少于 1 个测点，每一浇筑层不少于 3 个测点，测点应均匀分布在每一浇筑层面上。

D.5.3 浇筑块内部的温度观测，除按一般规定进行外，还应根据温控设计要求，增加监测仪器进行观测。观测时间分为早、中、晚，应测出每天中的最高和最低温度，整理出每天的平均温度。按层按月统计并做好记录。

【全坝外掺氧化镁混凝土拱坝技术规范(DB52/T 720—2010) 条文说明】

1 范围

全坝外掺氧化镁混凝土拱坝技术涵盖了拱坝设计、材料试验、施工直至建成后运行管理全过程。因此，为便于该技术的应用，本规范对所涉及内容都做出了规定，这也是本规范有别于其他标准之处。

目前已经使用微膨胀混凝土筑坝技术建成的拱坝如表 1 所示，其中大多数在贵州省。表中拱坝有 5 座坝高超过 70m，但是除黄花寨工程属大(2)型外，其余属于中小型工程。因而其应用经验尚不能全部覆盖大型工程，建议大型工程设计采用此技术时加强应用研究。

表 1   国内已建的外掺氧化镁微膨胀混凝土拱坝

拱坝名称	所在地区	工程等级	线型	坝高/m	混凝土体积/m³	氧化镁掺量/%	分缝情况及类型	浇筑时段
长沙坝	广东	三	四心圆	59.50	34600	3.50~4.50	不分缝	1999年1月开始浇筑坝体砼，1999年4月完成大坝浇筑
沙老河	贵州	三	三心圆	61.20	53000	3.50~5.50	不分缝	2001年3月开始浇筑坝体砼，2001年10月完成大坝浇筑
三江	贵州	三	单心圆	71.50	38000	4.50	诱导缝	2002年10月开始浇筑坝体砼，2003年5月完成大坝浇筑
坝美	广东	三	抛物线	53.5	38000	5.50	不分缝	2003年2月开始浇筑坝体混凝土，2003年7月完成大坝浇筑
鱼简河	贵州	三	抛物线	81.00	110000	3.00~4.00	诱导缝、横缝	2003年11月开始浇筑坝体砼，2004年10月完成大坝浇筑
龙首	甘肃张掖	二	抛物线	80.00	68300	3.00~4.50	诱导缝、半周边缝	2000年4月开始浇筑坝体砼，2000年6月完成大坝浇筑
长潭	广东	二	抛物线	53.0	29000	5.50~5.75	诱导缝	2004年4月开始浇筑坝体砼，2004年12月完成大坝浇筑
落脚河	贵州	三	椭圆	81.00	96000	5.0~5.5	诱导缝	2006年1月开始浇筑坝体混凝土，当年10月完成大坝浇筑
马槽河	贵州	三	二次曲线	69.5	38000	6.0	诱导缝	2007年1月开始浇筑坝体混凝土，当年12月完成大坝浇筑
老江底	贵州	三	椭圆	67.00	65000	5.9	诱导缝	2007年12月开始浇筑坝体混凝土，2008年底完成大坝浇筑
黄花寨	贵州	二	椭圆	108	285000	2.5-3	诱导缝、横缝	2007年12月开始浇筑坝体混凝土

4   总则

4.1   全坝外掺氧化镁混凝土拱坝技术的应用研究始于 20 世纪 90 年代，并得以较快的发展。尤其在贵州省多个工程中得到成功应用，取得良好的社会经济效益，同时形成了一套较为完整的应用技术。由于国内目前尚无正式发布的相关技术标准，使得该技术在更大范围的应用受到限制。因而，在总结归纳应用实践经验的基础上，组织编制本标准，有利于促进全坝外掺氧化镁混凝土拱坝技术的应用及发展。

5   枢纽布置

5.1   氧化镁混凝土拱坝与常规混凝土拱坝不同之处，在于温控措施设计的差别以及混凝土浇筑方式的不同。所以拱坝布置的一般要求按照 SL 282 的有关规定执行是合适的，已建的氧化镁混凝土拱坝的布置都遵循这一做法。

5.2   氧化镁混凝土拱坝与碾压混凝拱坝的建造相似，即水平拱圈整体上升，坝体不分或少分横缝。当坝身布置有其他建筑物，采用不同品种混凝土施工时，会影响坝体连续和快速施工。

5.3   溢洪道布置在坝顶，对于坝体混凝土施工时的整体上升是有利的。若布 中、低泄洪孔，由于施工速度较慢或混凝土品种不同，将会对该层拱圈氧化镁混凝土的微膨胀变形产生不利的影响。因此，宜优先采用溢流表孔的布置形式。

5.4　施工导流如果采用梳齿导流会造成坝体混凝土不能通仓连续施工，还会影响混凝土微膨胀的温降补偿作用。因此，已建的氧化镁混凝土拱坝都是采用隧洞导流方式。

6　坝体设计

6.1　目前，已建的氧化镁混凝土拱坝体形及断面都是按照 SL 282 的有关规定进行设计的。常态氧化镁混凝土拱坝虽然采取通仓连续浇筑方法施工，但是仍可以适应较复杂的拱坝体型；碾压氧化镁混凝土拱坝施工方法与常规碾压混凝土拱坝一样，其体型和断面设计要求亦相同。

6.3　由于氧化镁混凝土拱坝系边浇筑边成拱，故其应力特点与常态混凝土拱坝有所不同，为较准确反应拱坝的应力状态，除按多拱梁法计算外，中、高坝还应进行三维有限元计算。

6.5　氧化镁混凝土拱坝是利用混凝土内氧化镁的延迟性微膨胀特性，作为混凝土拱坝的主要温控措施，坝体具有较为独特的应力状态。进行混凝土温度徐变应力有限元仿真计算，并计算拱坝施工和运行全过程的等效应力，对于高拱坝是需要的。而且，由于氧化镁混凝土拱坝的自然环境条件和建坝混凝土自生体积变形的不同，需要通过有限元仿真分析来研究拱坝是否需要设置诱导缝或横缝，以及确定设缝的位置。如当气候条件很差或施工时段及运营期温差过大时，也需经过仿真计算分析是否增加其他温控辅助措施。表 1 所列的工程，除龙首外都进行了仿真分析计算。

氧化镁混凝土筑坝仿真计算程序，国内多家单位对此均有相关的研究。代表性的有中国水利水电科学研究院自行开发的混凝土坝体仿真分析系统 SAPTIS，广东省水利厅和武汉大学合作在商用有限元 ANSYS 平台上开发的仿真分析系统等。

6.6　氧化镁拱坝的仿真分析，一般都是采用室内材料试验参数，如实际工程在混凝土级配、胶材用量有变化时，应进行复核。

7　坝体构造

7.1.1　氧化镁混凝土拱坝，一般可不分或少分缝，主要取决于坝址地区的温度条件和氧化镁混凝土的补偿作用。位于华南地区的广东长沙拱坝、坝美拱坝皆未分缝。贵州地区年均温差较华南地区大。沙老河拱坝工程实践和计算表明，完全不分缝是难于解决全坝温控问题的。长沙拱坝和坝美拱坝在两岸坡出现近垂直于岸坡的"八"字形短裂缝，沙老河拱坝两岸坡出现 5 条贯穿性裂缝。主要原因是受氧化镁掺量限制，微膨胀量对混凝土的温降补偿不足。其后设计的三江氧化镁混凝土拱坝，在左右岸坡段各设置 1 条诱导缝，低温季节诱导缝张开后进行水泥灌浆，运行至今未产生其他新的裂缝。表明诱导缝起到释放过大温降拉应力的作用。贵州后续建设的氧化镁混凝土拱坝，也都设置了诱导缝，有的还设置了横缝。

7.1.2　按照仿真计算成果，将诱导缝(或横缝)设置在拉应力过大的部位，一般条件下诱导缝大多会张开，贵州三江、落脚河、马槽河、老江底等氧化镁混凝土拱坝均是这样。若仿真计算采用的设计边界条件改变，如低温时段施工，混凝土性能较好时，诱导缝可能并不会全部张开，贵州鱼简河拱坝设置了两条横缝和两条诱导缝，经埋设的测缝计观测，除 1 条诱导缝出现微小的开度外，其余三条缝均未张开。因此未灌浆就投入运行。而马槽河拱坝由于当地夏季气温很高，混凝土浇筑要跨越整个夏季，经计算后在原设计布置 2

条诱导缝的基础上又增加了 2 条诱导缝，2008 年初，4 条诱导缝均张开。

贵州氧化镁混凝土拱坝诱导缝(或横缝)的缝距不按坝顶弧长等分设置，在河床坝段缝距较大，岸坡坝段缝距较小。表 2 给出一些工程缝距设置情况。

表 2　氧化镁混凝土拱坝诱导缝(横缝)设置统计表

拱坝名称	坝高/m	顶拱弧长/m	分缝情况及类型	缝距/m 左岸～河床～右岸
三江	71.50	137.50	诱导缝	15、107.5、15
鱼简河	81.00	179.70	诱导缝、横缝	14.5、45.9、51.8、44.1、23.4
落脚河	81.00	195.60	诱导缝	8.8、20.6、128.9、25.2、12.1
马槽河	69.50	142.10	诱导缝	15.4、14.5、90.5、11.5、10.2
老江底	67.00	128.00	诱导缝	19.2、71.8、16.3、20.7

多数工程的实践表明，河床坝段虽然缝距大，但坝体均未发现裂缝出现，岸坡坝段缝距接近常态混凝土拱坝(或碾压混凝土拱坝)的分缝长度是合适的，表中马槽河拱坝岸坡坝段缝距是根根据当地气温及施工计划进行调整的结果。仿真分析的结果表明，按上述方法设缝的氧化镁混凝土拱坝拉应力是安全的。

7.1.4　贵州氧化镁混凝土拱坝均采用混凝土预制板成缝，既可埋设灌浆系统，也不影响快速筑坝。

7.1.5　诱导缝或横缝是混凝土拱坝坝体的结构弱面，对于已经张开的缝进行灌浆是拱坝工作性质所确定的。鱼简河拱坝在未进行接缝灌浆蓄水 5 年后，于 2010 年进行接缝灌浆施工，设计布置 58 个灌浆区，其中仅 24 个区域可灌。

8　坝体混凝土及温控

8.1　坝体混凝土

8.1.2　中小型常态混凝土拱坝直接用坝体防渗，而且坝体混凝土浇筑量不大，若坝体混凝土分区，将增加试验工作量，施工控制的难度也相应加大，在经济上并无大的益处。因此，中小型拱坝坝体氧化镁混凝土不宜分区，贵州和广东的常态氧化镁混凝土拱坝都未进行混凝土分区。鱼简河及黄花寨碾压氧化镁混凝土拱坝，二级配碾压混凝土和三级配碾压混凝土也都未按强度进行分区。

8.1.3　氧化镁混凝土的微膨胀特性好坏，是氧化镁混凝土筑坝技术应用成功与否的关键。混凝土配合比设计时，需优选原材料，在满足力学及热学指标以及耐久性的同时，应使其具有更好的微膨胀特性。已建成的氧化镁混凝土拱坝使用的水泥都控制在中热水泥，掺合料基本为 Ⅱ 级以上粉煤灰，外加剂采用高效减水剂(高效缓凝减水剂)。

8.1.4　氧化镁混凝土的理想膨胀量是满足坝体温降收缩补偿的需要。通过压蒸试验得到的氧化镁极限掺量虽然比较大，但是考虑混凝土安定性研究资料尚不充分的情况，实际应用时对掺量仍都有所保留。

8.1.5　在设计常态氧化镁微膨胀混凝土配合比时，试验资料表明，当粉煤灰的掺合比例大于 35% 时，微膨胀性能将受到抑制，但并非不膨胀。鱼简河和黄花寨两座碾压氧化镁混凝土拱坝掺 3%～4%氧化镁，粉煤灰掺量多达 50%～60%，坝内无应为计观测到 $20\mu\varepsilon$～ $50\mu\varepsilon$ 的膨胀变形。由于常态混凝土的水化热温升较大，需要较大的自生体积膨胀，故掺合料的比例不宜超过 35%。而碾压混凝土的水化热温升低于常态混凝土，所以碾压氧化镁混凝土拱坝的微膨胀虽然受到一定的抑制，利用其进行温降收缩补偿也是可行的。

由于目前氧化镁混凝土拱坝采用的掺合料均为粉煤灰，故掺合料对氧化镁膨胀抑制作用的研究亦是针对粉煤灰而开展的。因此，当采用其他掺合料时，其掺合比例与对氧化镁膨胀性的影响关系应通过实验确定。

8.1.6 为了利用氧化镁混凝土微膨胀产生的预压应力，同时实现快速筑坝，坝体混凝土采取通仓连续施工进行浇筑，由一岸向另一岸推进。因此，常态混凝土配合比设计都采用较低的坍落度，一般为 2cm～5cm。

8.2 温度控制

8.2.1 氧化镁混凝土拱坝温度控制的特点，是利用氧化镁的延迟性膨胀补偿作为主要的温控措施。但是，其补偿作用与坝址气象水文条件、混凝土的性能以及是否跨高温季节浇筑混凝土有直接关系。工程实践表明，以氧化镁补偿为主，再辅以其他一些温控措施，对坝体防裂还是需要的。同时，氧化镁混凝土拱坝不像普通的常态混凝土拱坝那样，需要在蓄水前进行人工冷却和封拱灌浆，而是主要靠自然冷却，这一点与碾压混凝土拱坝类似。因此，根据拱坝规模的不同，开展氧化镁膨胀补偿作用的仿真分析计算，根据氧化镁混凝土拱坝的应力状态，进行分缝设计和提出其他辅助的温控措施。

8.2.2 根据原型监测资料，当氧化镁掺量为胶凝材料的 5%，且氧化镁的活性能够保证时，混凝土浇筑一年后，其膨胀性自生体积变形 $100\mu\varepsilon$～$120\mu\varepsilon$，当掺量为 5.5%～6%时，达 $120\mu\varepsilon$～$140\mu\varepsilon$。故在年温差变化幅度不大的地区，可只利用氧化镁混凝土自生体积膨胀变形解决温降补偿。而年温差变化幅度大的地区，如果完全利用氧化镁混凝土自生体积膨胀变形进行补偿，需要的自生体积变形将为 $200\mu\varepsilon$～$300\mu\varepsilon$。由于目前使用的氧化镁掺量最大只达到 6.5%，因此，不能完全依靠氧化镁的自生体积变形来解决因温降产生的混凝土拉应力。此时，可优先采取适当分缝(诱导缝或横缝)的辅助措施加以解决，这已在贵州的几座氧化镁混凝土拱坝的实践中得到验证。

8.2.3 分缝主要解决坝体整体温降收缩引起的拉应力，对于氧化镁混凝土拱坝，分缝是首选的辅助措施，但是分缝条数不宜太多。目前已建成的氧化镁混凝土拱坝所分的诱导缝或横缝数量不多，坝段仍然较宽，河床坝段宽度有的在 100m 以上，陡坡坝段基础约束面长度最长达 50m～60m。较大的缝距不能完全解决基础约束应力和内外温差应力，还应分析基础温差和内外温差并提出其控制标准。具体的温差控制标准与坝址气象水文条件、基岩约束条件、材料的力学热学参数、混凝土的抗裂性能等有关，应根据温度、应力仿真分析的结果和混凝土的抗裂性能确定。

8.2.4 氧化镁的膨胀性与温度有关，温度高膨胀快、膨胀量大，温度低膨胀慢、膨胀量小。混凝土浇筑早期，内部由于水化热的作用温度高而表面温度低，因此氧化镁在坝内部膨胀量大而表面膨胀量小，从而对内外温差引起的温度应力补偿效果小。当内外温差应力超过设计要求或坝址区的温度骤降较严重时，应该考虑采取表面保温措施。具体表面保温措施的材料、保温层厚度、装拆时间等，应根据仿真分析结果确定。

8.2.5　采用氧化镁混凝土筑坝的主要目的是简化温控，加快施工速度，因此目前建成的拱坝均未采取预冷骨料、加冰拌和、通水冷却等人工冷却措施，而是充分利用低温季节浇筑混凝土。实践证明低温季节浇筑的氧化镁混凝土拱坝是成功的。如果高温季节必须浇筑混凝土，应避开强约束区，或者考虑采用相应的温控措施。

9　试验研究

9.1　试验研究的首要工作，是进行混凝土原材料优选。水泥、粉煤灰和氧化镁一般要求达到表3的基本控制指标。对水泥的矿物成分做出要求，是希望水泥具有较低的水化热和较高的抗折强度。对混凝土内的掺合料只提到粉煤灰，原因是几乎已建成和在建的氧化镁混凝土拱坝使用的掺合料都是粉煤灰。若当地有其他的掺合料，可通过试验研究后采用。

表 3　混凝土原材料技术性能指标表

材料	序号	指标	技术要求
水泥	1	C_4AF	≥16%
	2	C_2S	≥20%
	3	C_3S	<55%
	4	C_3A	≤5%
粉煤灰	1	细度（45μm 方孔筛筛余）	≤20%
	2	烧失量	≤8%
	3	需水量比	≤105%
	4	二氧化硫	≤3%
	5	含水率	≤1%
氧化镁	1	纯度	≤90%
	2	细度 180 目，筛余（0.077mm 孔）	≤3%
	3	CaO 含量	<2%
	4	SiO_2 含量	≤4%
	5	烧失量	≤4%
	6	活性指标	(240±40) s

外加剂一般选用缓凝高效减水剂，有要求时可选用引气型缓凝高效减水剂。如选用引气型缓凝高效减水剂时，减水率宜大于 20%，含气量大于 3.0%。选择外加剂时，应考虑水泥对外加剂的适应性。

混凝土骨料的选择也应重视，粗骨料的质量除满足 DL/T 5144 的一般要求外，宜选择线膨胀系数低，弹性模量与抗压强度之比也较低的母岩。

坝体混凝土一般采用三级配或四级配，水胶比宜控制在 0.5～0.6。胶凝材料用量指水泥与掺合料之和，一般要求胶凝材料用量不宜少于 160kg/m³。由于每立方米混凝土内氧化镁的含量随胶材用量的增加而增加，为获得足够的自生体积变形量，氧化镁混凝土配合比设计不宜减少胶凝材料的用量，当设计需要较高的膨胀量时，可以增加胶凝材料用量。

9.2　建材部门规定水泥熟料中的氧化镁含量不超过 5% ，超过时应通过压蒸试验后可放宽到 6%。由于氧化镁混凝土拱坝混凝土的胶凝材料是由水泥与掺合料组成，故氧化镁的掺量采用胶凝材料总量为基数进行计算。掺量过高有可能引起混凝土粉化破坏，虽然在研究过程中，当氧化镁掺量达到 8%时，压蒸试验仍满足要求，但因研究时间较短，为慎重起见，当氧化镁极限掺量超过胶凝材料用量的 5%时，仍应进行压蒸试验，以确定其安定性。

a)压蒸试验通常采用净浆进行试验，可同时进行砂浆及一级配混凝土的压蒸试验，对其结果进行比较；

b)压蒸试验所用原材料应与工程现场使用材料相一致；

c)压蒸试验方法可按照附录 A 所列步骤进行。

9.3　氧化镁混凝土在不同的环境温度条件下，其稳定膨胀率不同。一般采用 20℃、30℃、40℃三个不同的养护温度进行试验，提出相应的膨胀曲线，作为仿真计算的基本资料。一般需要试验提出混凝土的指标和参数有：强度等级、抗冻等级、抗渗等级、弹性模量、自生体积变形、极限拉伸值、线膨胀系数、绝热温升值等。

9.4　混凝土的徐变度指标，对于仿真分析计算十分重要。由于其试验周期较长等原因，一般中小工程未开展该项试验，有条件时应进行该项试验工作。

10　安全监测

10.1　氧化镁混凝土筑拱坝技术尚处在推广应用阶段，因此对大坝进行安全监测十分重要，监测氧化镁混凝土拱坝施工期、蓄水期及运行期的工作状态和安全是非常必要的。

10.2　本条规定氧化镁混凝土拱坝安全监测设计除符合 SL 282 的相关规定外，还应结合氧化镁混凝土拱坝的特点提出补充要求。氧化镁混凝土自生体积变形监测，对于及时了解混凝土浇筑后微膨胀发展的状况是否满足设计温控补偿需要，或进行温控设计调整都是必需的。横缝或诱导缝的开合度监测，在于指导后期的接缝灌浆。

10.3　本条针对氧化镁混土凝拱坝的特点以及温度应力补偿设计分析计算需要，提出仪器布置要求。由于氧化镁微膨胀混凝土的作用是补偿坝体的温降收缩，温度计的布置应能满足测读全坝温度场的需要。目前氧化镁混凝土拱坝采用的温度监测手段是温度计，也可采用光纤量测。

10.6　坝体混凝土温度及自生体积变形的发展，在混凝土浇筑后随即发生，整个施工期变化最为显著。加强施工期的监测和资料整理反馈，以便分析氧化镁的补偿发展趋势是否符合设计要求。

10.7　由于某些工程在坝体混凝土未全部浇筑完成，或全坝混凝土浇筑完成时间较短，就投入蓄水运行，致使氧化镁混凝土拱坝在蓄水时混凝土温度并未达到稳定温度场。此外，原型监测资料表明，氧化镁混凝土的膨胀在 1 年半至 2 年内基本趋于稳定，但监测资料也反映，某些部位的混凝土内氧化镁的膨胀仍有少量的发展。因此，水库蓄水运行后，应继续进行自身体积变形的原型监测。

11　施工控制

11.1　原材料

11.1.1　氧化镁混凝土的一般材料性能和资料标准与水工混凝土的材料相同，可按照

DL/T 5144 的有关规定执行。现在已经修建的氧化镁混凝土拱坝为避免混凝土水化热过高、降低补偿的难度，都采用中热水泥。低热水泥因采购困难，目前未有使用实例。

氧化镁产品易吸潮结块，影响其品质。因此对出厂的成品包装要求密封防潮。在工地存放也应该采取防潮措施。对于保管期超过 3 个月的，应重新进行检验。

11.1.2   常态混凝土细骨料对人工砂而言，一般选用中砂，细度模数控制在 2.7±0.2。

11.1.4   经过试验研究，氧化镁混凝土在采用掺合料、外加剂后，可以改善混凝土的性能并降低水化热。由于不同的掺合料及外加剂性能有所差异。因此，应通过试验，研究其对氧化镁混凝土膨胀性能和其他性能的影响，以最终确定取舍和掺量。

11.2   混凝土拌和

11.2.1   由于氧化镁产品为不溶于水的粉剂，在现场外掺时，根据施工实践，为了满足混凝土内氧化镁均匀性要求，需要延长拌和时间，为此，应选择可以调整控制拌和时间的混凝土搅拌机。当采用水泥厂生产的高含氧化镁水泥，或氧化镁在水泥厂与水泥共磨时，由于氧化镁已经在水泥内均匀分布，无须再对搅拌机的拌和时间提出控制要求，可采用连续式搅拌机。

11.2.3   为确保氧化镁混凝土性能满足设计要求，配合比一经确定后就不能再生产中随意改动。若经仪器检测，或其他原因需要变动配合比时，应通过补充试验，经设计分析论证后，方可进行更改。

11.2.4   氧化镁的均匀性除了确保坝体混凝土产生均匀的自生体积变形外，更重要的是保证坝体混凝土的自生体积变形安全，尤其采用现场外掺氧化镁施工时，必须进行现场均匀性检测。

11.3   混凝土运输

11.3.2   为实现氧化镁混凝土的快速施工，常用通仓连续浇筑。常态混凝土采用台阶式施工，混凝土的入仓方式应适合台阶式浇筑的需要。

11.4   混凝土浇筑

11.4.1   氧化镁混凝土拱坝有别于常态混凝土拱坝的柱状浇筑法，采用通仓台阶式浇筑，一般 0.5m 为一振捣坯层，2.5m～3m 为一浇筑层。根据浇筑层高 2.5m～3m 的要求每层可分 5～6 个台阶，台阶宽度不得小于 0.5m。为确保混凝土的整体浇筑质量，应当对混凝土浇筑台阶的高度进行有效的控制。

11.4.2   为使浇筑能形成台阶，混凝土的坍落度限制为 2cm～5cm。为适应坍落度混凝土的振捣，必须采用高频振捣器。

11.5   混凝土养护

11.5.3   混凝土坝面保温措施可采用在坝体下部堆渣，坝体上部外贴致密型聚氯乙烯防水泡沫板。施工时应将泡沫板紧密地固定在坝面上，并确保接头搭接良好。根据设计要求，采用其他的保温材料也是可行的。

11.6   混凝土质量检测

11.6.2   现场外掺氧化镁拌和混凝土时，应严格进行均匀性控制和检测。对拌和楼的称量系统应当进行定期校检，以实现混凝土配合比的严格控制。在拌和楼的出机口取样，进行混凝土内氧化镁的均匀性检测。当氧化镁的掺入方式为水泥厂共磨掺和时，可不进行混凝土氧化镁均匀性检测。

附加说明：

本标准由贵州省水利厅提出并归口；

本标准主要起草单位：贵州省水利水电勘测设计研究院、贵州省水利厅、中国水利水电科学研究院、贵州中水建设管理股份有限公司、贵州省大坝安全监测中心；

本标准主要起草人：申献平、杨卫中、张国新、杨朝晖、郑国旗、罗恒、陈学茂、罗代明、赵其兴、苏斌、李承木、郑治、杨波、庞先明、徐江。

附录Ⅳ 广东省地方标准外掺氧化镁混凝土不分横缝拱坝技术导则(DB44/T 703—2010)

1 范 围

本导则规定了外掺氧化镁混凝土不分横缝拱坝的定义、材料与试验、设计、施工及安全监测。

本导则适用于广东省建造的 2、3 级拱坝，4、5 级拱坝可参照使用，1 级拱坝、坝高大于 100m 或特别重要的拱坝在使用本导则时，应结合工程具体问题进行专门研究。

2 规范性引用文件

下列文件中的条款通过本标准的引用而成为本标准的条款。凡是注日期的引用文件，其随后所有的修改单(不包括勘误的内容)或修订版均不适用于本标准，然而，鼓励根据本标准达成协议的各方研究是否可使用这些文件的最新版本。凡是不注日期的引用文件，其最新版本适用于本标准。

GB/T 176《水泥化学分析方法》

GB/T 1345《水泥细度检验方法筛析法》

GB/T 2419《水泥胶砂流动度测定方法》

GB/T 1346《水泥标准稠度用水量、凝结时间、安定性检验方法》

GB/T 750《水泥压蒸安定性试验方法》

GB/T 17671《水泥胶砂强度检验方法》

SL 252《水利水电工程等级划分及洪水标准》

SL 282《混凝土拱坝设计规范》

SL 352《水工混凝土试验规程》

SL 258《水库大坝安全评价导则》

DL/T 5055《水工混凝土掺用粉煤灰技术规范》

DL/T 5144《水工混凝土施工规范》

DL/T 5178《混凝土坝安全监测技术规范》

本导则未涉及的内容和要求，尚应符合现行有关的国家及行业标准。

3　术语和定义

3.1　外掺氧化镁混凝土 MgO-admixed concrete

简称 MgO 混凝土。是指在混凝土拌制过程中外掺适量的水工轻烧 MgO，浇筑凝固后产生微膨胀变形的混凝土。

3.2　MgO 混凝土不分横缝拱坝技术　technique of MgO concrete arch dam without transverse joints

简称 MgO 混凝土拱坝技术。是利用 MgO 的延迟膨胀补偿温降收缩，简化拱坝的温控措施，实现坝体不分横缝，分层、通仓、连续浇筑，是涉及材料与试验、设计、施工等方面的一项综合技术。

3.3　MgO 混凝土的延迟、不可逆微膨胀特性　delayed irreversible micro- expansion characteristic of MgO concrete

MgO 混凝土主要膨胀一般发生在 7～200d 龄期，具有延迟性，其膨胀量是微小的，且不会随时间和温度变化而回缩。

3.4　MgO 混凝土的安定性　soundness of MgO concrete

反映 MgO 混凝土在长期膨胀变形过程中，混凝土体积膨胀的稳定性。混凝土体积不会产生导致胀裂、破坏的过量膨胀变形，称为 MgO 混凝土的安定性合格，反之称为安定性不合格。

3.5　压蒸试验　autoclave test

试件在高压水蒸气容器压蒸釜内加热至 216℃，蒸气压力 2.0MPa，恒压 3h，用压蒸试件的变形来判断其安定性的试验。

3.6　压蒸膨胀率　autoclave expansion ratio

压蒸后试件增加的长度与原有效长度的比率(%)。

3.7　MgO 混凝土自生体积变形试验　autogenous volume deformation test on MgO concrete

MgO 混凝土试件在恒温(一般取 20℃、30℃、40℃、50℃)、绝湿和无外荷载作用条件下，测定其由于胶凝材料水化作用引起的体积变形的试验。

3.8　MgO 混凝土拱坝的仿真分析　simulation analysis of MgO concrete arch dam

考虑 MgO 混凝土的补偿效应、拱坝边界条件、施工过程、荷载等动态因素，模拟拱坝从施工期到运行期结构性态的分析。

3.9　MgO 的补偿效应　compensation effect of MgO

由于 MgO 混凝土的微膨胀特性，在坝体应力、变形、拱座稳定等方面产生的效应。

3.10　MgO 的极限掺量　limit dosage of MgO

当混凝土中外掺 MgO 达到某一掺量时，试件安定性处于临界状态，则该掺量称为MgO 极限掺量。

3.11　MgO 的允许最大掺量　maximum allowed dosage of MgO

设计可采用的 MgO 最大掺量。

3.12　MgO 的设计掺量　design dosage of MgO

利用 MgO 混凝土的补偿效应，使坝体应力、变形、拱座稳定等方面满足设计要求的 MgO 掺量。

4　总　　则

4.1　为推广和规范 MgO 混凝土拱坝技术的应用，提高 MgO 混凝土拱坝的建设水平，保证工程质量，发挥该技术的先进性和经济效益，特制定本导则。

4.2　MgO 混凝土拱坝的级别，应符合 SL 252 的规定。

4.3　MgO 混凝土拱坝设计和施工应为快速筑拱坝创造有利条件。

4.4　MgO 混凝土拱坝应满足补偿设计要求。

4.5　应对 MgO 混凝土的补偿效应进行仿真分析，确定 MgO 的掺量设计方案和大坝体形结构。

4.6　施工中应建立质量保证体系，严格控制 MgO 的均匀性，确保 MgO 混凝土的安定性。

5　材料与试验

5.1　MgO

5.1.1　采用菱镁矿石料，煅烧温度稳定控制在 1050℃±50℃。MgO 品质必须符合【附 A】的规定，活性指标测定方法应符合【附 B】的规定。

5.1.2　混凝土性能试验及施工使用的 MgO，运输到达目的地后，除按 5.1.1 的规定复检外，还应按 GB/T 176 和 GB/T 1345 的规定进行检验，合格后方能验收使用。

MgO 每批抽样 10kg，分为两等份，一份作检验用，测定控制指标，另一份保存在密闭容器中，以备补充试验和必要时作仲裁试验用。

5.1.3　施工过程中应加强 MgO 的管理，MgO 应分批编号存放，各批不得混淆，库存应注意防雨和防潮。应建立 MgO 技术档案，详细登记各批 MgO 在坝上使用的部位。

5.2　水泥

5.2.1　水泥品质必须符合现行有关的国家标准。可结合大体积混凝土降低水泥发热量、减少混凝土收缩的需要，对水泥的化学成分、MgO 含量、矿物组成和细度等提出专门要求。

5.2.2　大坝所用的水泥品种以 1 种为宜，并应固定供应厂家。

5.2.3　水泥品种宜选用普通硅酸盐水泥、硅酸盐水泥。选用的水泥强度等级应与混凝土设计标号相适应。

5.2.4　水泥检验方法应符合现行有关的国家标准。

5.3　掺合料

5.3.1　MgO 混凝土中应掺入适当的掺合料，应优先选用粉煤灰。掺合料的品质应符合现行有关的国家和行业标准。掺量应根据工程技术要求、掺合料品质、资源条件及有关标准，通过试验论证确定。

5.3.2　粉煤灰应选用Ⅰ级或Ⅱ级粉煤灰。

5.3.3　粉煤灰掺量及检验方法，宜符合 DL/T 5055 的规定。

5.4　外加剂

5.4.1　MgO 混凝土中应掺入适量外加剂，外加剂品质应符合现行有关的国家和行业标准，并考虑外加剂对 MgO 混凝土膨胀性能的影响。

5.4.2　应根据混凝土性能、施工的要求，结合工程选定的混凝土原材料进行适应性试验，选择合适的外加剂种类和掺量。外加剂由专门生产厂家供应，品种宜选用 1～2 种。根据工程需要并通过试验论证，外加剂可复合使用。

5.5　骨料

5.5.1　骨料品质应符合现行有关的国家和行业标准。使用的骨料应根据优质、经济、就地取材的原则进行选择，有条件的地方宜优先选用石灰岩质的骨料。

5.5.2　细骨料应质地坚硬、清洁、级配良好，人工砂的细度模数宜为 2.4～2.8，天然砂的细度模数宜为 2.2～3.0。

5.5.3　粗骨料最大粒径不宜大于 80mm，粗骨料按粒径分成 D20、D40、D80 三级。

5.5.4　骨料取样与检验方法应符合现行有关的国家和行业标准。

5.6　水

拌和与养护混凝土用水的质量应符合现行有关的国家和行业标准。

5.7　MgO 混凝土配合比

5.7.1　MgO 混凝土，宜采用三级配混凝土，骨料最大粒径为 80mm。

MgO 混凝土性能试验所用的水泥、MgO、掺合料、骨料、外加剂等应与施工采用的一致。

5.7.2　MgO 混凝土配合比应进行优选试验，以满足设计强度、抗裂性、抗渗性、耐久性、微膨胀性能、热学性能及和易性等要求。

5.7.3　宜先进行不掺 MgO 的混凝土配合比试验，得出满足设计强度、抗渗性、耐久性及施工和易性要求的混凝土配合比后，再进行不同掺量的 MgO 混凝土配合比试验。外掺 MgO 不作为胶凝材料计算水胶比。

5.7.4　混凝土配合比设计方法和混凝土试验按有关行业标准进行。

5.7.5　根据设计对混凝土性能的要求，通过试验确定的混凝土配合比，水胶(灰)比应符合 DL/T 5144 和 SL 282 的规定，混凝土中的胶凝材料用量不宜小于 200kg/m^3，最小水泥用量不宜小于 150 kg/m^3。

5.8　MgO 混凝土安定性试验

5.8.1　MgO 混凝土应进行压蒸安定性试验，以确保 MgO 混凝土的安定性。

5.8.2　MgO 掺量按下式确定：

$$MgO \text{掺量}(\%) = \frac{\text{外掺MgO质量}}{\text{水泥质量} + \text{掺合料质量}} \times 100\%$$

5.8.3　压蒸试验可采用一级配混凝土(石子粒径 5～20mm)试件或水泥砂浆试件。宜优先采用一级配混凝土试件。压蒸试件不得采用湿筛法成型。试验采用的材料应与施工使用的相同，砂、石以饱和面干状态为基准。

5.8.4　压蒸试件的配合比

a)一级配混凝土试件：胶(灰)砂比、水胶(灰)比、外加剂掺量(%)、掺合料掺量(%)与施工基准混凝土配合比相同，石子(5～20mm)用量由砂率控制，砂率宜为35%～42%，砂率应由试验确定，满足一级配混凝土和易性及容易成型的要求。

MgO 掺量宜取六级进行试验，通常取 0、2%、4%、5%、6%、8%六级，可根据压蒸膨胀率的试验结果做适当调整。

b)水泥砂浆试件：胶(灰)砂比、水胶(灰)比、外加剂掺量(%)、掺合料掺量(%)与施工基准混凝土配合比相同。当所掺外加剂不适应压蒸试验时，不掺外加剂。

水泥砂浆应按GB/T 2419的规定测定流动度，当水泥砂浆流动度超出180～196mm时，可采用以下两种方法调整水泥砂浆流动度：

①以增加或减少 0.01 整倍数的方法，将水胶(灰)比调整至水泥砂浆流动度为 180～196mm。

②保持水胶(灰)比不变，减少外加剂掺量，使水泥砂浆流动度为 180～196mm。

MgO 掺量与一级配混凝土试件的规定相同。

5.8.5　一级配混凝土试件或水泥砂浆试件的压蒸试验方法应符合【附 C】的规定，压蒸膨胀率不大于 0.5%时，为安定性合格，反之为不合格。

5.8.6　一级配混凝土试件或水泥砂浆试件，压蒸膨胀率为 0.5%时对应的 MgO 掺量即为 MgO 混凝土的极限掺量。

5.9　MgO 混凝土力学、变形、热学性能试验

5.9.1　MgO 混凝土力学、变形及热学等性能试验，其内容和要求应与补偿设计时结构部位的要求相一致。MgO 混凝土应进行抗压强度、抗拉强度、弹性模量、极限拉伸、抗渗、自生体积变形、线膨胀系数、水泥水化热等试验，试验方法应符合有关国家和行业标准的规定。

5.9.2　MgO 混凝土除按 5.9.1 的规定试验外，可根据设计要求，增加徐变、绝热温升、导热系数、导温系数、比热等试验项目。

5.9.3　MgO 混凝土自生体积变形试验采用的 MgO 掺量，可根据初步确定的设计掺量，增减 1%掺量，共三级进行，试件环境温度根据设计要求宜确定三至四种温度。

不掺 MgO 的混凝土试件宜在 20℃环境温度中试验。

5.9.4　MgO 混凝土自生体积变形试验，混凝土试件成型所用的"湿筛"标准，应和坝内无应力计筒内的"湿筛"标准一致。当设计无要求时，可用湿筛法剔除大于 40mm 的骨料；当设计有要求时，按设计规定。

5.9.5　MgO 混凝土自生体积变形试验应确保试件恒温、绝湿，试件应置于恒温水箱内，观测时间不少于 1 年。

5.9.6　MgO 混凝土自生体积变形试验，除按 SL 352 的规定进行外，测量时间、基准值的选定宜按以下规定：

a) 测量时间

成型后宜 2h、6h、10h、16h、24h、32h、40h、48h 各量测应变计电阻及电阻比 1 次，以后两周每天量测 1 次，然后每周量测 1～2 次，半年之后每月量测 1～2 次，龄期不少于一年。

b) 基准值

掺外加剂和掺合料的 MgO 混凝土，当试验环境温度不同时，MgO 混凝土凝结时间、自生体积变形初始发生的时间不同，基准值宜以成型后 12～48h 的应变计测值进行分析后确定。

5.9.7　变温条件下的 MgO 混凝土自生体积变形，可按【附 D】或其他经过论证的方法采用恒温试验成果推算得出。

5.9.8　MgO 混凝土所在的结构部位，如有抗冲磨、抗化学腐蚀、抗冻要求时，应按相应的规程进行试验。

6　设　　计

6.1　枢纽布置

6.1.1　枢纽布置宜将引(取)水建筑物与坝身分开布置；坝体泄水建筑物宜优先采用溢流表孔。

6.1.2　宜采用围堰一次拦断河床的隧洞导流方式，不干扰大坝施工。

6.1.3　失事后对下游影响较大、或地震基本烈度为 8 度以上、或坝基地质条件复杂的大坝，宜设置放空底孔。

6.2　拱坝的体形选择

6.2.1　根据坝址河谷形状、地质条件、泄洪布置、拱座稳定、坝体应力和施工条件等综合因素，按常规混凝土拱坝的设计方法初选拱坝体形。

6.2.2　MgO 混凝土拱坝的体形和结构宜简单，以适应快速筑拱坝的要求。

6.2.3　为充分发挥 MgO 微膨胀补偿效应以改善拱座稳定条件，减小坝体混凝土量，宜优先考虑扁平拱圈线型(降低矢高、减小中心角)方案。

6.3　荷载

6.3.1　作用在坝体的荷载应符合 SL 282 的规定。

6.3.2　仿真分析应考虑荷载(自重、水压力、温度、自生体积变形作用等)的动态效应。

6.3.3　MgO 的微膨胀作用转换为等效温度荷载处理。

6.4　MgO 的补偿效应

6.4.1　MgO 混凝土的微膨胀特性在坝体应力、变形、拱座稳定等方面产生的补偿效应随时间和温度变化，应采用仿真分析。

6.4.2　虚拟定 3～4 种 MgO 掺量方案，通过仿真计算成果对比其补偿效应，确定 MgO 掺量设计方案和相应拱坝布置方案及体形。

6.4.3　考虑 MgO 混凝土拱坝的补偿效应后，应力控制指标、拱座抗滑稳定安全系数应满足拱坝结构的安全性要求。

6.5 坝体应力

6.5.1 坝体应力以拱梁分载法仿真计算成果作为衡量强度安全的主要标准，必要时可采用有限元法仿真计算复核。

6.5.2 用拱梁分载法仿真计算的坝体主压应力控制指标应符合 SL 282 的规定。

6.5.3 用拱梁分载法仿真计算的坝体主拉应力控制指标，可按 SL 282 规定的容许拉应力值增加不大于 0.5MPa 控制。

6.6 拱座稳定

6.6.1 拱座稳定分析的一般原则、计算方法、安全系数标准、变形稳定等应符合 SL 282 的规定。

6.6.2 根据选择的 MgO 设计掺量和相应拱坝布置、体形方案，选取拱梁分载法仿真计算成果中拱座上有代表性的作用力，复核拱座稳定。

6.7 MgO 掺量设计

6.7.1 MgO 掺量设计包括掺量和掺量分区设计，应以补偿效应分析成果，结合施工条件等因素综合确定。

6.7.2 掺量设计在满足设计主拉应力控制指标的前提下，宜使上、下游坝面主拉应力的补偿效应均衡。

6.7.3 MgO 掺量必须满足安定性的要求，允许最大掺量取极限掺量的 0.8～0.9 倍。

6.7.4 MgO 的设计掺量宜在允许最大掺量基础上留有一定的裕度，以适应材料、施工等条件在一定范围内的变化。

6.7.5 应对选取的 MgO 设计掺量进行敏感性分析。

6.7.6 采用全坝掺 MgO，每一水平通仓浇筑层应按同一掺量设计，且不宜每层都改变掺量。

6.7.7 实际施工时段与仿真计算时段存在差异时，宜复核调整 MgO 掺量设计方案。

6.8 坝体混凝土及坝面保温设计

6.8.1 坝体混凝土宜采用同一标号不分区（除溢流孔闸墩和溢流面局部位置外），标号不宜低于 $R_{90}200$。溢流表面混凝土标号不宜低于 $R_{90}250$。

6.8.2 坝面保温设计可按 SL 282 附录 C.2 的规定，保温时间不宜少于 1 年。

7 施　　工

7.1 材料与配合比

7.1.1 材料质量

MgO 混凝土材料应符合 5.1～5.6 的规定。应加强材料的进货验收和复检，完善进出库和存储管理，做好防潮、防水、防晒措施，保证材料质量满足要求。

7.1.2 施工配合比

MgO 混凝土施工配合比应符合 5.7 的规定。施工现场应及时对进场的材料质量进行复检，并根据实际情况对施工配合比进行优化和调整。

7.2　混凝土施工

7.2.1　一般规定

MgO 混凝土施工应符合 DL/T 5144 的规定。

MgO 混凝土拱坝施工前应编制施工组织设计，做好施工准备，进度计划安排应与基础处理和工程导流相协调，混凝土工程宜安排在冬春季节施工。

7.2.2　材料供应

应根据料源情况和施工总进度计划安排，确定各种材料的需要量，编制材料采购供应计划，避免材料供应中断。

7.2.3　模板工程

模板应有足够的强度和刚度，并根据 MgO 混凝土拱坝体形和快速筑拱坝的特点，进行专项设计，宜优先采用大块模板，提高模板的平整度和立模速度。

7.2.4　混凝土制备

a) 拌和系统的生产能力应满足施工进度计划的要求以及 MgO 混凝土均匀性控制要求，宜为常规混凝土的 1.5 倍。

b) MgO 混凝土生产应按施工配合比进行，称量配料系统的准确性和可靠性应满足有关规程的要求。

7.2.5　混凝土运输

应保持 MgO 混凝土拌和物在运输过程中的均匀性，道路应平整，避免混凝土产生分层和离析现象，运送容器不漏浆，具有防晒、防雨设施；宜减少转运次数，运输能力应满足连续浇筑的要求。

7.2.6　混凝土浇筑

a) MgO 混凝土浇筑应符合 DL/T 5144 的规定。

b) 浇筑层的高度应根据拱坝结构特点、施工组织和施工能力确定，宜控制在 1.8～2.5m，并应符合设计要求。

c) 施工缝应按施工规范要求处理，仓面不得有积水，混凝土浇筑前先铺 20mm 厚同水胶(灰)比砂浆，避免出现层间结合不良。

d) MgO 混凝土浇筑方法宜根据仓面大小和施工生产能力，采用台阶法或平铺法施工，每层铺料厚度宜控制在 500mm 以内。

e) 混凝土捣实宜优先采用高频振动器，振捣时间和振捣顺序应满足规范要求，避免出现漏振或过振，保证混凝土浇筑均匀密实。

7.2.7　夏季施工

应重视施工组织安排，宜在一个枯水期完成大坝施工。如需在夏季施工，则宜采取如下措施：

a) 拌和用水、料仓及砂石堆场应有遮阳设施，避免暴晒；

b) 水泥的静置时间不宜少于一个月；

c) 减少混凝土的运输时间和转运次数；

d) 加快混凝土浇筑速度并及时覆盖；

e) 仓面采用喷雾保湿降温。

7.3 均匀性控制

7.3.1 一般规定

应对拌和系统、拌和工艺和连续施工过程制订有针对性的质量保证措施,确保 MgO 混凝土的均匀密实。

7.3.2 拌和系统控制

a) 混凝土拌和系统宜优先采用机械化自动控制系统,安装调试合格后,应经计量部门验收确认后才能正式使用。

b) 应加强拌和系统的维修保养,保持系统处于完好状态,避免施工期间的非预期中断;称量系统每台班应进行归零校正,保持称量准确。

7.3.3 拌和工艺控制

a) 应制订拌和工艺操作规程,明确职责分工,落实质量责任制;岗位人员须经培训考核合格后持证上岗。

b) MgO 混凝土拌和的投料顺序和拌和时间应通过单罐均匀性试验确定,拌和时间宜不少于 4min。

c) 宜采用控制图等数理统计技术加强拌和工艺的控制,主要是均匀性指标和混凝土坍落度指标。

7.3.4 施工过程控制

a) 施工过程中应加强对 MgO 的均匀性检测,包括机口检测和仓面检测,均匀性指标应符合《氧化镁微膨胀混凝土筑坝技术暂行规定》的要求。

b) 试样应及时检验,数据应及时分析、判断,对异常现象应及时查明原因,并采取有效的措施及时处理。

c) MgO 混凝土均匀性检测宜采用小样品化学法进行。

d) 拌和机口的均匀性检测,要求每台班取样两次,每次取样不少于 3 个,每台机宜取样 2 个。

e) 仓面浇筑层的均匀性检测,要求每 $100m^2$ 取样一个,每个浇筑层取样不少于 5 个,检测结果应与机口均匀性检测结果进行对比分析,发现异常应及时处理。

7.4 表面保护

7.4.1 应根据设计要求、工程特点和环境条件,制订表面保护实施方案。

7.4.2 养护

混凝土终凝后,应及时洒水养护,时间不少于 30 天。

7.4.3 保护材料

宜选择保温、保湿性能好并便于施工的保护材料。上下游坝面可采用聚氨酯硬质泡沫板、高强型聚苯乙烯硬质泡沫板或聚乙烯闭孔泡沫防水板,仓面可采用轻质的聚氯乙烯气泡垫。

7.4.4 保护方法

坝面保护应覆盖整个上下游坝面,可采用内贴法或外贴法;仓面采用临时遮盖法。

7.4.5 保护实施

a) 采用外贴法时，保护材料应紧贴坝面，接缝用胶带纸密封。外贴法保温应在拆模后立即实施。

b) 采用内贴法时，保护材料应与模板紧密结合，并有可靠的固定措施，浇混凝土时应避免破坏保护材料。

8　安　全　监　测

8.1　一般规定

8.1.1　安全监测设计应突出 MgO 拱坝的特点，以坝体和拱座的变形、温度、MgO 混凝土自生体积变形及基础渗流监测为重点，并符合 SL 282 和 DL/T 5178 的规定。

8.1.2　应及时取得主要监测项目的基准值，重视施工期、首次蓄水期、蓄水 3 年的安全监测工作。

8.1.3　应选择性能稳定可靠，在潮湿环境中有效工作不少于 5 年的监测仪器和设备。

8.2　监测项目与主要监测设施布置

8.2.1　仪器监测的常规项目应按表 1 的规定确定。

表 1　仪器监测的常规项目

序号	监测项目		大坝级别	
			Ⅱ	Ⅲ
1	变形	①坝体位移	●	●
		②坝体位移	●	●
		③倾斜	○	
		④坝体接缝	●	●
		⑤裂缝	●	●
2	渗流	①渗流量	●	●
		②坝基扬压力及深部渗透压力	●	●
		③坝体渗透压力	○	
		④绕坝渗流	●	●
		⑤水质分析		○
3	应力	①应力	●	○
		②应变	●	○
		③混凝土温度	●	●
		④MgO 混凝土自生体积变形	●	
		⑤坝基温度	●	○
4	环境量	①上、下游水位	●	●
		②气温	●	●
		③降水量	●	●
		④库水量	○	
		⑤坝前淤积	○	
		⑥下游淤积	○	
备注	●为必设项目，○为选设项目			

8.2.2 水平位移与挠度监测应符合下列规定：

a) 应优先采用垂线法监测坝体和坝基的水平位移。垂线应布置在拱冠和拱肩等部位，其中拱冠部位应布置 1 条。

b) 坝体挠度宜采用垂线法监测。监测断面的挠度测点不应少于 3 点。

8.2.3 坝体和坝基的垂直位移，宜采用精密水准法监测。

8.2.4 温度及应力、应变监测

8.2.4.1 一般规定

a) 宜根据坝高、坝长、体形、坝体结构及地质条件，按照梁和拱两个体系选择坝体监测断面与监测截面。选择拱冠、1/4 拱弧或布置有大孔的悬臂梁，沿径向各布置垂直于坝轴线的铅直向监测断面 1～3 个；沿拱冠梁不同高程，按 15～20m 的间距，布设水平监测截面 3～5 个，其中坝高的 1/2、1/3 处宜布设监测截面。

b) 应选择坝体最高温度、最大拱座应力处布设监测断面和监测截面。

8.2.4.2 温度监测

a) 根据坝高不同可布置 3～5 个监测截面，在温度梯度较大的位置可适当加密测点。在与监测断面相交处，沿坝体厚度方向不宜少于 3 个测点。在拱座应力监测截面上可增设必要的温度测点。坝基温度监测可在温度监测断面的底部布置 5～10m 深的钻孔，沿不同深度埋设 2～4 个测点。

b) 施工期应加强温度监测。

8.2.4.3 MgO 混凝土自生体积变形监测

a) 无应力计的仪器数量和布置，根据各测点的温度、应力状态确定。选择拱冠、1/4 拱弧，沿径向布置铅直向监测断面；沿拱冠梁不同高程，按 15～20m 的间距，并结合坝体不同 MgO 掺量层布设水平监测截面。

b) 自生体积变形的监测在蓄水后 5 年内不应间断。

c) 每个水平监测截面应设置不少于 5～7 个测点。

d) 无应力计的埋设，应保持安装后桶内混凝土的均匀性、密实性。宜采用无应力计桶大口向上方式。原级配(三级配)无应力计埋设，应保持安装后桶内混凝土不受干扰。

8.2.4.4 应力、应变监测

a) 拱座的切向推力和径向剪力应为拱坝应力监测的重点。

b) 应变计组的仪器数量和布置，应根据各测点的应力状态确定。应变计组的主平面应平行于坝面。

c) 在拱坝拉应力区、坝踵或其他可能出现拉应力的边界部位，除了布置应变计外，尚应布置裂缝计，监测可能发生的裂缝或混凝土与基岩结合状态。

8.2.5 渗流监测

渗流监测应符合 SL 282 和 DL/T 5178 的规定。

8.3 资料分析

8.3.1 在第一次蓄水、竣工验收、蓄水 3 年及大坝安全鉴定时，均应先做资料分析，分别为蓄水、验收及安全鉴定提供依据。每年应进行一次资料整编，每年汛前必须将上一年度的监测资料整编完毕。

资料分析时，应按 DL/T 5178 和 SL 258 的规定，对大坝工作状态做出评价。

8.3.2 根据监测资料重点分析自生体积变形规律，以及其对大坝应力、位移的补偿效应。

【附 A】MgO 材料品质技术要求

A.1 MgO 材料品质的物化控制指标

A.1.1 MgO 含量(纯度)≥90%

A.1.2 活性指标 240s±40s

A.1.3 CaO 含量<2%

A.1.4 细度 180 孔目/英寸(0.077mm 标准筛)

A.1.5 筛余量≤3%

A.1.6 烧失量≤4%

A.1.7 SiO$_2$ 含量<4%

A.2 MgO 材料生产质量控制

A.2.1 物化指标关键是活性指标，对此必须严格控制。为控制产品稳定性，以 60t 为单位(批量小于 60t 的以批为单位)抽样 30 个，进行活性检验，要求离差系数 C$_v$≤0.1。C$_v$>0.1 为不合格产品，不能使用。除活性指标外，其余各项指标均应每批测定一次。

A.2.2 产品出厂时，厂家需提出各项指标的物化分析单。

A.2.3 菱镁矿石料直径应控制在 50～150mm，煅烧出窑后要进行查验，对个别未烧透的块体应予剔除。

A.2.4 煅烧温度是轻烧 MgO 生产工艺中重要环节，要求煅烧温度稳定控制在 1050℃±50℃。煅烧温度要求保温 0.5h。

A.2.5 轻烧 MgO，成品易吸湿结块，包装要求密封防潮，便于运输及储存。自出厂日算起，保存期为六个月。超期应重新检验。

【附 B】MgO 活性指标测定方法

称取试样 1.7g，放在烧杯中，加 100mL 中性水，再加 100mL 柠檬酸溶液(液体中溶有 2.4g 柠檬酸)放在磁力搅拌器上搅拌并加热，使溶液维持在 30～35℃，加入 1～2 滴酚酞指示剂，同时记下从开始搅拌到溶液出现微红色的时间。

【附 C】MgO 混凝土安定性试验方法

C.1 适用范围

本方法适用于评定 MgO 混凝土的安定性。采用一级配混凝土、水泥砂浆试件进行压蒸试验。根据一级配混凝土、水泥砂浆试件压蒸试验前后的长度变化，鉴定试件内所含

MgO 经水化反应所引起的膨胀是否具有潜在的危害,以确定 MgO 在混凝土中的极限掺量。

本方法确定的 MgO 极限掺量是指特定混凝土的 MgO 极限掺量,不同材料、不同配合比的混凝土 MgO 极限掺量不同。

本方法适用于在硅酸盐水泥、普通硅酸盐水泥中外掺粉煤灰的 MgO 混凝土。

C.2   仪器

C.2.1   试模、钉头

试模内壁尺寸:混凝土 55mm×55mm×280mm;水泥砂浆 30mm×30mm×280mm(25mm×25mm×280mm)。测量钉头用不锈钢或其他硬质不锈钢金属材料制成,测量钉头伸入试件深度应为 15mm±1mm。

C.2.2   搅拌机

应符合《行星式水泥胶砂搅拌机》(JC/T 681)的规定。

C.2.3   振实台

应符合《水泥胶砂试体成型振实台》(JC/T 682)、《水泥物理检验仪器—胶砂振动台》(JC/T 723)、《混凝土试验室用振动台》(JC/T 3020)的规定。

C.2.4   跳桌

应符合 GB/T 2419 的规定。

C.2.5   外径千分尺、比长仪

外径千分尺应符合《外径千分尺》(GB/T 1216)的规定。

比长仪应符合《水泥胶砂干缩试验方法》(JC/T 603)的规定。

C.2.6   沸煮箱

应符合 GB/T 1346 的规定。

C.2.7   压蒸釜

应符合 GB/T 750 中 5.4 的规定。

C.3   试验条件

成型试验室、拌和水、湿气养护箱应符合 GB/T 17671 的规定,成型试件前试样的温度应在 17～25℃。压蒸试验室应不与其他试验共用,并各有通风设备和自来水水源。

试件长度测量应在温度为 20℃±2℃、相对湿度不低于 50%的试验室内进行,外径千分尺、比长仪和校正杆应与试验室温度一致。

C.4   试样

C.4.1 水泥、MgO 试样应通过 0.9mm 的方孔筛。水泥试样的沸煮安定性必须合格。

C.4.2 试验采用的材料应与施工的一致。砂、石以饱和面干状态为基准。

C.5   试件的成型

C.5.1   一级配混凝土试件成型

a)一级配混凝土配合比:应符合本导则 5.8.4 a)的规定。

b)一级配混凝土的拌和:每组一级配混凝土试样应成型两条试件。按胶(灰)砂比称取胶凝材料和砂共重 2200g,按 MgO 掺量、外加剂掺量、水胶(灰)比分别称取 MgO、外加剂、水用量,根据砂的质量称取约 40%砂率时的石子(5～20mm)一份,石子称好后用湿毛巾盖好,以防水分蒸发。称料后,MgO 与胶凝材料由人工拌和均匀。水泥砂浆拌和应符合 C.5.2 的规定。

将拌和后的水泥砂浆倒在锌铁盘内，一边人工搅拌一边徐徐加入石子，直至拌和物满足和易性和成型要求时停止加入石子，计算出实际的石子用量。

c)试件成型：将一级配混凝土拌和物一次装入已准备好的 55mm×55mm×280mm 试模内，用混凝土振动台振动成型，振动至混凝土表面出浆为止(振动时间为 20～30s)。试件成型后用三棱刮刀刮平，然后记上编号。放入湿气养护环境(20℃±1℃，相对湿度不低于90%)中养护。

C.5.2　水泥砂浆试件成型

a)水泥砂浆配合比：应符合本导则 5.8.4 b)的规定。

b)水泥砂浆的拌和：

每组水泥砂浆试样应成型两条试件，试件尺寸 30mm×30mm×280mm。按胶(灰)砂比称取胶凝材料和砂共重 1300g，按 MgO 掺量、外加剂掺量分别称取 MgO、外加剂用量，再按流动度确定的水胶比量取水量。

称料后，MgO 与胶凝材料由人工拌和均匀。水泥砂浆拌和应符合 GB/T 17671 中 6.3 的规定。

c)试件成型

应符合 GB/T 17671 中 7.2 的规定。

C.6　试件的养护、沸煮与测量

C.6.1　试件经湿气养护 2d 后，适宜脱模时取出试件，将钉头擦干净，然后测量试件的初始长度。

每次测量前、后，外径千分尺应用标准杆校对零位读数。

放置试件将试件钉头中心对准千分尺测头的中心，旋转千分尺旋杆，千分尺测头即将与试件钉头接触时，以最小扭力轻轻扭动微动螺旋，接触后发出三声响，立即停止扭动，即可进行读数(L_0)。重新放置试件，使试件钉头中心与千分尺测头接触点稍微不同，按以上步骤重复测量两次，取最大值作为测量结果，测量应精确至 0.01mm。

C.6.2　测完初长的试件平放在沸煮箱的试架上，按 GB/T 1346 的规定沸煮。自水沸腾算起连续沸煮 3h，然后停止加热，保持在热水中 24h。

C.7　试件的压蒸

沸煮后试件的压蒸试验应符合 GB/T 750 10.1～10.3 的规定。

其中试件的测长应符合本导则 C.6.1 的规定。

C.8　结果计算与评定

C.8.1　一级配混凝土、水泥砂浆试件的膨胀率以百分数表示，取两条试件的平均值，当试件的膨胀率与平均值相差超过±10%时应重做。

试件压蒸膨胀率按式(C.1)计算：

$$L_A = \frac{L_1 - L_0}{L} \times 100\% \qquad (C.1)$$

式中，L_A——试件压蒸膨胀率，%；

　　　L——试件有效长度，250mm；

L_0——试件脱模后初长读数，mm；

L_1——试件压蒸后长度读数，mm。

计算结果精确至 0.01%。

绘制 MgO 掺量与压蒸膨胀率关系曲线。

C.8.2 一级配混凝土(或水泥砂浆)试件压蒸膨胀率不大于 0.5%，为安定性合格，反之为不合格；压蒸膨胀率为 0.5%对应的 MgO 掺量，即为该混凝土 MgO 的极限掺量。

附加说明：

本导则的主管部门是广东省水利厅，广东省水利电力勘测设计研究院负责具体技术内容的解释。

本导则主编单位：广东省水利电力勘测设计研究院。

本导则参编单位：广东省水利水电科学研究院、广东水电二局股份有限公司。

本导则主要起草人：刘振威、李少鹏、杨光华、何育文、陈理达、章鹏、周润棉、袁明道、朱国彬、罗军、王立华、陈志伟、李国瑞、黄新芳、谢立国。

参 考 文 献

[1] 苏达根. 水泥与混凝土工艺[M]. 北京: 化学工业出版社, 2005.

[2] 楼宗汉, 叶青, 陈胡星, 等. 水泥熟料中氧化镁的水化及其膨胀性能[J]. 硅酸盐学报, 1998, 26(4): 430.

[3] 徐宝龙, 郑永飞. 水镁石的低温化学合成及其矿物学研究[J]. 矿物学报, 1998, 18(3): 273-278.

[4] 方坤河. 过烧氧化镁的水化及其对混凝土自生体积变形的影响[J]. 水力发电学报, 2004, 23(4): 45-49.

[5] Lea F M. The Chemistry of Cement and Concrete[M]. New York: Chenmical Publishing Company, 1971: 369.

[6] Metha P K. History and Status of Performance Tests for Evaluation of Soundness of Cements, in Cement Standards-Evolution and Trends[J]. ASTM special Technical Publication, 1978, 663: 35-60.

[7] 井树力生. 大体积混凝土与膨胀性水泥掺合料[J]. 韩万浩, 译. 水泥与混凝土, 1976(12).

[8] 袁美栖, 唐明述. 吉林白山大坝混凝土自生体积膨胀机理的研究[J]. 南京化工学院学报, 1984, 2: 38-45.

[9] 庞先明, 陈浩, 晏卫国. 鱼简河碾压混凝土拱坝原型观测资料分析[J]. 水利规划与设计, 2008, 4: 66-70.

[10] 史迅. 微膨胀型中热水泥在三峡二阶段工程混凝土中的应用[J]. 水泥, 2005, (5): 12-14.

[11] 戴会超, 张超然. 三峡工程混凝土施工及温控科研成果[J]. 水利水电科技进展, 2003, 23(1): 17-21.

[12] 杨强. 外掺氧化镁快速筑坝技术在老江底水电站大坝上的应用与管理[J]. 贵州水力发电, 2012, 26(3): 41-44.

[13] 郑国旗, 赵其兴. 外掺氧化镁碾压混凝土技术在黄花寨水电站的应用[J]. 中国水利水电科学研究院学报, 2012, 10(3): 208-213.

[14] Metha P K, Pritz D. Magnesium Oxide additive for producing self-stress in mass-concrete[C]. Proceedings of the 7th International Congress on the Chemistry of Cement, 1980, vol Ⅲ, 180: v6-v9.

[15] Никифоров Ю В. Влияние Алюмиатов КалЬцияи Окисива МаТния На Рзултват Испытания Цементов Автоклавным Метовом, Цемент, 1988, NO. 4.

[16] All M M, Mullick A K. Volume stabilization of high MgO cement: effect of curing conditions and fly ash addition[J]. Cement and Concrete Research, 1998, 28(11): 1585-1594.

[17] Choi S W, Jang B S, Kim J H, et al. Durability characteristics of fly ash concrete containing lightly-burnt MgO[J]. Construction and Building Materials, 2014, 58: 77-84.

[18] 李承木. 外掺 MgO 混凝土自生体积变形的长期研究[J]. 四川水力发电, 1999, 18（2）: 68-72.

[19] 陈昌礼, 唐成书. 氧化镁混凝土在贵州东风拱坝基础中的应用及长期观测成果分析[J]. 水力发电学报, 2006, 25(4): 102-107.

[20] 袁明道, 肖明, 杨光华. 长沙拱坝氧化镁混凝土自生体积变形的长期原型观测成果分析[J]. 水力发电学报, 2012, 31(3): 168-174.

[21] 刘振威. 外掺 MgO 微膨胀混凝土不分横缝快速筑拱坝新技术[J]. 广东水利水电, 2000, 6: 8-14.

[22] 贵州省水利水电勘测设计研究院. 氧化镁混凝土拱坝筑坝关键技术及工程实践[M]. 北京: 中国水利水电出版社, 2016.

[23] 陈昌礼, 赵其兴, 李维维, 等. 高掺氧化镁混凝土在某水电站拱坝工程中的应用[J]. 水利水电科技进展, 2016, 36(6): 64-67.

[24] 彭程. 21 世纪中国水电工程[M]. 北京: 中国水利水电出版社, 2006.

[25] 中华人民共和国水利部. 2017 年全国水利发展统计公报[M]. 北京: 中国水利水电出版社, 2018.

[26] 汪镜亮. 轻烧氧化镁的生产及应用[J]. 矿产综合利用, 1995, 2: 27-34.

[27] 秦吉, 邓敏, 莫立武, 等. 基于低品位菱镁矿和白云石的 MgO 膨胀剂制备与膨胀性能研究[J]. 新型建筑材料, 2016, 11: 7-11.

[28] 王光银, 邓敏, 莫立武, 等. 菱镁矿品位对 MgO 膨胀剂组成结构及性能的影响[J]. 材料科学与工程学报, 2014, 32(5): 658-664.

[29] 刘加平, 王育江, 田倩, 等. 轻烧氧化镁膨胀剂膨胀性能的温度敏感性及其机理分析[J]. 东南大学学报(自然科学版), 2011, 41(2): 359-364.

[30] 彭尚仕, 周世华, 杨华全, 等. 制备工艺对氧化镁膨胀剂水化特性的影响[J]. 中国粉体技术, 2014, 20(5): 67-70.

[31] 李承木, 李万军. 论氧化镁膨胀材料的品质质量及膨胀性能[J]. 水电站设计, 2005, 21(3): 95-99.

[32] 胡庆福. 镁化合物的生产与应用[M]. 北京: 化学工业出版社, 2004.

[33] 袁润章. 胶凝材料学[M]. 武汉: 武汉理工大学出版社, 1996.

[34] 李伟, 陈思可, 卢伟伟. 煅烧温度对 MgO 膨胀剂反应活性及膨胀特性的影响[J]. 广东水利水电, 2019, 7: 26-30.

[35] 游宝坤, 齐冬有. 关于氧化镁膨胀剂的评述[J]. 膨胀剂与膨胀混凝土, 2010, 4: 4-6.

[36] 高培伟, 卢小琳, 唐明述. 膨胀剂对混凝土变形性能的影响[J]. 南京航空航天大学学报, 2006, 38(2): 251-255.

[37] 朱伯芳. 大体积混凝土温度应力与温度控制[M]. 北京: 中国水利水电出版社, 2012.

[38] 陈霞, 杨华全, 张建峰, 等. MgO 混凝土自生体积变形影响因素分析[J]. 人民长江, 2015, 46(17): 70-73.

[39] 张守治, 刘加平, 田倩, 等. 氧化镁膨胀剂中 MgO 含量的测定[J]. 硅酸盐学报, 2016, 44(8): 1220-1225.

[40] 唐小丽, 刘昌胜. 重烧氧化镁粉的活性测定[J]. 华南理工大学学报, 2001, 27(2): 157-160.

[41] 陆安群, 田倩, 李华, 等. 煅烧制度对 MgO 膨胀剂组成结构及膨胀性能的影响[J]. 混凝土与水泥制品, 2017, 4: 8-12.

[42] 闫战彪, 刘加平, 田倩, 等. 掺 MgO 膨胀剂水泥浆体不同养护制度下的变形特性[J]. 新型建筑材料, 2010, 12: 4-7.

[43] 孙文华, 催崇, 张宏华, 等. MgO 的晶粒大小和晶格畸变和水化活性的关系[J]. 武汉工业大学学报, 1991, 4: 21-24.

[44] 张守治, 闫战彪. 存放时间对轻烧氧化镁性能的影响[J]. 新型建筑材料, 2017, 20(10): 17-19, 42.

[45] 杨泽波, 李福洲, 张威. 带预分解系统水泥回转窑煅烧 MgO 膨胀剂技术研究[J]. 硅酸盐通报, 2018, 37(10): 3082-3085.

[46] 朱伯芳. 论微膨胀混凝土筑坝技术[J]. 水力发电学报, 2000, 3: 1-12.

[47] 陈昌礼, 郑治, 王小健. 氧化镁混凝土的力学及变形性能试验研究[J]. 水电站设计, 1993, 3: 66-70.

[48] 李承木. 外掺氧化镁混凝土的基本力学与长期耐久性能[J]. 水利水电科技进展, 2000, 20（5）: 30-35.

[49] 李延波, 邓敏, 莫立武, 等. 不同约束条件下掺轻烧 MgO 混凝土的力学性能[J]. 中南大学学报（自然科学版）, 2012, 43(7): 2534-2541.

[50] 杨永民, 张同生, 陈泽鹏, 等. 模拟坝体温升的养护制度对轻烧 MgO 混凝土力学性能的影响研究[J]. 膨胀剂与膨胀混凝土, 2015, 2: 6-12, 21.

[51] 张守治, 田倩, 陆安群. 掺入方式对 MgO 混凝土性能的影响[J]. 新型建筑材料, 2016, 9: 22-24, 29.

[52] Mehta P K. Mechanism of expansion associated with ettringite formation [J]. Cement and Concrete Research, 1973, 3(1): 1-6.

[53] Chatterji S. Mechanism of expansion of concrete due to the presence of dead-burnt CaO and MgO [J]. Cement and Concrete Research, 1995, 25(1): 51-56.

[54] 邓敏, 崔雪华, 刘元湛, 等. 水泥中 MgO 的膨胀机理[J]. 南京化工学院学报, 1990, 12(4): 1-11.

[55] 邓敏, 崔雪华, 唐明述, 等. 氧化镁在不同水泥基中的水化和膨胀[J]. 硅酸盐通报, 1991, 3: 4-8.

[56] 高培伟, 吴胜兴, 林萍华, 等. 氧化镁在不同养护条件下水化产物的形貌分析[J]. 无机化学学报, 2007, 23(6): 1036-1068.

[57] 陈昌礼, 李承木. 外掺 MgO 与水泥内含 MgO 在大体积混凝土中的膨胀效应[J]. 混凝土, 2009, 11: 74-77.

[58] 陈文耀, 李文伟. 内含氧化镁水泥混凝土自身体积变形问题探讨[J]. 长江科学院院报, 2008, 25(4): 77-80.

[59] 中华人民共和国国家质量监督检验检疫总局. 通用硅酸盐水泥: GB 175-2007[S]. 北京: 中国标准出版社, 2009.

[60] 曹泽生, 徐锦华. 氧化镁混凝土筑坝技术[M]. 北京: 中国电力出版社, 2003.

[61] 李承木, 李万军, 陈学茂. 混凝土级配与集料粒径对压蒸膨胀率的影响[J]. 水力发电, 2009, 35(4): 38-41.

[62] 陈昌礼, 方坤河. 外掺氧化镁混凝土安定性模拟试验方法的研究[J]. 水力发电学报, 2012, 31(5): 241-244.

[63] 李晓勇, 陈学茂, 李承木. 掺外加剂对 MgO 水泥砂浆和混凝土压蒸膨胀率的影响[J]. 水电站设计, 2010, 26(2): 67-70, 74.

[64] 方坤河, 陈昌礼, 李维维, 等. 混凝土中氧化镁安定掺量的研究[J]. 水力发电学报, 2012, 31(6): 218-222.

[65] 陈昌礼, 李维维, 李良川, 等. MgO 膨胀剂在水工混凝土中的极限掺量研究[J]. 功能材料, 2015, 46(S1): 100-103.

[66] 金红伟. 混凝土中外掺氧化镁安定掺量的研究[J]. 混凝土, 2001, 7: 30-33.

[67] 李家正. 掺氧化镁混凝土的安定性试验方法与判定准则[J]. 人民长江, 2017, 48（7）: 92-95.

[68] 陈昌礼, 陈荣妃, 颜少连, 等. 长龄期 MgO 混凝土自生体积变形与水泥基材料压蒸膨胀变形的关联性[J]. 水利水电科技进展, 2018, 38(2): 90-94.

[69] A·E·谢依金. 水泥混凝土的结构与性能[M]. 胡春芝, 等, 译. 北京: 中国建筑工业出版社, 1984.

[70] 吴中伟, 廉慧珍. 高性能混凝土[M]. 北京: 中国铁道出版社, 1999.

[71] 方坤河, 陈昌礼, 李维维, 等. MgO 掺量对介质压蒸膨胀率即孔隙参数影响的研究[J]. 水力发电, 2012, 38(3): 86-89.

[72] 方坤河, 陈昌礼, 谢礼兰, 等. 氧化镁混凝土中砂浆的压蒸膨胀率及孔隙构造的研究[J]. 水电能源科学, 2012, 30(7): 81-86.

[73] 陈昌礼, 方坤河, 雷平, 等. 水泥净浆、水泥砂浆的压蒸膨胀率及孔隙结构与 MgO 掺量的关系研究[J]. 水电能源科学, 2012, 30(10): 87-90.

[74] 李维维, 陈昌礼, 方坤河, 等. 水灰比对外掺 MgO 介质压蒸膨胀率的影响[J]. 混凝土, 2012, 4: 55-57.

[75] 李维维, 陈昌礼, 方坤河, 等. 水灰比对外掺氧化镁的介质孔隙结构参数的影响[J]. 贵州水力发电, 2012, 26(3): 56-58, 67.

[76] 方坤河, 陈昌礼, 李维维, 等. 配合比的主要参数对外掺 MgO 水泥基材料压蒸膨胀变形的影响[J]. 水力发电学报, 2013, 32(4): 171-176.

[77] 赵振华, 李维维, 陈昌礼, 等. 骨料粒径对 MgO 水泥基材料压蒸膨胀变形及孔隙结构的影响[J]. 混凝土, 2016, 2: 102-105.

[78] 陈胡星, 马先伟. 粉煤灰对氧化镁微膨胀水泥膨胀性能的影响及其机制[J]. 材料科学与工程学报, 2010, 28(2): 181-185.

[79] 陈荣妃, 陈昌礼. 试件尺寸对外掺 MgO 水泥净浆压蒸膨胀变形的影响[J]. 混凝土, 2014, 3: 7-10.

[80] 陈荣妃. 试件尺寸对外掺 MgO 水泥基材料压蒸膨胀变形的影响[D]. 贵阳: 贵州大学, 2014.

[81] Chen C, Li W, Yang D, et al. Study on the autoclave expansion deformation of the MgO-admixed cement-based material[J]. Emerging Materials Research, 2017, 6(2): 422-428.

[82] 陈昌礼, 杨华山, 李维维, 等. 长龄期外掺氧化镁混凝土的微观孔结构研究[J]. 水力发电学报, 2016, 35(6): 118-124.

[83] 陈立军, 窦立岩. 混凝土基本概念的细化及其孔结构的演化[J]. 建材世界, 2013, 34(1): 27-31.

[84] Cook R A, Hover K C. Mercury porosimetry of hardened cement pastes[J]. Cement and Concrete Research, 1999, 29(6): 933-943.

[85] 卢小琳, 兰文改, 张洪波, 等. 氧化镁水化产物的微观结构特点表征[J]. 河海大学学报(自然科学版), 2010, 38(5): 555-558.

[86] 李承木, 杨元慧. 氧化镁混凝土自生体积变形的长期观测结果[J]. 水利学报, 1999, 3: 54-58.

[87] 陈昌礼, 方坤河, 蒋君, 等. 粉煤灰对外掺氧化镁混凝土自生体积变形的影响[J]. 混凝土, 2012, 5: 67-69.

[88] 张增起, 张波, 阎培渝, 等. 大掺量粉煤灰混凝土长龄期的微观结构[J]. 电子显微学报, 2014, 33(6): 516-520.

[89] 李承木. 高掺粉煤灰对氧化镁混凝土自生体积变形的影响[J]. 四川水力发电, 2000, 19(S): 72-75.

[90] 周世华, 苏杰, 杨华全, 等. 外掺轻烧氧化镁混凝土的长龄期自生体积变形研究[J]. 混凝土, 2014, 12: 73-75.

[91] A. M. 内维尔. 混凝土的性能[M]. 刘数华, 等, 译. 北京: 中国建筑工业出版社, 2011.

[92] 李文伟, 陈霞, 杨华全. 骨料对 MgO 混凝土开裂敏感性的影响研究[J]. 建筑材料学报, 2014, 17(6): 1070-1075.

[93] Chen X, Yang H Q, Zhou S H. Sensitive evaluation on early cracking tendency of concrete with inclusion of light-burnt MgO[J]. Journal of Wuhan University of Technology: Materials Science, 2011, 26(5): 1018-1022.

[94] 陈昌礼, 赵振华, 李维维, 等. 长龄期外掺氧化镁混凝土自生体积变形分析[J]. 水利水运工程学报, 2015, 5: 54-59.

[95] 李承木. 掺 MgO 混凝土自身变形的温度效应试验及其应用[J]. 水利水电科技进展, 1999, 19(5): 33-37.

[96] 张建峰, 董芸, 陈霞, 等. 养护温度对 MgO 微膨胀混凝土变形性能的影响[J]. 混凝土, 2019, 3: 49-52.

[97] 李承木. 掺氧化镁混凝土自生体积变形的温度效应[J]. 水电站设计, 1999, 2: 96-100.

[98] 杨光华, 袁明道. MgO 微膨胀混凝土自生体积变形的双曲线模型[J]. 水力发电学报, 2004, 23(4): 38-44.

[99] 朱伯芳. 微膨胀混凝土自生体积变形的计算模型和试验方法[J]. 水利学报, 2002, 12: 18-21.

[100] 张国新, 陈显明, 杜丽惠. 氧化镁混凝土膨胀的动力学模型[J]. 水利水电技术, 2004, 35(9): 88-91.

[101] 张国新, 金峰, 罗小青, 等. 考虑温度历程效应的氧化镁微膨胀混凝土仿真分析模型[J]. 水利学报, 2002, 8: 29-34.

[102] 刘数华, 方坤河. MgO 混凝土自生体积变形的数学模型[J]. 水力发电学报, 2006, 25(1): 81-84.

[103] 许朴, 朱岳明, 贲能慧. 基于水化度的 MgO 混凝土自生体积变形计算模型[J]. 水利水电技术, 2008, 39(2): 22-25.

[104] 陈昌礼, 冯林安, 方坤河. 氧化镁混凝土自生体积变形的反正切曲线模型[J]. 水力发电学报, 2008, 27(4): 106-110.

[105] 李承木. 氧化镁混凝土自生体积变形的长期试验研究成果[J]. 水力发电学报, 1999, 2: 13-19.

[106] 赵其兴. 氧化镁混凝土拱坝的宏观变形[J]. 水利水电科技进展, 2015, 35(6): 73-107.

[107] 陈昌礼. 氧化镁混凝土筑坝技术的应用情况分析[J]. 贵州水力发电, 2005, 2: 51-53.

[108] 刘颖, 郑治. 东风水电站坝基深槽氧化镁混凝土的应用和观测[J]. 水力发电, 1992, 5: 42-47.

[109] 陈昌礼. 外掺氧化镁混凝土的均匀性检测与评价[J]. 水力发电学报, 2007, 26(2): 75-78.

[110] 夏传芳, 张爱萍. 机口混凝土外掺 MgO 快速测定法研究[J]. 陕西水力发电, 1994, 9(1): 56-58.

[111] 谢祥明. 快速均匀拌制外掺 MgO 碾压混凝土的新方法[J]. 混凝土, 2010, 1: 130-131, 135.

[112] 李承木. 氧化镁微膨胀混凝土的变形特性研究[J]. 水电站设计, 1990, 2: 28-32.

[113] 刘其文, 代富红. 沙老河拱坝裂缝成因探讨及其处理措施[J]. 人民长江, 2011, 42(5): 59-61, 97.

[114] 申献平, 杨波, 张国新, 等. 沙老河拱坝整体应力仿真与掺 MgO 效果分析[J]. 水利水电技术, 2004, 35(2): 38-40.

[115] 张国新, 杨波, 申献平, 等. MgO 微膨胀混凝土拱坝裂缝的非线性模拟[J]. 水力发电学报, 2004, 23(3): 51-55.

[116] 张国新, 杨为中, 罗恒, 等. MgO 微膨胀混凝土的温降补偿在三江拱坝的研究和应用[J]. 水利水电技术, 2006, 37(8): 20-23.

[117] 陈昌礼, 申献平, 陈学茂. 全坝外掺 MgO 混凝土筑坝技术在贵州省拱坝工程中的应用[J]. 水利水电科技进展, 2017, 37(5): 84-88, 94.

(TU-1891.0101)

氧化镁混凝土
的自生体积变形

www.sciencep.com

ISBN 978-7-03-064673-6

9 787030 646736 >

定 价: 99.00 元

科学出版社互联网入口

E-mail: mengrui@mail.sciencep.com